环境气象学

范绍佳　卢　骁　王海潮　刘一鸣　编著

气象出版社
China Meteorological Press

内容简介

环境气象学是研究与人类环境有关气象问题的科学，是一门大气科学和环境科学交叉的新兴学科。中山大学是我国最早为本科生开设环境气象学课程的高校之一。本教材在20多年教学积累和科学研究基础上编著而成，分为7章：绪论、环境气象学基础、典型下垫面环境气象特征、大气复合污染气象成因与应对、环境气象指数与环境气象预报、气象健康与人居环境选择、环境气象学应用与实践，涵盖环境气象学发展历程、环境气象学基础理论、不同下垫面环境气象特征、环境气象学知识应用与实践等内容。教材内容新颖，兼顾专业知识科学性、基础知识系统性、基础理论实践性。

本教材可供大气科学、环境科学类本科和研究生教学使用，也可供气象、生态环境专业人员和社会公众参考。

图书在版编目（CIP）数据

环境气象学 / 范绍佳等编著. -- 北京 : 气象出版社, 2024.6
ISBN 978-7-5029-8200-3

Ⅰ. ①环… Ⅱ. ①范… Ⅲ. ①环境气象学－高等学校－教材 Ⅳ. ①X16

中国国家版本馆CIP数据核字(2024)第101850号

Huanjing Qixiangxue
环境气象学
范绍佳　卢　骁　王海潮　刘一鸣　编著

出版发行：气象出版社
地　　址：北京市海淀区中关村南大街46号　　邮政编码：100081
电　　话：010-68407112(总编室)　010-68408042(发行部)
网　　址：http://www.qxcbs.com　　E-mail：qxcbs@cma.gov.cn
责任编辑：黄红丽　郑乐乡　　终　　审：张　斌
责任校对：张硕杰　　责任技编：赵相宁
封面设计：地大彩印设计中心
印　　刷：三河市君旺印务有限公司
开　　本：720 mm×960 mm　1/16　　印　　张：15.25
字　　数：316千字
版　　次：2024年6月第1版　　印　　次：2024年6月第1次印刷
定　　价：96.00元

前　言

环境气象学是研究与人类环境有关气象问题的科学，可理解为不同下垫面环境的气象学及其在环境问题中的应用，是大气科学和环境科学交叉的一门新兴学科。20 世纪 80 年代以来，随着人们对周围的环境空气质量、天气气候变化日益关注，迫切需要了解和掌握同日常生活密切相关的环境气象条件及其变化状况，以便采取措施改善环境、提高生活质量，逐步形成环境气象学。

中山大学 1986 年开设大气环境学本科专业，是我国最早为本科生开设《环境气象学》课程的高校之一。中山大学《环境气象学》主讲教师范绍佳教授联合近年分别从哈佛大学、北京大学、香港理工大学引进的博士后、中山大学“百人计划”引进人才卢骁副教授、王海潮副教授、刘一鸣助理教授，在中山大学《环境气象学》课程教学长期积累和研究基础上，组织研究生何国文、王一鸣、朱玉琦、秦玉洁、刘南希、何成、王洁、郑泽龙、李婧宇、黄晓东、刘晨曦、李思婷、刘思怡等人深入调研和分析，总结了近 20 年国内外环境气象研究最新进展，历时 3 年多，编著了本教材。

本教材分为 7 章：第 1 章 绪论、第 2 章 环境气象学基础、第 3 章 典型下垫面环境气象特征、第 4 章 大气复合污染气象成因与应对、第 5 章 环境气象指数与环境气象预报、第 6 章 气象健康与人居环境选择、第 7 章 环境气象学应用与实践，其内容涵盖环境气象学发展历程、环境气象学基础理论、典型下垫面的环境气象特征、环境气象学知识应用与实践等。本教材内容新颖，兼顾专业知识科学性、基础知识系统性、基础理论实践性，可供大气科学类、环境科学类本科生、研究生作为教材使用，也可供气象部门、生态环境部门、社会公众和专业人士参考使用。

本教材得到国家自然科学基金重点项目（41630422）、科技部重点研发计划课题（2017YFC0209606）、中山大学教务部、中山大学大气科学学院及气象出版社的大力支持和帮助，在此表示衷心的感谢！

范绍佳

2023 年秋

于中山大学珠海校区

目　　录

第1章 绪　　论

1.1 环境气象学及其相关概念

环境气象学，从字面定义看，是不同环境的气象学，或者说是不同下垫面环境的气象学，是大气科学和环境科学交叉的新兴学科。

18 世纪中叶以来，西方国家由于工业化、城市化的快速发展和城市人口、机动车辆的迅猛增加，加剧了大气、水体等环境污染和生态破坏，20 世纪 30—60 年代，欧洲、美国、日本等工业快速发展的国家和地区，发生了 8 起震惊世界的环境公害事件，其中 5 起是空气污染事件。环境空气质量的恶化，直接影响和威胁着人们的身体健康及社会经济发展。1972 年 6 月 5 日联合国在瑞典斯德哥尔摩首次召开人类环境会议，发表《人类环境宣言》，标志着全人类对环境问题的觉醒。

随着对生活环境、空气质量、天气气候变化的日益关注和研究探索，人们迫切需要了解和掌握同日常生活密切相关的环境及影响环境各种因素的变化状况，以便采取有效的对策和措施来保护和改善环境、提高生活质量。1987 年 9 月 29 日—10 月 1 日，德国空气污染防治委员会与德国气象学会合作，在乌尔茨堡举行了第一次环境气象学国际研讨会，编辑出版了会议文集《Environmental Meteorology》(Grefen et al.，1988)，这是关于环境气象学的最早文集，孕育了环境气象学这一新兴交叉学科。

为明确环境气象学的概念与研究范畴，有必要回顾环境、环境科学、气象学、大气科学、大气环境学、污染气象学的概念与含义。

1.1.1 环境

环境是相对于某一中心事物而言的。通常所说的环境，是指人类的环境，是人类赖以生存和发展的物质条件的综合体，分为自然环境和社会环境。

自然环境，是指环绕于人类周围的自然界。自然环境是人类赖以生存和发展的物质基础，包括大气、水、土壤、生物和各种矿物资源等，划分为大气圈、水圈、生物圈、土圈和岩石圈等五个自然圈层。

社会环境，是指人类在自然环境的基础上，为不断提高物质和精神生活水平，通过长期有计划、有目的发展，逐步创造和建立起来的人工环境，如城市、农村、工矿区等。

两者综合进行研究，逐渐形成大气环境学。

大气环境学可以大体上理解为“大气化学”加“污染气象学”。这一理念，在1988年中山大学唐永銮等的我国第一本《大气环境学》（唐永銮 等，1988）教材和2005年中国科学院大气物理研究所黄美元等的普及型丛书《大气环境学》（黄美元等，2005）中都有体现。

1.1.6 污染气象学

污染气象学，是空气污染气象学的简称，是近代大气科学的一个重要分支学科，也是环境科学的重要组成部分。污染气象学主要研究大气运动引起的污染物输送、扩散、迁移和转化过程，研究的核心问题是研究污染物在大气中的输送和湍流扩散，是气象学与物理学、化学以及技术科学的交叉学科，是大气环境学研究与应用的一个重要领域。

污染气象学萌芽于20世纪20年代。50年代后，现代工业的发展和城市人口高度集中，相继出现了严重的城市或工业区大气污染事件，促使人们对大气污染广泛关注和研究，到60年代，逐渐形成污染气象学这门独立的新学科。70年代中期开始，北京大学、南京大学等高校，陆续开设了污染气象学课程，1985年南京大学李宗恺等编著的《空气污染气象学原理及应用》（李宗恺 等，1985），是国内最早出版的污染气象学教材。1993年南京大学蒋维楣等编著的《空气污染气象学教程》（蒋维楣等，1993），汇集了南京大学、南京气象学院、北京气象学院等院校有关教材的内容和特点。2004年再版的蒋维楣等《空气污染气象学教程（第2版）》（蒋维楣 等，2004），进一步吸收了兰州大学、中山大学等高校的意见，全书分为5章：第1章绪论，第2章空气污染物散布的基本理论处理，第3章理想条件下空气污染物散布的模式处理，第4章非均一下垫面条件下空气污染物散布，第5章城市与区域大气扩散，该书系统地讲授空气污染气象学的基本原理、处理方法和应用技术，是目前国内高校使用最多的污染气象学教材。

1.2 环境气象学研究对象和内容

中山大学1986年开设大气环境学本科专业，是我国最早为本科生开设《环境气象学》课程的高校之一。中山大学《环境气象学》教学团队，对环境气象学的研究对象和内容开展了系统调研，发现国内外从事大气科学研究（气象部门）和从事环境科学研究（生态环境部门）的学者、研究人员，对环境气象学的研究对象和内容有不同的认识。

从事大气科学研究（气象部门）的学者、研究人员多认为，环境气象学是研究与人类生活息息相关的大气现象及其变化规律的科学，与此相关的气象业务，称之为环境气象业务。2001年中国气象局广州热带海洋气象研究所吴兑等出版了我国第一本环境气象学专著《环境气象学与特种气象预报》(吴兑 等,2001),定义环境气象学为研究与人类生活息息相关的大气现象及其变化规律的学科。《环境气象学与特种气象预报》分为6章:第1章绪论,第2章城市气象及其特种气象预报,第3章生活与健康气象及其特种气象预报,第4章旅游气象及其特种气象预报,第5章大气污染与空气质量预报,第6章人工影响天气中的环境问题。2002年中国气象科学研究院徐祥德等编著的《城市化环境气象学引论》(徐祥德 等,2002),内容分为12章:第1章城市化环境大气污染模型动力学问题,第2章城市气候概念,第3章城市建筑风环境动力学,第4章城市热岛,第5章城市化特征雾,第6章城市化大气电过程,第7章城市沥涝,第8章城市化气溶胶微结构,第9章城市大气环境污染,第10章区域(城市)边界层大气污染数值预报,第11章城市环境气象与健康,第12章城市环境可持续发展对策。2002年张书余编著的《城市环境气象预报技术》(张书余 等,2002)共分8章:第1章总论,第2章城市生态环境,第3章大气环境化学,第4章城市大气环境微生物,第5章城市环境气象,第6章城市环境气象指数预报,第7章医疗气象预报,第8章空气污染质量预报。2005年高登义著的《中国山地环境气象学》(高登义 等,2005)分为3篇:第一篇山地对于大气的作用,第二篇山地、大气与自然环境之间的相互作用,第三篇人类对山地环境气象条件的认识和适应。2009年张小曳主编的《大气成分与环境气象灾害》(张小曳 等,2009)共分7章:第1章概论,第2章大气成分与环境气象灾害的危害性,第3章大气成分的源汇与环境气象灾害,第4章大气成分对气候变化的影响,第5章大气成分与环境气象灾害预测、预报技术,第6章大气成分与环境气象灾害预警、灾害防御和应急对策,第7章大气成分与环境气象灾害重大案例。2022年吴兑等著的《环境气象学概论》(吴兑 等,2022)共分10章:第1章绪论,第2章边界层基础,第3章雾,第4章霾天气,第5章近地层臭氧污染的气象条件,第6章黑碳气溶胶,第7章生活与健康气象及其特种气象预报,第8章旅游气象及其特种气象预报,第9章人工影响天气的环境问题,第10章温室气体与温室效应。

从事环境科学研究(生态环境部门)的学者、研究人员多认为,环境气象学是研究气象对环境的影响,环境科学与工程中的气象学问题,研究气象在人类活动尺度上对空气、水和生态的影响。如北京大学环境科学与工程学院环境科学专业的主要学科和方向简介中,对环境气象学的介绍为"针对各种大气环境问题进行特需的气象背景研究,揭示气象过程与其他大气环境过程的相互影响与联系,为全面、系统、准确地认识实际大气环境过程和规律、制定大气环境优化控制措施提供气象保证"。美国宾夕法尼亚州立大学环境气象学课程介绍为"环境科学和工程有关的大气过程与现象,包括边界层气象和空气污染物扩散"。2004年P. Padmanabha Murty出版的《Environmental Meteorology》(Murty,2004)教材则归结为气象原理在环境问题中的应用,教材内容分10章:第1章大气,第2章生态学和环境,第3章气象学基础,

第 4 章大气扩散，第 5 章气象仪器，第 6 章气象在空气污染中的应用，第 7 章空气质量，第 8 章城市对气象参数的影响，第 9 章城市空气污染模型，第 10 章环境指数。

由于对环境气象学研究对象和内容有不同的认识，不同高校对《环境气象学》课程教学内容也有较大差别。2005 版中山大学《环境气象学》课程教学大纲，定义环境气象学为研究与人类环境有关气象问题的科学，分为 6 章：第 1 章绪论，介绍环境气象学的概念及其发展；第 2 章环境气象基础，介绍大气与城市大气环境保护、气象条件对大气污染物扩散的影响；第 3 章城市环境气象，介绍城市环境气象特点、城市热岛效应、城市雾与能见度、城市雷电与城市气象灾害、城市建设与城市可持续发展；第 4 章环境气象与健康，介绍环境气象与健康概述、气象因素对人体的影响、城市大气污染对健康的影响、气象疾病与防治；第 5 章城市环境气象预报，介绍城市环境气象预报概述、城市环境气象预报技术、常用城市环境气象预报指数、城市环境气象灾害预报；第 6 章城市烟雾警报，介绍城市烟雾案例、城市烟雾警报系统。教学主要参考书为 2001 年气象出版社吴兑等编著《环境气象学与特种气象预报》、2002 年气象出版社徐祥德等编著《城市化环境气象学引论》、2002 年气象出版社张书余编著《城市环境气象预报技术》以及 1999 年科学出版社英国德利克·埃尔森著、田学文等译《烟雾警报——城市空气质量管理》(德利克·埃尔森，1999)。2007 年仲恺农学院修订的《环境气象学》教学大纲，定义为主要介绍与环境有关的气象学问题。课程共 8 章：第 1 章大气环境和环境气象学概述，第 2 章大气的热力过程，第 3 章大气的水平运动，第 4 章大气污染的气象过程，第 5 章大气环境评价、预测及管理，第 6 章酸雨及大气环境酸化，第 7 章大气臭氧，第 8 章大气温室气体与气候变化。推荐教材为 2005 年气象出版社黄美元等编著的《大气环境学》；主要参考书为 2001 年吴兑等《环境气象学与特种气象预报》、2002 年张书余《城市环境气象预报技术》、2002 年徐祥德等《城市化环境气象学引论》、2004 年蒋维楣等《空气污染气象学教程(第二版)》、2002 年郝吉明等《大气污染控制工程(第二版)》和 2001 年陆书玉《环境影响评价》。2009 年南京信息工程大学环境科学与工程学院明确《环境气象学》课程是环境科学与工程及相关专业一门重要的专业基础课，主要介绍与大气环境有关的气象学知识和气象活动。课程主要学习内容包括 5 部分：(1)大气垂直结构以及大气层划分的依据，对流层和平流层的特点及各层的主要成分；(2)与空气污染密切相关的各种气象条件，如气温、大气稳定度、湿度、风等对空气质量的影响；(3)排放与污染，各种空气污染物的源、汇及转化，空气质量指数；(4)酸雨、光化学烟雾、颗粒物污染的历史、成因、机制、影响及控制措施；(5)气候变化的历史、对环境的影响、出现气候变化的原因及降低气候变化速度的措施。参考资料为《Essentials of Meteorology》《Air Pollution and Global Warming History, Science and Solutions》《Atmospheric Chemistry and Physics》《应用气象学》。

基于中山大学环境气象学教学团队对国内外环境气象学科学研究进展调研和

《环境气象学》课程教学实践，本教材定义环境气象学为研究与人类环境有关气象问题的科学，可理解为不同下垫面环境的气象学及其在环境问题中应用。

1.3 我国环境气象学研究与发展

我国环境气象学研究，可以说源远流长。流传2000多年的“风水”，可理解为最早的环境气象学。那时的环境气象学，主要是探求在农业社会中，如何找到比较合适的人居环境和适合安置先人的坟山环境。

“风水”把背山、面水、向阳，看作是最好的人居环境。其主张人类居室空间的高矮大小、室内采光的明暗程度，均应适可而止；房子最好坐北朝南、建筑最好要有倚靠。这些说法，都有科学道理。因我国地处北半球，坐北朝南的房子，阳光光照充足，节能环保，冬暖夏凉。“风水”强调人与自然的相互和谐。我国属于季风气候，夏季多东南风，冬季多西北风，将住宅前、后、左、右的山或各种有形的建筑物体称为“左青龙、右白虎、前朱雀、后玄武”，这种环境可以夏纳凉风、冬抵寒冷，风调雨顺，适合人类居住。

我国近代的环境气象学研究，主要是围绕工业社会、城市化过程中的电厂和工矿企业选址、烟囱布局设计、城市建设规划等的气象影响开展相关研究，与大气边界层、污染气象学研究密不可分。20世纪90年代后，我国城市大气污染问题日益突出，在环境气象工作者的努力下，我国环境气象学理论、观测实验和数值模拟研究迅速发展。特别是2008年北京奥运会、2010年上海世博会、2010年广州亚运会等一系列大型活动的环境空气质量保障工作，以及2013年国务院《大气污染防治行动计划》的实施，极大丰富了环境气象学的理论和应用实践。

我国环境气象学研究，涉及面非常广、进展很快。如北京、上海、广州、沈阳、兰州、成都、西安等大中城市环境气象研究，珠江三角洲、长江三角洲、京津冀、汾渭平原等城市群环境气象研究，山区、沿海、湖泊、草原、戈壁、沙漠、极地等不同类型下垫面的环境气象研究，居住小区环境气象研究，环境空气质量预报、大气灰霾预测预警研究，环境气象风险、环境气象灾害与健康影响、大气环境应急系统研究等。环境气象学研究成果，既出现在大气物理、大气化学、空气污染专著，也出现在污染气象学、城市气象学、应用气象、应用气候学著作及各类环境、气象期刊，学术会议与文献手册中。

21世纪以来，我国环境气象业务发展迅速。中央气象台2013年起，在传统的雾、霾、沙尘预报预警基础上，发布空气污染气象条件预报。2013年10月成立的中国气象局京津冀环境气象预报预警中心，是我国第一个区域性环境气象中心。其后广东省气象局珠三角环境气象预报预警中心（广东省生态气象中心）、上海市气象局长三角环境气象预报预警中心（上海市环境气象中心）等区域性环境气象中心相继成立，分别负责京津冀及华北区域、珠三角区域、长三角区域的环境气象预报预警技术研究；制作发布空气污染气象条件等级、光化学烟雾等预报产品，发布重污染天气、雾、霾、光化学烟雾等预警信息；制作发布生活指数、健康气象预报及服务产品等。2014 年中国气象局成立环境气象中心，提供国家级环境气象监测预报、环境气象影响评估等环境气象业务及技术研发；中国环境监测总站建立全国城市空气质量实时发布平台和全国空气质量预报信息发布系统，发布未来 24 h、48 h 空气质量指数范围、空气质量等级、首要污染物等预报信息。2017 年中国气象局环境气象中心，基于我国自主研发的雾霾数值预报系统(CUACE)，建立全国空气质量最优集成预报系统，提供未来 4～10 d，逐 3 h 的能见度、雾和霾预报；空气质量预报等模式产品的预报时效，从 3 d 延长至 5 d；研发的 1～15 d 的 $PM_{2.5}$ 日均值集合预报概率产品，可预测未来 10 d 以上雾和霾天气发展趋势。从 2018 年起，中国气象局发布全国《大气环境气象公报》，粤港澳三地气象部门联合发布《粤港澳大湾区气候监测公报》。2020—2023 年，气象出版社出版了我国区域环境气象系列丛书：《京津冀环境气象监测与预报》《上海环境气象研究》《珠三角环境气象监测与预报》《山东环境气象监测与预报》等，这些工作，极大地促进了我国环境气象学的研究和业务发展。

环境气象学研究，与人类生产生活息息相关。随着社会、经济、文化的发展，人类对美好生活要求的不断提高，气候变化应对、“碳达峰、碳中和”、美丽中国建设等战略的实施，环境气象学必将发展得更加完善，有可能在不久的将来，发展成为社会上一个非常热门的学科。

第2章　环境气象学基础

本教材定义环境气象学为研究与人类环境有关气象问题的科学，可理解为不同下垫面环境的气象学及其在环境问题中应用。本章简要介绍地球大气的定义、基本物理性质及垂直分层结构；大气组成成分及其变化，包括大气成分的浓度表示方法、源汇等基本概念及环境气象学关心的主要大气成分的来源和变化特征；大气污染的定义、常见类型及影响；大气边界层气象基础及其对大气成分的影响途径；环境气象要素的测量技术。

2.1　地球大气的定义与分层

地球表面的总面积约为 $5.1\times10^8\ km^2$，其中大约29.2%是由大陆和岛屿组成的陆地，剩余的70.8%被水覆盖。地球的表面之上，包围地球的气体外壳称为地球大气，简称大气。大气的上界，有不同的界定方式，可以某些物理现象(如极光)出现的最大高度(约1200 km)界定，或者以大气密度接近星际气体密度(约为每立方厘米中一个微观粒子)的高度(2000～3000 km)界定。大气的下界则为地球的水陆表面，也被称为大气的下垫面。

地球大气由多种气体和悬浮于其中的固体颗粒和液态颗粒所组成，具体的组成成分将在2.2节介绍。地球大气的平均压力为1013.25 hPa，大气的总质量约为 5.136×10^{18} kg，相当于地球质量的百万分之一。

地球大气的温度、密度等物理性质，在垂直方向上有很大的差异。根据大气的温度结构、成分结构、压力结构和电磁特性的不同，可将大气在垂直方向上分成若干层。常用的是按大气温度结构进行分层的方法，即根据大气温度的垂直分布特点，将大气分为对流层、平流层、中间层、热成层4层(图2.1)，上述4层的主要特点归纳在表2.1中。此外，由于热成层上层多为质子组成，常有向星际空间逃逸的现象，可在热成层之上再分一层，称为散逸层。

表2.1　地球大气各垂直层的主要特点

地球大气分层	温度垂直结构	空气密度	主要特点
对流层(troposphere)	上冷下热	大	对流强烈；几乎所有天气现象发生于该层；空气污染；部分温室效应

续表

地球大气分层	温度垂直结构	空气密度	主要特点
平流层 (stratosphere)	上热下冷	较为稀薄	空气对流小;臭氧层所在位置;部分温室效应
中间层 (mesosphere)	上冷下热	稀薄	空气对流强烈;夜光云
热成层 (thermosphere)	上热下冷	十分稀薄	空气高度电离

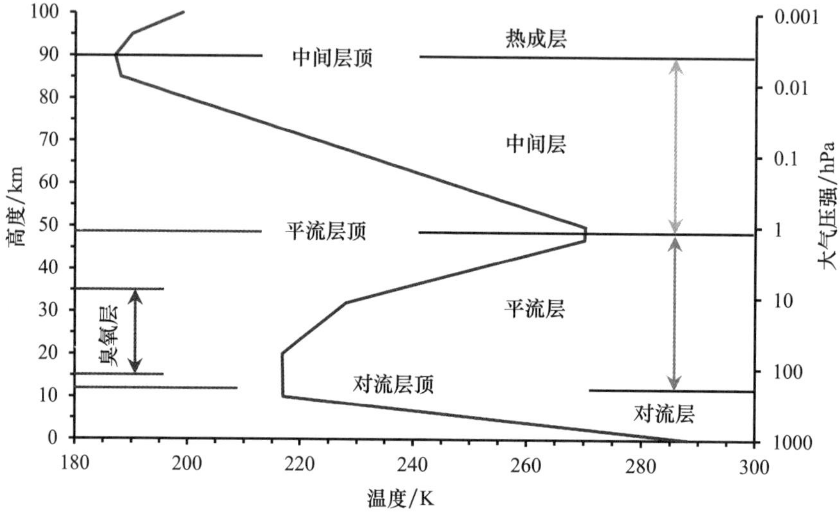

图 2.1　地球大气的分层及温度廓线示意图

环境气象学主要研究的对象是对流层大气。对流层是大气的最底层,其下界为地面,上界为对流层顶(常被定义为当气温随高度变化减小的速率达到或低于 2 K/km 的最低高度)。对流层的厚度(即对流层顶的高度),大约为 8～15 km,其变化与纬度、季节、地形、海陆分布等因素有关。尽管相对于整个大气层的厚度而言,对流层是很薄的,但总质量却占了整个大气层的 75%。地球的能量,主要来源于太阳辐射,由于对流层大气主要通过吸收地面长波辐射而获得热量,越靠近地面的空气受热越多,所以在对流层内的气温,随着高度的升高而降低,平均每上升 1 km 约降低 6.5 K。"下热上冷"的温度结构,使对流层内有强烈的对流运动,上、下层空气得以交换,近地面的热量及水汽、气溶胶粒子等大气成分向高空输送。由于对流层集中了大部分大气质量和几乎全部的水汽,又有强烈的垂直运动,所以主要的天气现象和过程(如寒潮、台风、雷雨、闪电等),都发生在这一层。在水平方向上,由于纬度、下垫面等因素的不同,不同地区空气受热程度及水汽含量也不同,对流层内水平方向的气象要素(指气温、气压、湿度、风向、风速、辐射等)分布不均,因此在不同地区,形成了不同的环境气象特征。

对流层下部、靠近地球表面的低层大气,称为大气边界层。大气边界层是地面和自由大气(对流层内边界层以上的大气)之间交换热量、水汽等物理量的通道。大气边界层厚度约占对流层的十分之一,变化范围在几百米到 1~2 km 之间。边界层是人类活动最密集的一层,人类生产、生活排放的大量物质,大部分分布在边界层中,并进一步输送到自由大气。这些排放出来的物质,可能影响到达地面的太阳短波辐射和地面发射的长波辐射,进而影响地球的辐射平衡系统;同时,它们自身或其化学转化生成的产物,往往是大气污染物,会对人体健康和植被生长产生影响。这些物质的输送和扩散,受到大气边界层内风、温度、湿度等气象要素演变的影响。边界层中气象要素和污染物的演变特征及相互关系,是环境气象研究和空气污染预报的关键问题之一。有关边界层中气象要素的变化特征,将在后续章节中介绍。

对流层顶向上到 50 km 高度左右的气层,称为平流层,其质量约占大气圈总质量的 20%。平流层的突出特点是,其集中了大气 90%的臭氧总量。平流层中下部,受到下垫面的影响已经很小,而上部,臭氧层把吸收的紫外辐射能量转化成分子动能,使平流层上层大气增温,因此平流层内气温度随着高度升高而增高,在 50 km 附近达到最大值,气温可升到 270~290 K。由于平流层的逆温性质,平流层大气很稳定,垂直运动很微弱,多为大尺度的平流运动,也几乎没有天气现象。由于平流层与对流层交换较弱且大气稳定,对流层释放的大气污染物进入平流层后,往往能够长期存在。如火山喷发的尘埃,能在平流层内维持很长一段时间。

大气与下垫面之间,存在着不同时空尺度的热量和动量交换。由于下垫面自身形态、比热等物理性质的不同,以及下垫面获取的太阳辐射和输出物质(水分、其他大气成分)的不同,不同区域大气的物理性质、化学组分和运动状态,也会存在差异,形成不同的环境气象特征。不同下垫面的环境气象特征,将在第 3 章介绍。

2.2 大气的组成成分和源汇过程

地球大气是由多种气体和悬浮于其中的固态颗粒和液态颗粒所组成的。不同大气组成成分(简称大气成分),在大气中的浓度含量有很大差异,这主要取决于大气成分的来源和清除过程。同时,同一种大气成分的浓度,在不同地区和不同时间,也可能有很大差异,这与不同区域的环境气象特征密切相关。本节主要介绍大气的成分和源汇过程,包括大气成分的浓度表示方法、源、汇、停留时间等基本概念,以及环境气象学关心的主要大气成分的源汇和变化特征。

2.2.1 大气成分浓度的表示方法

常见的大气成分浓度表示方法，有混合比浓度表示法、质量浓度表示法、数浓度表示法、分压表示法等，本节介绍前三种常用方法。

混合比浓度表示法，常用于计量气体的浓度。气体 X 的混合比 C_X 定义为每摩尔空气中 X 的摩尔数，以 mol/mol 为单位；或者根据理想气体状态方程，等效定义为单位体积空气中 X 的体积数，以 V/V(气体体积/空气体积)为单位。混合比浓度表示法的最大优点，在于混合比在空气密度变化时是保持恒定的。例如，考虑一个充满空气并允许在大气中上升的气球，在上升过程中，气球会膨胀，因此，气球内每单位体积的分子数会减少，然而，气球中不同气体的混合比例保持不变。大气中痕量气体的混合比例，通常以百万分之几(parts per million volume，简称 ppmv 或简称 ppm)、十亿分之几(parts per billion volume，ppbv 或 ppb)或万亿分之几(parts per trillion volume，pptv 或 ppt)为单位给出。它们的换算关系为

$$1\ \text{ppm}=1\times10^{-6}\ \text{mol/mol}$$

$$1\ \text{ppb}=1\times10^{-9}\ \text{mol/mol}$$

$$1\ \text{ppt}=1\times10^{-12}\ \text{mol/mol}$$

质量浓度表示法，适用于气体和颗粒物，定义为每单位体积空气中物质 X 的质量，即物质 X 的密度，记作 ρ_X，在大气中常以 mg/m^3 或 $\mu\text{g/m}^3$ 作为单位。

对于常见的气态污染物，混合比和质量浓度是使用相对较多的单位，往往需要对两者进行换算。若考虑标准状况(温度为 273 K，大气压强为 1013.25 hPa)下，物质的摩尔体积为 22.4 L/mol，则 1 $\mu\text{g/m}^3$ 的物质 X 换算为以 ppb 为单位的混合比浓度的方法为

$$1\ \text{ppb}=10^{-9}\ \frac{\text{mol}}{\text{mol}}=\frac{M_X}{22.4}\mu\text{g/m}^3 \tag{2.1}$$

式中：M_X 为物质 X 的摩尔质量，以 g/mol 为单位。根据上式，在标准状况下，1 ppbv 臭氧的质量浓度，大致为 2.14 $\mu\text{g/m}^3$。

物质 X 的数浓度 N_X，定义为每单位体积空气中 X 的分子数，它通常以“个/cm^3”或“molecules/cm^3”为单位表示，即每立方厘米空气中 X 的分子数。数浓度表示法，常运用于描述比 ppt 还要低的浓度水平，如涉及一些化学活性很高的物质(如自由基)的计量，及大气化学反应速率等；或应用于计量光束中某些物质的吸收或散射特性，因此常被应用于卫星观测的污染物浓度表示，如污染地区的大气二氧化氮柱浓度，可以达到 10^{16} molecules/cm^3。

2.2.2 大气成分的源、汇和停留时间

大气是一个动态的体系，某个大气成分通过大气圈与其他圈层(水圈、土壤圈、

生物圈)之间的物理、化学或生物过程,或者通过与其他大气成分之间化学过程,不断进行物质转移、转化和转换,被产生或被去除,这个过程构成了这一组分的循环(Jacob,1999)。

大气成分的产生过程(如自然界或者人类生产生活直接排放,或通过其他组分化学生成)称为源;大气成分的去除过程(如通过大气化学过程被消耗,被地面或植被捕获,被降水冲刷)称为汇。源和汇决定了全球尺度上某个大气成分的变化(或称为收支)。如果只考虑特定区域/地点的大气成分的变化,那么还需要考虑该区域/地点大气成分与其他区域之间的水平及垂直交换过程。这些交换过程,通过大气混合扩散、大气输送来实现,与气象条件有密切的关系。

大气成分的源,包括排放来源(简称排放源)和化学生成来源。排放源有多种划分方式,可以按排放主体、排放持续时间、排放高度、排放口形态等划分。按照排放主体分类,排放源可分为人为源和自然源。常见的人为源,包括燃料燃烧、工业排放、农业活动排放等;常见的自然源,有地表的自然沙尘排放、森林排放、野山火排放、海洋飞沫排放、火山排放,以及高空的闪电活动排放等;按照排放持续时间分类,可分为连续源、间歇源、瞬时源;按照排放高度分类,可分为高架源、地面源;按照污染物排放口形态分类,可分为点源、线源、面源、体源。化学生成来源,则主要指某种成分通过其他大气成分之间化学反应而产生。

大气成分的汇机制中,沉降是主要的表现形式。沉降可分为干沉降和湿沉降。干沉降,主要包括重力沉降过程及与植被、建筑物或地面相碰撞而被捕获(被表面吸附或吸收)的过程。其中,重力沉降过程,仅对直径大于 10 μm 的颗粒物是有效的,过小的粒子和气体过低的降落速度,相比于大气垂直运动来说很小,因此,其与地表,尤其是植被的碰撞,是主要的干沉降方式。植被对粒子的干沉降效率,主要取决于粒子大小、植被表面大小和形状,以及温度、湿度、光照、大气稳定度等气象要素(影响植被气孔的开闭和湍流混合等)。湿沉降,主要是指大气中的物质,通过降水离开大气而落到地面的过程。湿沉降对于可溶性气体和颗粒物,都是非常有效的大气净化方式。湿沉降主要分为两类,即雨除和冲刷。雨除,是指大气成分通过作为云滴的凝结核参与成云过程,待形成雨滴后,雨滴进一步长大,形成降水落到地面,从而被清除的过程;冲刷,是指云层下部降雨降水过程中,将大气中的某些成分挟带、溶解、冲刷,从而将其清除的过程。

一些大气成分在大气中参与化学反应,被形成或者被消耗,被形成的过程是“源”,被消耗的过程是“汇”。多数大气化学过程,具有高度非线性的特点。温度、湿度、光照等气象要素,会影响大气化学的反应方向和反应速率。例如,对流层臭氧的生成,就需要在太阳光照条件下进行。

大气成分在大气中还会随着大气运动,进行浓度的再分配。这些过程,主要包括大气扩散和大气输送。大气扩散,是指大气中的物质,在湍流的混合作用下,逐渐分散稀释的过程。大气输送，是指大气中的物质，通过大气水平风或垂直风，向下风向区域传输的过程。不同气候条件和地形因素激发的各种尺度的大气运动，都可以通过影响这些过程，使大气成分在空间上进行再分配，对这些过程的研究，也是环境气象学研究的重要内容之一。

大气成分在大气中的行为和寿命，主要由它的来源、化学反应、传输和沉降过程决定。某种大气成分在大气中存在的平均时间，被称为停留时间，记作τ。记大气中某一物质的总量为M，排放来源速率为E，化学生成来源速率为P，沉降流出速率为D，化学损耗流出速率为L，其中E，P，D，L以质量/时间为单位(如 kg/a)。那么该组分物料平衡的产率为

$$\frac{\mathrm{d}M}{\mathrm{d}t}=E+P-D-L \tag{2.2}$$

式中：$E+P$是该物质的总输入效率，可以看作物质的源强；$D+L$是该物质的总输出效率，可以看作物质的汇强。如果认为该物质在大气中达到稳态条件，即$\frac{\mathrm{d}M}{\mathrm{d}t}=0$，则总输入效率与总输出效率相等，则有

$$E+P=D+L \tag{2.3}$$

于是，该物质在大气中的平均停留时间为

$$\tau=\frac{M}{E+P}=\frac{M}{D+L} \tag{2.4}$$

显然，大气成分的停留时间，由于源强和汇强的差异，会有很大的不同。如果某大气成分停留时间长，说明该成分被沉降清除或者化学反应转化为其他物质之前，能够在大气中停留相当长的时间。这意味着，即使引起该成分输入/输出速率有很大变化，在较短时间尺度内，不会对其浓度变化产生明显影响。反之，如果某成分停留时间短，那么该成分的浓度变化对于输入/输出速率的变化就会更加敏感。

2.2.3 大气成分

地球大气的演化，大致经历了原始大气、次生大气(还原大气)和现代大气(氧化大气)三个阶段。现代大气，大致在至今3亿年前形成。大气的组成极为复杂。自然状态下的大气，由干燥清洁的空气、水汽和悬浮颗粒三部分组成。大气中的悬浮颗粒，也称为气溶胶。通常把除去水汽和悬浮颗粒的空气，称为干洁空气。

在90 km以下的低层大气中，干洁空气的组成成分比例，基本上是不变的。干洁大气也是由多种气体混合组成。按照各大气成分在大气中的浓度，可分为主要成分(混合比在1%以上的成分，即大于10000 ppmv)、微量成分(混合比为1～10000 ppmv)和痕量成分(混合比在1 ppmv以下)三类。按照大气成分的停留时间，也可分为三类：准永久性成分或准定常成分(停留时间大于1000 a)、可变成分(停留

时间为几年到几十年)和强可变成分(停留时间小于1 a)。下面我们主要按照浓度大小介绍大气成分,并结合停留时间介绍其性质。

干洁大气中的主要成分是氮(N_2)、氧(O_2)和氩(Ar),三者合计占干洁空气总体积的99.9%以上,这三种气体的停留时间,都远远大于1000 a,是准永久性气体。

次要成分中,最重要的是二氧化碳(CO_2),其混合比在当前大气中约占0.04%(或记为400 ppmv),停留时间可以达到数百年。其他重要的次要成分中,一些是准定常的惰性气体,如氖(Ne)、氦(He)、氪(Kr)、氙(Xe)等,除氙(Xe)外的混合比为1～15 ppmv;也包括一些停留时间较短的可变成分和强可变成分,如甲烷(CH_4)(1.7～2 ppmv)、臭氧(O_3)(0.01～1 ppmv)等。大气中有许多含量在1 ppmv以下的痕量成分,包括氮氧化物、硫氧化物、碳氢化合物等物质,这些物质往往在大气中的停留时间很短,是强可变成分。上述气体在大气层中的具体信息,见表2.2和表2.3。

表 2.2　地球大气层 100 km 以下混合较为均匀的气体的体积混合比(Jacobson,2012)

气体名称	化学分子式	体积混合比	
		/%	/ppmv
分子氮	N_2	78.08	780000
分子氧	O_2	20.95	209500
氩气	Ar	0.93	9300
氖气	Ne	0.0015	15
氦气	He	0.0005	5
氪气	Kr	0.0001	1
氙气	Xe	0.000005	0.05

表 2.3　大气层中时空变化差异较大的气体的体积混合比

气体名称	化学分子式	体积混合比/ppbv		
		清洁对流层	污染对流层	平流层
无机物				
水蒸气	H_2O	$3000\sim4.0\times10^7$	$5.0\times10^6\sim4.0\times10^7$	3000～6000
二氧化碳	CO_2	390000	390000	390000
一氧化碳	CO	40～200	2000～10000	10～60
氧化亚氮	N_2O	330	330	5～300
臭氧	O_3	10～100	10～350	1000～12000
二氧化硫	SO_2	0.02～1	1～30	0.01～1
一氧化氮	NO	0.005～0.1	0.05～300	0.005～10

续表

气体名称	化学分子式	体积混合比/ppbv		
		清洁对流层	污染对流层	平流层
二氧化氮	NO_2	0.01～0.3	0.2～200	0.005～10
二氟二氯甲烷	CF_2Cl_2	0.55	0.55	0.22
有机物				
甲烷	CH_4	1850	1850～2500	150～1700
乙烷	C_2H_6	0～2.5	1～50	—
乙烯	C_2H_4	0～1	1～30	—
甲醛	HCHO	0.1～1	1～200	—
甲苯	$C_6H_5CH_3$	—	1～30	—
二甲苯	$C_6H_4(CH_3)_2$	—	1～30	—
甲基氯	CH_3Cl	0.61	0.61	0.36

除了干洁空气外，大气中还有水汽和气溶胶粒子。大气中水汽的一个最重要特点，就是其含量具有高度的时空可变性，与地理纬度、下垫面性质、季节、天气条件等有密切的联系。气溶胶粒子，主要指大气中的固态和液态颗粒物，他们的含量在时空上是很不均匀的。

在环境气象学研究中，对准定常成分关注相对较少，这是因为这些气体性质非常稳定，同时对人体健康和植被生长基本没有负面影响。而一些痕量气体，虽然浓度很低，但多数具有化学活性，或者对人体健康和植被产生负面影响，通过大气化学过程，造成酸雨、霾、光化学烟雾等一系列环境问题；或者具有辐射效应，影响地球的辐射平衡，进而影响全球气候变化。尤其是近些年来，一些大气成分由于人类活动的影响迅速变化，例如二氧化碳、甲烷等温室气体的迅速增加，造成了“温室效应”；氟氯烃的增加，造成了“臭氧层空洞”；氮氧化物、硫氧化物的大量排放，造成了霾污染和光化学污染等城市污染问题。上述现象都是环境气象学关心的重要科学问题。

下面简要介绍几种对大气环境、人体健康及大气能量平衡有重要影响的大气成分。

2.2.3.1 含硫化合物

大气中的含硫化合物，主要包括硫氧化物（如二氧化硫（SO_2）、三氧化硫（SO_3））、硫酸分子（H_2SO_4）或硫酸盐[如亚硫酸盐（SO_3^{2-}）、硫酸盐（SO_4^{2-}）]，以及低价态硫化合物[硫氧化碳（COS）、二硫化碳（CS_2）、二甲基硫（$(CH_3)_2S$）、硫化氢（H_2S）]。低价态的还原性含硫化合物，极易在大气中被氧化，因此寿命较短，往往只有几天的时间。

在氧化态的含硫化合物中，二氧化硫作为主要的硫氧化物及气态污染物，是环境气象学研究中关注的重点气体之一。二氧化硫是一种无色、有刺激性气体。人类活动产生的二氧化硫，主要来自含硫燃料的燃烧。火力发电厂、有色金属冶炼厂、硫酸厂、炼油厂及燃煤或油的工业炉窑等，都排放 SO_2 烟气。二氧化硫在大气中易被氧化形成 SO_3，随即与水结合，形成硫酸和硫酸盐气溶胶。硫酸和硫酸盐，可形成硫酸烟雾和酸性降水，具有很大危害，在大气污染中扮演了重要角色，对能见度和人体健康造成影响。二氧化硫及其氧化产物主要通过干、湿沉降被清除。二氧化硫在大气中的停留时间，一般为 3～7 d，因此，其环境浓度也呈现明显的时空差异，一般来说，在洁净海洋上空的对流层大气中，其环境浓度在 0.1 ppbv 量级左右，但在污染大气中，浓度可以达到 10 ppbv。

2.2.3.2　含氮化合物

大气中的含氮化合物，种类很多，与环境气象学相关研究紧密联系的，主要是气态的、有较高化学活性的氮氧化物（NO 和 NO_2，或称为 NO_x）、氨（NH_3）及它们产生的离子形态的氮，以及化学相对惰性的氧化亚氮（N_2O）。

NO 和 NO_2 是大气中主要的含氮污染物。它们的主要来源是燃料燃烧，如机动车内燃机及工业锅炉的燃烧过程，占人为来源的 80%以上，其次是硝酸生产、硝化等过程。在高温燃烧条件下，NO_x 主要以 NO 的形式存在，最初排放的 NO_x 中 NO 约占 95%。但是，NO 在大气中易与空气中的臭氧等发生反应，生成 NO_2，故大气中 NO_x 普遍以 NO_2 的形式存在。此外，自然界也排放氮氧化物，如土壤通过一系列生物化学过程，可向大气排放 NO；闪电活动通过击穿氮气，进而形成 NO。氮氧化物可以在大气中被氧化形成硝酸，进一步转化成硝酸盐气溶胶。氮氧化物可以通过干沉降过程被清除，而其氧化产物则可以通过干沉降和湿沉降过程被清除。NO 和 NO_2 在大气中的停留时间，一般为 1～10 d，浓度在清洁和污染地区差异很大，在清洁大气中，一般为 0.01～5 ppbv；在污染大气中，可以到 50～500 ppbv。

氨气（NH_3）是一种无色但有强烈刺激性气味的气体。氨气是大气中重要的碱性气体，能参与降水中的化学反应，中和降水的酸度。氨气的主要人为来源是农业活动，如含氮化肥施用中释放的氨气及牲畜活动排放等，另有一小部分来自于生物质燃烧等。氨气在对流层可转化为铵盐气溶胶。氨气和铵盐气溶胶，都可以通过干沉降和湿沉降过程被清除。氨气在大气中的停留时间为 5～10 d，环境浓度在 1～50 ppbv。

另外一个重要的大气含氮化合物是氧化亚氮（N_2O）。氧化亚氮是无色气体，是低层大气中含量最高的含氮化合物。氧化亚氮主要通过土壤微生物过程排放进入到大气，但也有人为来源，包括农业氮肥的施用，工业生产和牲畜排放等。氧化亚氮在大气中很稳定，在对流层中没有显著的汇机制，只能通过平流层的缓慢光解而消除，在大气中停留时间，可达 100 a 以上。近年来，全球大气氧化亚氮的浓度，呈现迅速上升的趋势，其归因及带来的气候变暖效应，也是热点科学问题。

以上含氮化合物,有重要的环境效应。氮氧化物是刺激性气体,其中二氧化氮的毒性为一氧化氮的 4～5 倍,人体吸入后会引起不适。在大气中,氮氧化物是形成酸雨的重要酸性物质;氮氧化物和氨气,在细颗粒物形成和霾污染中扮演了非常重要的角色。氮氧化物是对流层臭氧的前体物,而臭氧是光化学烟雾的主要成分。在平流层,氮氧化物和氧化亚氮对臭氧的分解起催化作用,因此它们都是破坏臭氧层的物质。氮沉降到地面进入水体后,水体中氮过量时会造成富营养化,使水质恶化,影响水生生物的生长及繁殖。此外,氧化亚氮也是重要的温室气体,对全球变暖有重要贡献。

温室效应:俗称“大气保温效应”。来自太阳的热量以短波辐射的形式到达地球,然后穿越厚厚的大气层到达地球表面,地球表面吸收这些短波辐射热量后升温,升温后的地球表面向大气释放长波辐射热量,这些长波辐射热量被大气中的温室气体吸收,使得地球表面的大气温度升高,这种增温效应类似于栽培植物的玻璃温室的作用,故此得名温室效应。

温室气体:温室气体是指能产生温室效应的气体。常见的温室气体包括水蒸气、二氧化碳、甲烷、氧化亚氮、臭氧等。

2.2.3.3 含碳化合物

含碳化合物,主要有一氧化碳(CO)、二氧化碳(CO_2)、碳氢化合物(HC)和含氧烃类。除了 CO、CO_2 和碳酸盐等简单的含碳无机化合物以外,所有的含碳化合物,都属于有机物。碳氢化合物,也被称为挥发性有机化合物(volatile organic compounds,VOCs),根据化学特性的不同,又进一步区分甲烷(CH_4)和非甲烷挥发性有机化合物(NMVOCs)。此外,也有元素碳,以气溶胶颗粒物的形式存在于大气中。

一氧化碳是一种无色、无味、无臭的气体,对人体的主要危害,是阻碍体内的氧气运输。一氧化碳是排放量最大的大气污染物之一,它主要来自于燃料的不完全燃烧。人为源包括化石燃料和民用燃料的燃烧、废弃物燃烧等,生物质燃烧(包括自然野火和人为森林、草原的焚烧)也是其重要来源。此外,一氧化碳也是甲烷、其他碳氢化合物等氧化过程的重要产物。一氧化碳主要通过氧化和土壤吸收,从大气中清除。其源汇强度,决定了一氧化碳在大气中的停留时间,约为几个月,足以进行区域尺度甚至跨洋传输,其环境浓度一般为 40～200 ppbv。值得一提的是,一氧化碳是对流层臭氧的前体物,参与了光化学烟雾的形成。

二氧化碳对人体没有显著危害,化学性质也极不活跃,但是其浓度上升带来的温室效应,使其成为大气科学研究中极为重视的成分之一。二氧化碳的主要人为源,是燃料的燃烧过程,包括化石燃料(煤炭、石油、天然气)的燃烧过程和煤炭、石油等的生产和加工过程，其次是动植物的呼吸作用及有机物（动物、植物残体）的发酵、腐烂过程；自然源包括野火、海洋脱气（海洋中的二氧化碳向大气排放）等。二氧化碳也是众多含碳化合物氧化的最终产物。二氧化碳主要的汇是被植被光合作用和海洋吸收。二氧化碳在大气中的停留时间，可以达到数百年，在大气中浓度分布较为均匀。目前全球平均的二氧化碳浓度，已经达到 420 ppmv 左右，较工业革命之前增加了 50%，如图 2.2a。

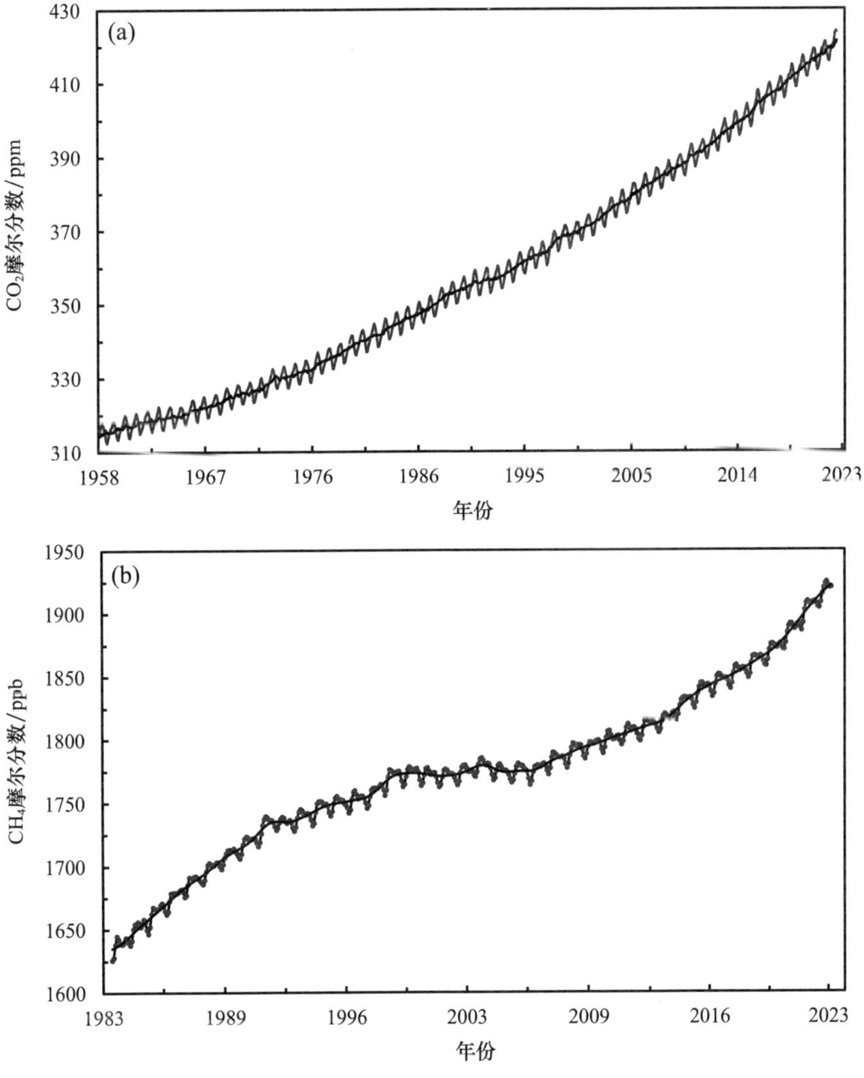

图 2.2　美国夏威夷莫纳罗亚天文台观测的大气 CO_2 和 CH_4 变化趋势（1958—2023 年）
(a)CO_2 变化趋势；(b)CH_4 变化趋势

甲烷也是非常重要的温室气体。甲烷主要是在厌氧环境中,由产甲烷菌参与的有机质分解过程中产生。甲烷是天然气、沼气等的主要成分。大气甲烷的来源非常复杂,人为来源和自然来源总量大致相当。甲烷的人为来源,主要包括煤、石油、天然气行业开采和使用过程中的排放,以及来自于水稻田、垃圾填埋场和牛、羊等反刍动物的肠道等强厌氧环境下产生的排放。甲烷的自然来源,主要是湿地。甲烷的主要汇是与大气 OH 自由基发生化学反应,少部分可以被沉积到海冰、雪、土壤、植被中。甲烷在大气中的停留时间大约为 10 a。目前全球大气甲烷浓度,大约为 1900 ppbv,较工业革命之前增加了 150%,如图 2.2b。

非甲烷挥发性有机物,种类很多,包括烷烃、烯烃、含氧有机化合物、卤代烃等。其人为来源非常复杂,包括化石燃料燃烧、废弃物燃烧、溶剂使用和挥发、机动车排放、生物质燃烧等过程。此外,植被排放也是重要的挥发性有机物自然来源,尤其是萜烯类挥发性有机物,植被排放量很大。非甲烷挥发性有机物主要通过化学反应被清除。绝大多数非甲烷挥发性有机物,都有比较强的化学活性,在大气中的停留时间都比较短。大多数非甲烷挥发性有机物,具有令人不适的特殊气味,并具有毒性、刺激性、致畸性和致癌作用,特别是苯、甲苯及甲醛等,对人体健康会造成很大的伤害。室内空气被非甲烷挥发性有机物污染,已引起世界各国重视。非甲烷挥发性有机物,参与大气环境中臭氧和二次气溶胶的形成,是导致城市灰霾和光化学烟雾的重要前体物,对区域性大气臭氧污染、$PM_{2.5}$ 污染有重要的影响。

2.2.3.4 含卤素化合物

含卤素化合物,是指含有卤族元素(氟、氯、溴、碘)的化合物,在大气中以气溶胶或气态形式存在。这里主要介绍氯氟烃类,即氟利昂类(CFCs),其中最重要的是一氟三氯甲烷($CFCl_3$,CFC-11)和二氟二氯甲烷(CF_2Cl_2,CFC-12)。它们曾广泛用于制冷剂、气溶胶喷雾、电子工业的溶剂、制造塑料的泡沫发生剂和消防灭火剂。这一类物质原本不在大气中存在,性质稳定也无毒。它们通过排放过程进入到大气,在对流层中不发生光解反应和氧化,也不易被降水清除,因此,在大气中可以停留几十年甚至上百年。然而,它们是温室气体,且在大气对流层中累积并通过长距离输送进入平流层后,在平流层内分解产生 Cl,进而起到破坏臭氧层的作用,因此也能产生重要的环境效应。

2.2.3.5 气溶胶

气溶胶,是指液体或固体微粒均匀地分散在气体中形成的相对稳定的悬浮体系。这些液体或固体微粒,称为颗粒物(particulate matter,PM),其空气动力学直径一般在 1 nm 到 100 μm 之间。大气污染中常说的 $PM_{2.5}$,就是指大气中空气动力学直径小于或等于 2.5 μm 的颗粒物,称为细颗粒物,也称为可入肺颗粒物,其粒径大小大致相当于头发丝的 1/20。PM_{10} 是指大气中空气动力学直径小于或等于 10 μm 的颗粒物,也称为可吸入颗粒物。常见气溶胶构成,有硫酸盐、硝酸盐、铵盐、黑碳和有机碳、沙尘、海盐等。

气溶胶的来源,非常复杂,包括从风沙、海洋表面的海水溅沫、生物排放、生物质燃烧、地球表面的岩石风化等自然来源过程,工业生产和机动车直接排放等人为来源过程,以及从大气中的氮氧化物、硫氧化物等通过化学转化等方式生成。由排放源直接排放到大气中的颗粒物,称为一次气溶胶;在大气中通过化学反应生成的颗粒物,称为二次气溶胶。气溶胶主要通过重力沉降过程和湿沉降过程被清除。

气溶胶也有重要的环境效应,一方面,气溶胶的存在,影响能见度,是霾的主要成分;另一方面,气溶胶的存在,也会通过影响辐射过程和云的生成和消散,进而影响大气的能量平衡和降水。

2.2.3.6 臭氧

臭氧(O_3)是大气中重要的成分。90%的臭氧质量在平流层,10%的臭氧在对流层。平流层和对流层臭氧的来源和环境效应有显著的不同。

平流层中的臭氧,是分子氧(O_2)在高空太阳紫外辐射的作用下,首先分离出原子氧(O),然后 O 又和 O_2 结合而形成的。正常情况下,臭氧层中 O_3 的形成和分解的速率大体相等,因此,O_3 的总量处于一种基本平衡的状态。平流层 O_3 浓度为 1000～5000 ppbv,其中浓度最高的位置,在离地表 15～35 km 的高度范围内,这一层也被称作为臭氧层。尽管臭氧层的厚度并不厚,仅占整个大气圈的百分之一,但是它能够有选择地吸收对人类和生物有害的紫外线和其他短波太阳辐射能,让对人类和生物无害的辐射顺利通过,所以能保护人类和生物,免受过多紫外线和短波辐射的伤害,使地球上的生物得以生存、繁衍。但是,人类活动排放的 CFCs 和氧化亚氮等物质进入平流层后,会对臭氧造成损耗,形成"臭氧层空洞"。

对流层臭氧,是一种对人体健康和植被生长都有害的污染物,是光化学烟雾的重要组成部分之一,也是一种强氧化剂,容易与其他化学物质反应,生成许多有毒的氧化物,同时也是一种温室气体。对流层臭氧,没有直接的排放来源,主要通过混合着氮氧化物、一氧化碳、甲烷和其他挥发性有机化合物的空气,在受到日光照射时的光化学反应生成。因此,臭氧有比较明显的日变化。臭氧的汇,主要是化学光解损耗,也可以通过植被吸附等干沉降过程被清除。对流层臭氧的停留时间在大气中也有很大差异,在污染城市边界层中的停留时间,一般不超过 5 d,但在自由大气中,可以停留几个月的时间。

2.3 大气污染及类型

2.3.1 大气污染的定义

大气在没有污染的情况下，是透明、无色、无味的。由于人类活动和森林火灾、火山爆发等自然灾害，一些有害物质，可以进入大气，对人体、动植物和器物，产生不利影响。

大气污染，是指由于自然或人为的原因，引起某些物质排入大气，达到足够的浓度并持续足够长的时间，破坏了生态系统和人类正常生活条件，对人和物造成危害的现象。一般来说，在没有人为活动干扰的情况下，自然过程造成的大气污染，会经过一段时间后消除。但人为活动造成的污染物持续排放，可能使大气污染的影响长时间存在。因此，可以认为：大气污染，主要是由人为活动造成的。

大气污染和空气污染的联系与区别： 大气污染多指地区性空气污染或室外空气污染。空气污染多指厂房内部或其他劳动场所、活动场所的空气污染，即室内空气污染。国内通常把大气污染和空气污染作同义词使用。实际上大气污染可理解为室内、室外空气污染的总称。

2.3.2 污染物的定义和分类

大气污染物，是指能使空气质量变差的物质。大气污染物按其存在状态，可分为气态污染物（主要有 SO_2，NO_x，CO 以及 VOCs 等）和颗粒污染物（亦称为气溶胶，主要有粉尘、降尘、悬浮物、飘尘等）。大气污染物按其产生过程，可以分为一次污染物和二次污染物。一次污染物是指直接从污染源排到大气中的原始污染物质，如一氧化碳、二氧化硫等。二次污染物则是指由一次污染物经化学反应形成的污染物，如臭氧、硫酸盐、硝酸盐、有机颗粒物等。

大气污染物的来源，按照排放主体分类，既有自然排放（火山喷发、森林火灾等）又有人为排放（人类生产和生活活动所排放的工业废气、燃烧废气、汽车尾气等），其中人为排放，尤其是工业生产和现代交通运输的排放，是主要大气污染源。这些来源过程包括：

（1）燃料燃烧过程，指燃料（如煤、石油、天然气、生物质等）通过燃烧将污染物输送到大气的过程。例如，煤炭的燃烧，会产生 CO、CO_2、氮氧化物、硫氧化物、黑碳颗粒等。内燃机为主的各种交通运输工具，也是重要的大气污染人为源。交通工具的内燃机燃烧排放的废气中，也含有 CO、氮氧化物、碳氢化合物等有害物质。

(2)工业排放过程，指工厂生产过程中排放的各种工业废气，进入到大气的过程。工业排放污染物的组成，往往与工业性质有密切的关系。如石油化工行业，会排放硫化氢和甲烷、烃类等有机碳氢化合物；有色金属冶炼工业，排放二氧化硫及重金属粉尘等。

(3)固体废弃物排放过程，指工农业生产和生活固体废弃物通过焚烧、填埋等方式排放到大气中的过程。例如垃圾填埋，是重要的甲烷人为来源。

(4)农业活动排放过程，农药和化肥的使用，对提高作物产量和保障食品安全起到了重要的作用，但另一方面，逸散的农药颗粒物和化肥中的氨，也会进入到大气中，给环境带来不利影响。含氮化肥施用后，土壤的微生物过程，将会产生一氧化氮和氧化亚氮等物质，并排放到大气中。

自然界中的各种物理、化学和生物过程，也是大气污染物的重要来源。沙尘暴排放的沙尘气溶胶和海洋排放的海盐气溶胶，是近地面气溶胶的重要自然来源。其他自然源排放过程，还有植被排放的挥发性有机物、闪电和土壤排放的氮氧化物、火山排放、野火排放、海洋表层排放的二甲基硫等。

2.3.3　大气污染的历史和类型

大气污染有不同的尺度，从小到大，可以大致划分为4类：局部地区的污染，如烟囱排气对周围的污染；地区性污染，如工业园区或城市的大气污染；区域性大气污染，如京津冀等大城市群的污染；全球性的大气污染，如臭氧层空洞等。

大气污染在不同时间，也有不同的表现类型。大气污染由来已久，自然灾害如森林火灾、火山喷发等，也能造成大气污染。工业革命以来，随着蒸汽机的使用，钢铁工业迅速发展、煤炭大规模应用，工业和人口向城市集中，使城市用煤量越来越大，工业区和城市大气污染日益严重，这和工业革命之前的大气污染，在性质和程度上完全不同。当气象条件不利时，大气中的污染物不易扩散，就会产生严重的空气污染。20世纪30—60年代，发生了8起震惊世界的公害事件，其中5起是空气污染事件。

20世纪八大公害事件中的五个大气污染事件：分别是1930年12月比利时马斯河谷烟雾事件、1948年10月美国多诺拉镇烟雾事件、1952年12月英国伦敦烟雾事件、1940－1960年间发生在美国洛杉矶的光化学烟雾事件、1961－1970年间发生日本四日市的哮喘事件。

从历史进程来看，引起国际社会广泛关注的大气污染问题，最早来自于欧美等发达地区。英国工业革命后，先后多次发生由于燃煤造成的烟雾中毒事件，最严重的一次事件，发生在1952年12月，即著名的“伦敦烟雾事件”。在美国，加利福尼亚州洛杉矶市，由于汽车尾气的排放，在 20 世纪 40 年代以后，经常在夏季出现光化学烟雾。从区域尺度来看，工业革命以来欧洲由于燃煤造成大气污染，使北欧许多国家降酸雨，多次引起国际争端。在东亚各国，也出现了酸雨问题。20 世纪 80 年代后，臭氧层破坏、气候变化等全球性大气污染，成为世界各国普遍关心的问题。21 世纪以来，我国、印度等发展中国家的城市群地区出现细颗粒物、臭氧等多种污染物和多种污染类型叠加的复合型大气污染。从全球来看，工业革命以来大气污染发展的历史如图 2.3。

根据大气污染发生的特点，可将大气污染分成不同的类型。目前文献中比较常见的大气污染类型，有煤烟型大气污染、光化学烟雾型污染、复合型大气污染、酸雨污染、室内空气污染、平流层臭氧空洞问题和全球变暖等。

2.3.3.1 煤烟型大气污染

煤烟型大气污染，主要是燃煤引起的，主要大气污染物是烟尘、SO_2 等。18 世纪末到 20 世纪中叶，煤烟型大气污染状况，随着工业的发展而加重。世界八大公害事件中，著名的伦敦烟雾事件、马斯河谷事件和多诺拉烟雾事件，就是煤烟型大气污染。

工业革命后，英国伦敦先后多次发生由于燃煤造成的大气污染事件。最严重的一次事件，发生在 1952 年 12 月 5 日早晨，伦敦一带上空，受高气压的影响，地面处于无风状态，在离地面 50～150 m 高空，出现逆温层，使大量烟尘和二氧化硫等污染物被封闭在逆温层下，污染物不能扩散，迅速积累，烟尘浓度高达 4.5 mg/m^3，约为平时的 10 倍，二氧化硫浓度高达 3.8 mg/m^3，约为平时的 6 倍。历史资料估算，这次污染事件，累计造成了超过 10000 人死亡。此外，1930 年 12 月比利时马斯河谷事件，也是典型的煤烟型大气污染事件。强烈的近地面逆温和燃煤产生的大量二氧化硫排放，在一次为期 5 d 的煤烟型污染事件中，造成了 60 多人死亡。

2.3.3.2 光化学烟雾型大气污染

光化学烟雾，是含有 CO、NO_x、挥发性有机物的大气在阳光照射下所产生的产物和反应物的混合物。世界八大公害事件中，著名的美国洛杉矶光化学烟雾事件，就是这类大气污染的主要代表。

在 20 世纪初，加利福尼亚州洛杉矶午后常出现一层淡蓝色的烟雾。这种烟雾，具有强氧化性，使大气能见度降低。从 1939 年到 20 世纪 60 年代，洛杉矶地区出台了很多措施，试图控制这种烟雾的发生，这些措施包括规范垃圾场的露天焚烧、炼油厂的二氧化硫排放和工业汽油储罐的排放等。尽管如此，洛杉矶的烟雾问题仍然存在，市民逐渐出现严重的呼吸系统和心血管疾病、眼睛刺激和全身不适，以及植被损伤和橡胶开裂等问题，这些现象在伦敦烟雾中并没有出现。这种烟雾被称为光化学烟雾。

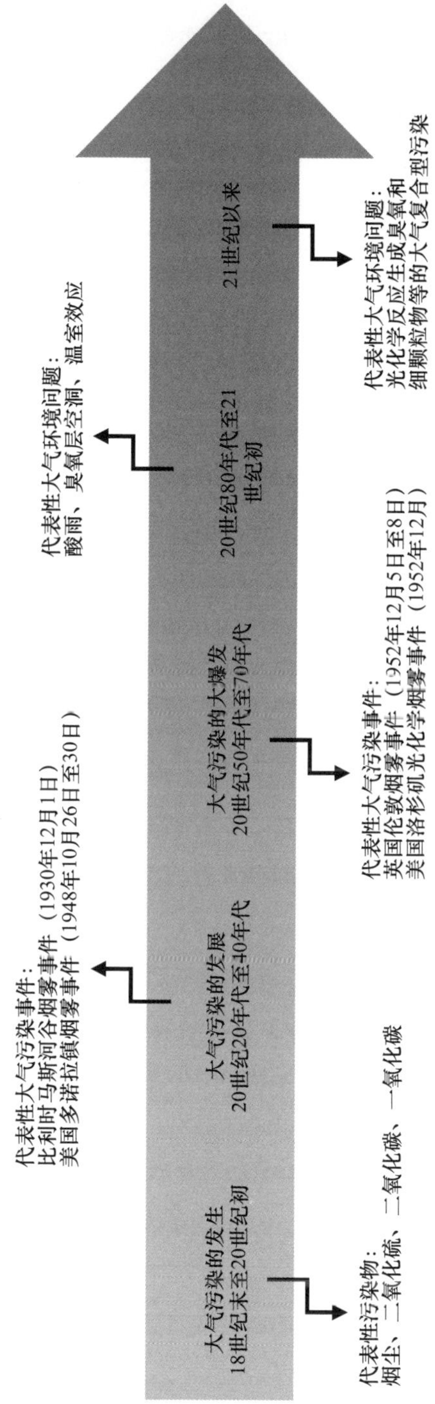

图 2.3　工业革命以来大气污染发展历史

美国生物化学教授 Arie Haagen-Smit 在 20 世纪 50 年代，首次确定了光化学烟雾中的主要成分是臭氧，同时初步提出了光化学烟雾形成的机理（Haagen-Smit，1952）。他指出，臭氧并不是直接从排气管或是烟囱中排出，而是在大气中由阳光驱动，由来自于炼油厂的烃、汽车未燃尽的部分废气以及作为燃烧副产物的氮氧化物组合，通过光化学反应生成。洛杉矶市 250 多万辆汽车，每天消耗汽油约 1600 万 L，向大气排放大量碳氢化合物、氮氧化物、一氧化碳。同时，洛杉矶市临海依山，处于 50 km 长的盆地中，汽车排出的废气，在太阳光照作用下，形成以臭氧为主的光化学烟雾。这种烟雾中含有臭氧、氮氧化物、乙醛和其他氧化剂，滞留市区久久不散。洛杉矶盆地夏季高温低湿及不利扩散的气象条件，进一步加剧了臭氧污染。在此之后，世界上许多大城市，如墨西哥城、圣地亚哥、东京、北京、加尔各答、约翰内斯堡和雅典等，也都出现了光化学烟雾污染。

2.3.3.3 酸雨

酸雨是指 pH 值小于 5.6 的降水。酸雨的形成，是由于人类大量使用煤、石油等化石燃料，燃烧后产生的硫氧化物、氮氧化物，在大气输送过程中，经过复杂的物理化学反应，形成硫酸、硝酸或硫酸盐、硝酸盐气溶胶，溶入或为云、雨、雪、雾等捕捉吸收，最终降到地面，形成了 pH 值小于 5.6 的酸性降水。酸雨可以发生在酸雨前体物二氧化硫和氮氧化物排放地下游 500～2000 km 的范围内，酸雨的长距离传输，会造成典型的越境污染。

在历史上，西欧、北欧、北美和东亚都曾经历严重的酸雨污染。我国 20 世纪 70 年代后，出现大范围酸雨。酸雨主要因大量燃烧含硫量高的煤而形成，各种机动车排放的尾气，也是形成酸雨的重要原因。因此，酸雨多数为硫酸雨，少数为硝酸雨。为控制酸雨污染，1998 年起我国划定“两控区”（二氧化硫污染控制区、酸雨控制区），严控二氧化硫排放，2005 年后，我国酸雨发生频率明显降低。由于二氧化硫的减排措施有效，酸雨类型从硫酸型向硫酸-硝酸混合型转变，我国酸雨污染问题得到实质性改善。

2.3.3.4 复合型大气污染

复合型大气污染，是指大气中由多种来源的多种污染物，在一定的大气条件下，发生多种界面间的相互作用、彼此耦合构成的复杂大气污染体系。其主要表现为：大气细颗粒物（$PM_{2.5}$）和臭氧浓度增高、大气能见度显著下降、大气环境恶化趋势向整个区域蔓延。

我国城市和城市群地区近 20 年的大气污染属于典型的复合型大气污染。近 20 年来，我国工业和城市化高速发展，污染物排放部门多，排放量大，早期的二氧化硫、颗粒物高排放问题尚未完全解决，氮氧化物、挥发性有机物排放又持续增加，导致酸沉降污染、颗粒物污染、光化学烟雾等现象频繁发生，各种污染互相叠加，大气污染从单一的城市空气污染向城市群复合型大气污染转变（唐孝炎 等，2006）。21 世纪以来，印度等发展中国家的城市群地区也面临我国城市和城市群地区大气污染类似的问题。为了区别于过去熟知的煤烟型污染和光化学烟雾型污染，将我国、印度等发展中国家城市和区域大气面临的污染，称为复合型污染。关于我国城市群复合型大气污染的特点、成因和应对，将在第 4 章详细介绍。

2.3.3.5 室内空气污染

室内空气污染，是由于室内引入能释放有害物质的污染源，或室内环境通风不佳，使室内空气中有害物质在数量和种类上不断增加，并导致人体一系列不适症状的现象。室内空气污染有很大危害：一方面，由于现代人多数时间是在室内度过的，对室内污染的暴露时间很长；另一方面，在室内污染物中，有许多是致畸、致癌和致突变物质。

室内空气中存在数百种挥发性有机物，有数十种致癌物质，上百种致病病毒。危害较大的主要有：氡、甲醛、苯、氨以及酯、三氯乙烯等。室内污染的来源，包括厨房煤气燃烧产生的废气、家庭装修建筑材料释放的有害气体，以及吸烟、人体新陈代谢、养花养鸟、灰尘、虫害、霉菌等产生的有害气体。

随着生活水平的提高和生活用品不断丰富，消费品也成为新的污染源，如化妆品、清洁剂、除臭剂、杀虫剂等，释放的重金属和有机物，对人体健康也有较大的危害。此外，家用电器释放的电磁辐射、打印机等释放的粉尘等，也是室内污染的来源。

2.3.3.6 臭氧层破坏

臭氧层破坏，是指人类活动向大气排放的大量氟氯烃物质进入平流层，与平流层臭氧发生化学反应，导致臭氧耗损，使臭氧浓度减小的现象。

据观测，目前臭氧层破坏比较严重的地方，在地球上的“三极”：即北极地区、南极地区和青藏高原的上空，尤其是南极的平流层臭氧损耗最为严重。1985 年英国科学家观测到南极春季（9—11 月）上空出现臭氧层空洞（图 2.4），并证实其与氟利昂（CFCs）分解产生的氯原子有直接关系（Farman et al.，1985）。

南极平流层臭氧的形成过程包括以下几个关键过程：(1)极地平流层云的形成，即南极地区的极度低温形成的一种完全由冰粒子组成的极地平流层云；(2)氯分子的释放，即由于南极地区温度低，对流层较薄，氟利昂等物质容易进入平流层，并在极地平流层云上，可发生非均相化学反应，通过反应释放出氯分子；(3)阳光分解氯分子消耗臭氧：即春天来临时，阳光返回南极地区，太阳辐射中的紫外线，使氯分子和 HOCl 开始发生大量的光解，产生大量的原子氯，消耗臭氧；(4)极涡维持臭氧空洞：南极地区的极端低温，使空气受冷下沉，加上地转偏向力的作用，形成了一个强烈极地涡旋，使南极空气与大气的其余部分隔离。当南极上空臭氧减少时，无法与

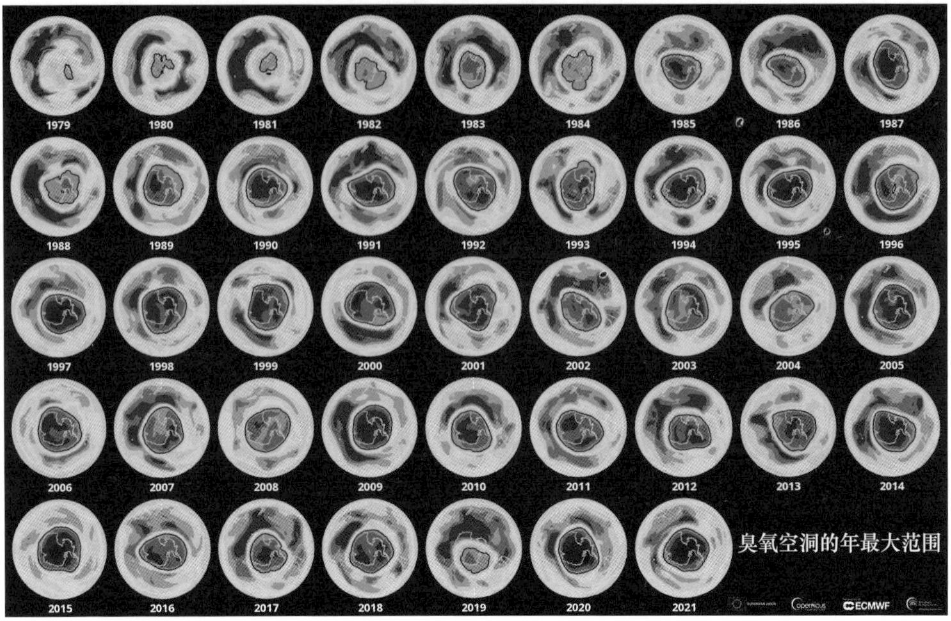

图 2.4 1979—2021 年南极臭氧空洞现象

（来源：https://atmosphere.copernicus.eu/ozone-layer-and-ultra-violet-radiation）

其他地区臭氧浓度较高的空气及时进行交换，从而导致臭氧洞的形成。直到春季后更多的太阳光到达南极，南极地区的温度上升，气象条件发生变化，结果导致“南极涡旋”逐渐消失，其他地区臭氧浓度较高的空气与南极空气交换，使南极上空的臭氧浓度升高，臭氧洞随之消失。

2.3.3.7 全球气候变暖

全球气候变暖是指全球平均气温升高的现象。近一百多年来，全球平均气温，经历了冷暖两次波动，总体呈现上升趋势。目前主流科学观点认为，全球变暖的主要原因，是人类在近一个世纪以来大量使用化石燃料，排放大量的二氧化碳、甲烷等温室气体。这些温室气体，主要吸收了部分地表向外发射的长波辐射，将更多的热量留在了地球-大气系统中，使得地球表面温度升高。

2.3.4 大气污染的影响

大气污染，对人体健康、植被、物品（器物和材料）、大气能见度和气候皆有重要的影响。

（1）对人体健康的危害。大气污染物对人体的影响，可以通过表面接触、摄入含污染物的食物和水以及吸入被污染的空气等途径，其中吸入被污染的空气危害最大。大气污染对人体健康的危害，主要表现为引起呼吸道疾病，尤其是颗粒物、臭氧等，都已被证实能通过加剧呼吸道疾病，影响人体健康。在高浓度污染物的作用下，人体可发生急性中毒，甚至在短时间内死亡。长期接触低浓度污染物，会引起支气管炎、支气管哮喘、肺气肿和肺癌等病症。

(2)对植被的危害。大气污染物可使植物抗病力下降、影响生长发育、叶面产生伤斑或枯萎死亡。对植物有较严重损害的气体包括二氧化硫、臭氧、过氧乙酰硝酸酯(peroxyacetyl nitrate，PAN)等。其中，臭氧对植被的危害和导致的农作物减产，是近年来的研究热点问题。

(3)对物品的危害。大气污染物，可对纺织衣物、皮革、金属制品、建筑材料、文化艺术品等，造成化学性损害和玷污损害。如酸雨对室外建筑材料有严重的腐蚀作用。又如在美国洛杉矶光化学烟雾事件中，轮胎制造商发现，加利福尼亚州的橡胶老化速度，要快于其他地方。

(4)对大气能见度的影响。大气污染最常见的后果之一，是大气能见度降低。粒径处于 0.1～1.0 μm 的亚微米级范围内的固体和液体粒子，对能见度降低的影响很大。大气能见度的降低，容易使人感到不愉快，并产生交通安全方面的危害。

(5)对全球气候环境产生影响。二氧化碳等温室气体的增多，使地球大气增暖；烟尘等气溶胶粒子增多，使大气混浊度增加，减弱太阳辐射，影响地球长波辐射，可能导致天气气候异常。酸性降雨增多，对农业、林业、淡水养殖业等产生不利影响。高空臭氧层破坏、形成臭氧空洞，对人类和生物的生存环境产生危害等。

2.4　大气边界层气象基础

大气污染物从排放进入大气，到最终到达接受体(如人体、动物、植物、大地及建筑物等)的历程中，会经历输送、扩散、化学转化和沉降等过程。大气中的风向、风速、气温、相对湿度、云和降水等气象要素，影响大气污染物的排放、输送扩散、化学转化和沉降过程，在很大程度上决定了污染物被输送到什么地方，在接受体上的浓度大小及持续时间长短。这些气象要素，又进一步受到不同尺度天气系统的影响。由于大多数大气物质排放在大气边界层内，大气边界层对大气成分的输送扩散、化学转化和沉降过程影响最大。本节介绍大气边界层主要气象要素的概念、特征及其对大气污染物产生的可能影响，并介绍影响我国环境气象特征的主要天气系统和天气形势。

2.4.1　风和湍流

2.4.1.1　风

空气的水平运动称为风。风是一个表示气流运动的矢量，空气水平运动的速度称为风速，风的来向称为风向。

风速是空气在单位时间内移动的水平距离，以 m/s 为单位。世界上通用的风级划分标准是《蒲福风力等级表》，该表根据风对地面（或海面）物体影响程度拟定了 0—12 共 13 个等级，称为“蒲氏风级”。中国气象局规定，以蒲氏风力等级将 12 级以上台风补充到 17 级，13—17 级分别对应台风的风级。

风向是指风的来向。风向常用方位度数表示，即以 0°（或 360°）表示正北，90°表示正东，180°表示正南，270°表示正西。在 16 方位中，每相邻方位间的角差为 22.5°，如图 2.5。

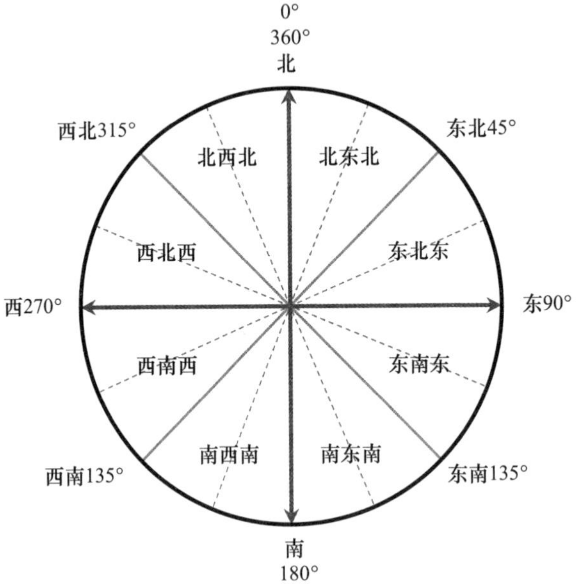

图 2.5　风向示意图

风是由于作用于空气的力而产生的。空气受到的力，主要包括气压梯度力、科里奥利力(科氏力)、摩擦力。气压梯度力，是指当一个地方的气压高而附近的气压低时，引起空气从高气压向低气压移动的力，气压梯度力总是从高压指向低压；科里奥利力是地球自转产生的力，在北半球总是指向前进方向的右边；摩擦力仅在接近地表时重要，它的主要作用是使风减速。它的大小与风速成正比，且作用方向与风的方向相反，表面越粗糙，摩擦力越大。

2.4.1.2　大气湍流

大气湍流是指气流在三维空间的不规则运动。湍流是一种普遍而复杂的流体运动形态，也称紊流、乱流。当气流在三维空间内随位置和时间有不规则涨落时，气温、湿度及物质浓度，也都呈现无规则的涨落。

在流体力学中，流体的流动，大体分为层流和湍流两种形式。流体处于层流或者湍流形态，往往可以通过雷诺数(Re)判定。雷诺数定义为

$$Re=\frac{UL}{\nu} \tag{2.5}$$

式中：U 为流体的速度尺度；L 为长度尺度；ν 为动力学黏性系数。一般而言，$Re\leqslant 2000$ 可判定为层流，$Re>2000$ 判定为湍流。

对于地球大气，特征长度一般可取离地面的高度。若取离地高度为 1 m，水平风速为 0.1 m/s，$\nu=1.46\times10^{-5}$ m^2/s，则大气雷诺数已经超过 6000，大气运动已经完全具有湍流性质。

大气湍流具有以下主要特征：(1)随机性，湍流是非规则的，在时间和空间上都没有固定周期；(2)非线性，当流动状态超过某一临界状态(如雷诺数超过某一临界值)，流体中的小扰动会自发地增长，这个过程是非线性的；(3)多尺度性，大气湍流的尺度，在空间上覆盖从毫米到数十千米，时间上覆盖从毫秒到数十分钟。

湍流按照其成因，可以划分为机械湍流和热力湍流。机械湍流是指由机械或动力作用生成的湍流，如近地面风切变、地表起伏的摩擦作用，均可产生机械湍流。热力湍流是由各种热力因子诱发形成的湍流，如太阳加热地表导致的热对流泡向上运动，地表受热不均匀或气层不稳定等，都可引起热力湍流。

一般情况下，大气湍流的强弱取决于热力和动力两种因子。在气温随高度的变化呈现强递减时，热力因子起主要作用，而在气温随高度的变化递减不明显或逆温时，动力因子往往起主要作用。实际大气中，湍流的发展，也是多个因素的共同作用结果。一般来说，湍流发展强度的特点是：陆地强于海洋，山地强于平原，白天强于黑夜，夏季强于冬季。

在实际大气中，风可以分为平均风速、湍流和波动三大类。每一类可以独立存在，也可以与其他两类同时存在。湍流和波动，通常是叠加在平均风速上的脉动变化，瞬时风是平均风和湍流、波动二者或者三者的叠加。因此，对中纬度大气运动能谱进行分析时，往往可明显看出平均风(对应 100 h 左右周期，天气周期)和湍流(对应 10 min 左右周期)、波动(对应 20 h 左右周期，日变化)的影响。

2.4.1.3　风和湍流对大气污染物的输送和扩散作用

大气污染物在大气中的输送和扩散，取决于风、湍流、浓度梯度三个因素，其中风和湍流起主导作用，对大气污染物有整体输送和稀释冲淡两种作用。在日常生活中可以看到，烟囱中冒出的烟气向下风方向飘去，同时不断向四周扩散，这就是大气对污染物的输送和扩散稀释过程。

风的整体输送作用，使污染发生在污染源的下风方向，污染物的浓度，在污染源的下风方向比其他方向大得多。风速越大，单位时间内污染物被输送的距离越远。

同时，在输送的过程中，污染气团会在湍流作用下与气团外空气发生混合，进而被稀释扩散。如果大气中只有规则的风而没有湍流运动，烟团仅仅靠分子扩散使烟团长大，速度非常缓慢，而当大气中存在着剧烈的湍流运动时，烟团与外界空气之间强烈地混合和交换，由于湍流扩散比分子扩散的速率快 $10^5 \sim 10^6$ 倍，这一过程大大加快烟团的扩散，污染物浓度越低。

在整体输送和稀释冲淡的双重作用下，污染物浓度大体与风速平方呈现反比关系。风速越大或湍流越强，单位时间内与烟气混合的清洁空气越多，越有利于空气中污染物的稀释扩散，污染物浓度越低；而长时间的微风或静风，则会抑制污染物的扩散，使污染物浓度增加。国内外大量的研究都表明，在城市中严重的大气污染现象，都出现在微风和静风时。例如对广州的一项研究表明（图 2.6），当平均风速小时（如小于 2 m/s），表征空气污染程度的空气质量指数（air quality index，AQI）数值越大，表示污染更严重，随着平均风速的增加，污染程度逐渐降低。

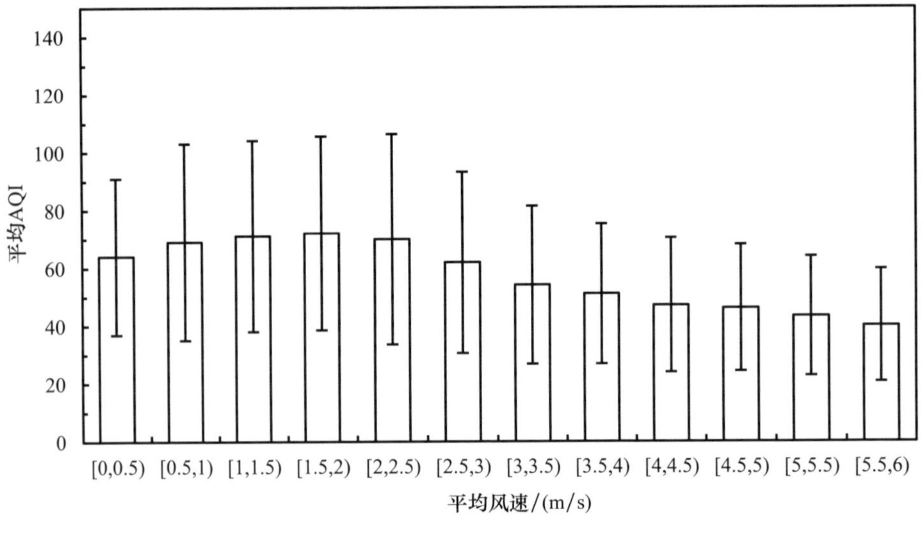

图 2.6　2017—2021 年冬季广州空气质量指数 AQI 平均值随区域平均风速的变化

2.4.2　气温与大气层结

2.4.2.1　气温

大气温度（气温）是表示大气冷热程度的物理量，常用绝对温标（单位：开尔文，K）和摄氏温标（单位：摄氏度，℃）表示。气温随时间和空间有显著的变化。气温随时间的变化，包括随太阳的公转和地球自转活动带来的季节和日变化（周期性变化），以及大气运动带来的非周期变化。气温随空间的变化，与地理位置、下垫面条件等有密切的关系。

2.4.2.2　气温随高度变化特征

气温随高度的变化，称为温度层结。近地面的温度层结，有三种情况。

(1)气温随高度递减。这种情况，一般出现在晴朗的白天、风速较小时。少云的白天，由于地表受太阳辐射温度上升，近地面的空气快速增温，热量不断地通过湍流等过程，从低层向高层传递，由于低层比高层增热快，于是就形成了气温随高度递减的现象。

(2)气温随高度递增。这种情况，一般出现在晴朗少云、无风的夜间。夜间太阳辐射等于零，地面无法通过获得短波辐射增加热量，但地面长波辐射却仍存在。少云时，大气向下长波逆辐射较少，地表通过长波辐射失去大量热量并不断冷却，近地面的空气也随之冷却，气层低层比高层冷却得快，就形成了气温随高度递增的现象，也就是逆温现象。

(3)气温随高度基本不变。这种情况，常出现在多云天或阴天。白天，由于云层反射，到达地面的太阳辐射减少，故地面增热较少。夜间，由于云层的存在，大大加强了大气向下长波辐射，地面冷却缓慢。因此，多云或阴天时，气温随高度的变化不明显。

气温随高度的变化程度，通常用气温垂直递减率 Γ 来表示，$\Gamma=-\mathrm{d}T/\mathrm{d}Z$。基于热力学第一定律、理想气体状态方程等基本定律，对空气在垂直运动过程中的状态变化进行表征，可求得干绝热直减率为 $\Gamma_d=9.8$ ℃/km，饱和湿空气的气温递减率为 $\Gamma_m=6.0$ ℃/km，实际大气气温递减率平均约为 $\Gamma=6.5$ ℃/km，即总的来说，在对流层内，大气温度普遍是随着高度的增加而递减的。

根据气温随高度的变化特点，通常将温度层结分为四种类型(图 2.7)：

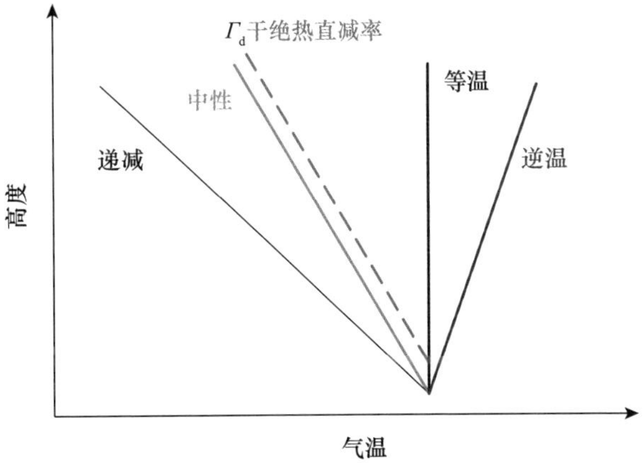

图 2.7　气温随高度变化的几种情况

① 气温随高度增加而递减，即 $\Gamma>0$，称为正常分布层结或递减层结；

② 气温直减率等于或近似等于干绝热直减率，即 $\Gamma=\Gamma_d$，称为中性层结；

③ 气温不随高度变化，即 $\Gamma=0$，称为等温层结；

④ 气温随高度增加而增加，即 $\Gamma<0$，称为逆温层结。

逆温层结对大气污染物的垂直扩散有重要影响。逆温主要类型，有辐射逆温、下沉逆温和锋前逆温。

思考：逆温一般容易发生在冬季还是夏季，容易发生在夜间还是白天？为什么？

辐射逆温。辐射逆温往往发生在夜间。在白天，陆地发出的长波辐射通常低于获得的太阳辐射能量，而在夜间，陆地发出的长波辐射使地面冷却，地面上方的空气分子层相对于高空的空气冷却更快，从而产生逆温现象。辐射逆温的强度，通常在漫长、平静、无云且空气干燥的夜晚达到最大。

下沉逆温。下沉逆温通常是指近地面高压系统内，发生大规模下沉运动而造成的逆温。在这样一个系统中，空气下降，绝热压缩并增温，从而形成下沉逆温。空气的下降和产生的逆温现象，都有利于近地表空气污染的积累。

锋前逆温。锋前逆温常常发生在冷锋嵌入暖气团下方的情形。在冷锋向暖气团移动时，寒冷、密集的空气起到楔状作用，迫使暖气团中的空气上升，在冷空气上方出现暖空气，形成锋面逆温。由于冷暖气团交会时，往往会形成降水天气，因此，尽管会出现逆温，也不容易造成空气污染积累。

2.4.2.3　气温及其垂直分布对污染物浓度和分布的影响

温度可以通过很多方面，影响空气污染物的浓度和分布。从污染物来源的角度看，温度会影响自然植被排放气体的速率，如呼吸作用释放的二氧化碳、含碳有机物的排放等，都和温度密切相关；温度也会影响一些人为过程污染物排放的速率，如机动车尾气一氧化碳和人为挥发性有机物的排放速率等。从污染物的化学转化途径来看，温度会影响气体-颗粒物的转化率，以及一些光化学反应的速率。从污染物的传输扩散角度来看，温度一方面可以通过改变风速来影响污染，如温暖的地表，往往会增强对流，导致地表空气与高空空气混合，进而影响污染物的扩散，另一方面温度自身的变化，也体现了大气运动(冷暖锋活动、高低压活动系统)的影响，这些大气运动直接与污染物的输送和扩散相关。从污染物的汇角度来看，温度同样会影响气体和颗粒物的干湿沉降过程，如在温度过高时，植被的气孔相应关闭，一些大气成分的沉降过程受到抑制。目前在空气质量研究中，常常发现近地面臭氧浓度和地表温度之间，存在显著的正相关，实际上是温度通过影响臭氧及其前体物来源、化学反应、传输扩散和沉降过程的综合表现。

气温的垂直分布，决定了大气稳定度，从而对大气污染物在垂直方向上扩散有直接的影响，将在 2.4.3 节讨论。

2.4.3　大气稳定度和烟羽形态

2.4.3.1　大气稳定度

大气稳定度，是指垂直方向上大气的稳定程度。污染物在大气中的扩散，与大气稳定度有密切的关系。空气(或污染物)是浮力上升还是下沉，取决于大气的稳定性，而大气的稳定性又取决于环境温度的递减率。我们通过图 2.8 来阐释大气稳定度的概念。

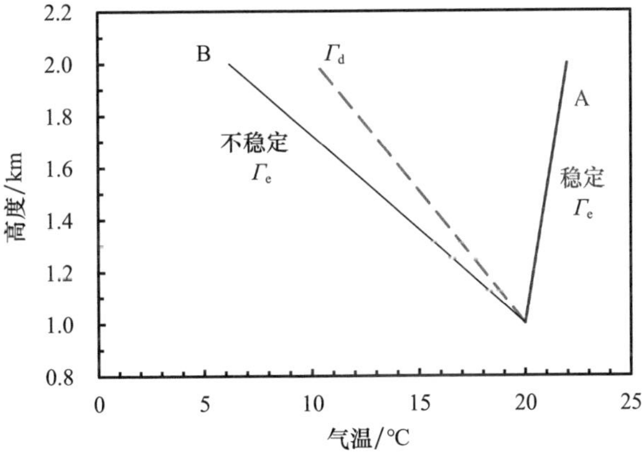

图 2.8　不稳定大气、稳定大气的气温垂直变化与干绝热递减率对比

当一团不饱和的空气块，垂直方向受到外力，向上垂直移动时，它上升、膨胀，其气温沿干绝热递减率(图 2.8 中虚线)变化。如果环境层结是逆温层结(曲线 A)，上升的气块在每个海拔高度都比周围环境中的空气更冷，密度更大。由于缺乏浮力，气块下沉、压缩、变暖，直到其气温和密度与周围空气相等，以振荡的方式回到原来的高度。当外力去除后，气块就减速并有返回原来高度的趋势，称气块所处的大气是稳定的。显然，在稳定的大气中，垂直扰动的污染物，不能上升和消散，容易造成污染物的积累。

如果环境温度层结不稳定(曲线 B)，绝热上升的气块，在每个高度上都比周围环境更温暖、密度更小，并且气块继续加速。只有当它遇到与气块温度(和密度)相同的空气时(如遇到新的环境温度层结时)，气块才会停止加速。当外力去除后，气块加速上升或下降，称气块所处的大气是不稳定的。在不稳定空气中，受到垂直扰动的不饱和气块，会继续向扰动方向加速。

在中性空气中(当环境温度递减率和干绝热递减率相等时),受到垂直扰动的不饱和气块,既不加速也不减速,而是以恒定速度沿着其初始扰动的方向继续运动。当外力去除后,气块静止或做等速运动,称气块所处的大气是中性的。中性层结大气中,污染物的稀释速度比不稳定层结慢,但比稳定层结快。

通过比较环境温度递减率 Γ_e 和干绝热递减率 Γ_d,可以确定不饱和空气是稳定的还是不稳定的。用符号表示,稳定性准则为

$$\Gamma_e \begin{cases} >\Gamma_d & \text{干不稳定} \\ =\Gamma_d & \text{干中性} \\ <\Gamma_d & \text{干稳定} \end{cases} \tag{2.6}$$

如果空气是饱和的,例如在云中,就用湿绝热递减率 Γ_w 来确定稳定性。在这种情况下,稳定性准则为

$$\Gamma_e \begin{cases} >\Gamma_w & \text{湿不稳定} \\ =\Gamma_w & \text{湿中性} \\ <\Gamma_w & \text{湿稳定} \end{cases} \tag{2.7}$$

将两者综合起来,温度廓线的广义稳定性判据,通常总结为

$$\begin{cases} \Gamma_e>\Gamma_d & \text{绝对不稳定} \\ \Gamma_e=\Gamma_d & \text{干中性} \\ \Gamma_d>\Gamma_e>\Gamma_w & \text{条件不稳定} \\ \Gamma_e=\Gamma_w & \text{湿中性} \\ \Gamma_e<\Gamma_w & \text{绝对稳定} \end{cases} \tag{2.8}$$

这些条件表明,当 $\Gamma_e>\Gamma_d$,无论空气是否饱和,空气是绝对不稳定的。相反,如 $\Gamma_e<\Gamma_w$,则无论空气是否饱和,空气都是绝对稳定的。

2.4.3.2 烟羽扩散形态与大气稳定度的关系

大气的稳定度,决定了大气污染物在垂直方向上的扩散能力,也决定了大气湍流的强弱。在不同大气稳定度条件下,污染物在大气中的扩散会呈现不同形态,可分为环链型扩散、锥型扩散、扇型扩散三种基本形态和熏烟型扩散、屋脊型扩散两种过渡形态,如图 2.9。

(1)环链型扩散,也称波浪型扩散。大气层结为不稳定,烟流外形起伏很大。出现在风小、天气晴朗、太阳辐射强的白天或起伏地形的上空。

(2)锥型扩散。此时大气层结为中性,烟流外形常呈锥型外表,扩散能力中等。出现在平坦郊野上空风大、多云天或阴天。

(3)扇型扩散,也称平展型扩散。此时大气层结为稳定,垂直方向湍流受到强烈抑制,扩散能力弱。从上往下俯视,水平方向随着风向摆动仍保持一定程度的扩散,

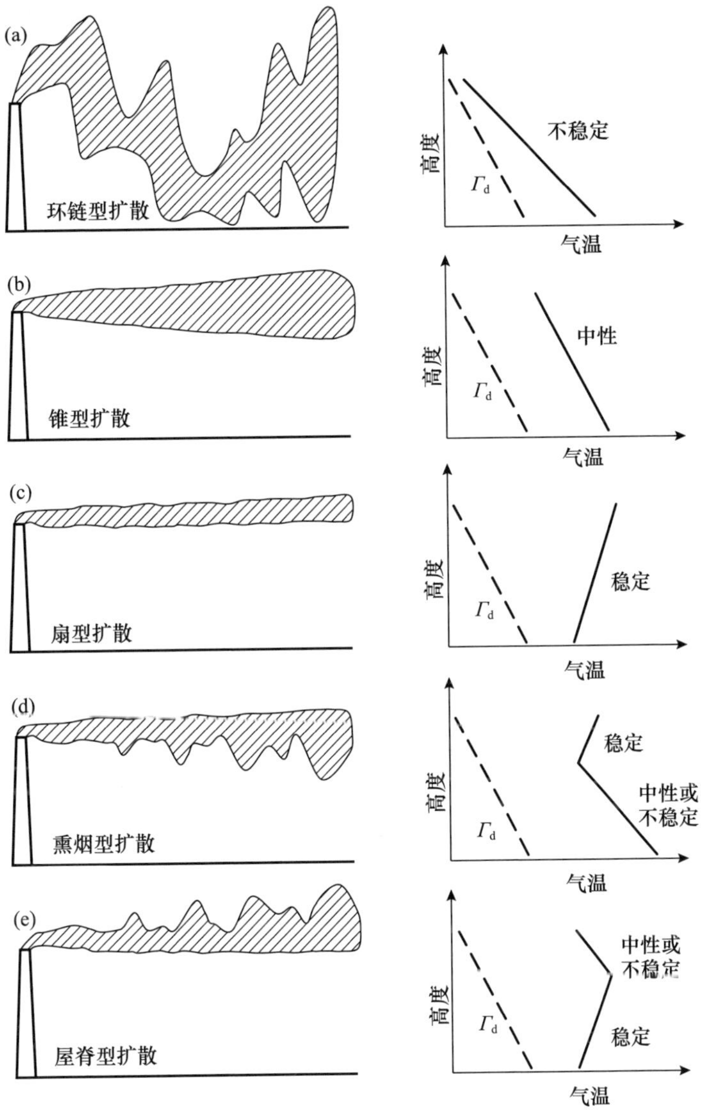

图 2.9　烟羽扩散型与大气稳定度的关系

烟流外形如同一面张开的扇子。这种扩散条件常出现在晴朗风小的夜间。

(4)熏烟型扩散，也称漫烟型扩散。烟流排放高度上层大气层结为稳定，下层大气层结为不稳定或中性，向上的扩散受到抑制、污染物向下迅速扩散。出现在晴天太阳出来后，混合层高度抬升过程中。这种类型，十分有利于地面污染物浓度的积累。

(5)屋脊型扩散，也称上升型扩散。此时烟流排放高度下层大气层结为稳定，上层大气层结为不稳定或中性，污染物向下的扩散受到抑制，只能向上扩散，烟流外形如同屋脊。这种类型，常出现在晴天太阳下山后一段时间。

2.4.4 辐射与云

辐射影响地面及大气的热状况，进而引起温度分布的变化，影响大气运动状态及云与降水的形成，对大气环境具有重要影响。

太阳辐射是地球的主要能量来源。到达地球大气层顶的太阳辐射，主要能量对应波长集中在 0.17～4 μm，因此太阳辐射又被称为短波辐射。太阳辐射到达大气层顶后，穿越大气层到达地面的过程中，有约 30%的能量被云、气溶胶、地面反射回宇宙空间，有约 20%的能量被大气中的气体吸收，剩下的 50%到达地面，被地表吸收。到达地面的太阳辐射，与纬度、地形、海拔高度、大气透明度都有关系。

地面和大气层一方面吸收太阳辐射能，另一方面不断地放出辐射能。地面向外发出的辐射，最大能量波长位于 10 μm 处，也称为红外长波辐射。地表向外的红外长波辐射，主要被低层大气中的温室气体吸收或散射，一部分发射到地球之外。长波辐射被大气层吸收和散射后，又可能再次向地球表面辐射，这一过程称为大气逆辐射。从全球来看，入射的太阳辐射和地表向外的长波辐射，是基本平衡的。

云对太阳辐射有反射作用，它的存在，会减少到达地面的太阳直接辐射，对地气系统起着强烈的冷却作用。同时，云层对大气逆辐射又有加强作用，从而减小了地面的有效辐射(即地面发射的红外长波辐射和地面所吸收的大气逆辐射之间的差值)。云层的存在，减小了气温的昼夜变化。一些观测结果表明，连续阴雨天，温度层结几乎没有昼夜变化。

辐射和云可以帮助判定大气稳定度。在研究和实际应用中，在缺乏温度层结观测资料的情况下，可以根据太阳高度角和云量，来估计大气的稳定度状况，再结合风速的大小，可以进一步判定大气的扩散能力。一种应用较为广泛的方法，是帕斯圭尔稳定度分类法(Pasquill et al.，1961)，这种方法，利用地面常规观测资料的风速、辐射和云量，将大气稳定度分为 A(极不稳定)—F(稳定)六级。后来一些学者提出了改进的分类方法，根据太阳高度角与云量和云高，确定净辐射指数，再由净辐射指数和风，划分稳定度等级，将大气稳定度进行分类。这些稳定度分类方法表明，风速越大或者云量越多时，不论白天或夜晚，温度垂直变化越不明显，稳定度越接近中性。风速小或晴天时，白天气温自地面向上迅速下降，大气层结趋向不稳定；夜间气温随高度递增的可能性大，气层趋于稳定；早上或傍晚接近中性。

辐射和云，除了通过影响温度层结和大气稳定度之外，也影响光化学反应速率和降水，影响空气污染物的分布。首先，云层的增加增厚，将减少紫外线辐射，因此降低了云底下的光化学反应的光解速率。观测显示，近地面臭氧的浓度和云量常呈现反比关系(或相应的和太阳辐射成正比关系)，在一定程度上体现了辐射和云对光化学反应速率的影响。其次，云层增加，往往有利于降水的形成，利于去除空气中的污染物。

2.4.5 湿度

大气中的水汽含量多少及其发生的相变，对大气状态有很大的影响。湿度是表征大气中水汽含量的重要物理参数。描述湿度的物理量，大致分为两类：一类直接或间接地描述空气中水汽含量有多少，如绝对湿度、水汽压、混合比和比湿等；另一类是描述空气中水汽含量偏离饱和程度的物理量，如相对湿度等。

水汽压和饱和水汽压：水汽压是指大气中水汽的分压强，常用 e 来表示，也称作实际水汽压。饱和水汽压指空气中水汽含量达到某一温度下空气所能容纳水汽的最大含量，常用 $e_s(T)$ 表示。实验表明，饱和水汽压仅与温度有关，是温度的函数，与温度成正比。一般来说，温度越高，饱和水汽压越大。饱和水汽压又分为纯水面饱和水汽压和纯冰面饱和水汽压。在同一温度情况下，纯冰面上的饱和水汽压小于纯水面的饱和水汽压。

混合比与比湿：混合比是某一体积空气所含水汽的质量与干空气的质量之比，一般用 r 表示。设一定体积空气中含有水汽质量 m_v 克，干空气质量 m_d 克，则混合比为 $r=m_v/m_d$。比湿是指某一体积空气中所含水汽的质量与湿空气的质量之比，一般用 q 表示，即 $q=m_v/(m_d+m_v)$。混合比 r 与比湿 q 之间的关系为 $q-r/(1+r)$。若湿空气团与外界不发生质量交换，内部也不发生相变，比湿和混合比保持不变。

绝对湿度：绝对湿度是单位体积空气中所含水汽的质量，又称为水汽密度，用 ρ_V 表示，单位是 kg/m^3。

相对湿度：相对湿度是单位体积中的实际水汽压与同温度下饱和水汽压之比的百分率，一般用 f 来表示，$f=(e/e_s(T))_{p,T}$。e 为实际水汽压，$e_s(T)$ 为饱和水汽压。如果某体积中相对湿度为 100%，则表示该体积空气已经达到饱和，也就有可能产生凝结甚至成云致雨。相对湿度的分布，受季节和地形影响。海洋表面和沿海地区，因为有大量水汽蒸发补充给大气，故这些地区的大气相对湿度全年很高。而内陆地区，由于干旱少雨，而且内陆少有水分蒸发补充，所以其相对湿度较小。此外，中纬度地区内陆夏季相对湿度比冬季大，沿海地区相对湿度全年变化不大，几乎不受季节影响。

湿度或者大气中的含水量，主要通过物理化学转化和湿清除的途径，影响空气污染物的浓度和分布。例如，相对湿度对气溶胶在大气中的状态有很大影响，大气中湿度高时，会促进气溶胶的吸湿增长，其消光能力大幅增加，进而对大气能见度和气溶胶的辐射效应造成显著影响。大气中的部分化学反应，需要水汽的参与，如羟基自由基的形成，而羟基自由基在许多污染物的化学反应中起到了关键作用。文献中报道的相对湿度与近地面臭氧的相关性，就体现了湿度对大气污染物物理和化学影响的多重效应:大气中需要一定量的水汽用于光解生成羟基自由基,促进大气氧化过程和臭氧的形成,但过量的水汽,同时也促进了臭氧的汇,并可能通过促进气溶胶的吸湿增长,抑制太阳辐射及臭氧的生成。因此,往往是在相对湿度较低的一段范围内,臭氧污染才更有可能发生。

此外,大气中的湿度越高,也越容易形成降水。降水对空气中的污染物有清除、冲刷和再分布的作用。降雨、降雪时,大气中的一些污染气体能够溶解在水中,降低空气中污染气体的浓度,较大的雨雪对空气污染物、粉尘颗粒也起着有效的清除作用。降水与空气中的二氧化硫等气体混合溶解,会形成酸性降雨,转化成新的污染形态。对大气颗粒物而言,雨滴在下落过程中,可以碰撞、捕获颗粒物。此外,颗粒物还可以充当大气降水的凝结核,使水汽在上面凝结。通过这两种过程,都可以起到清除颗粒物的作用。

2.4.6 大气边界层

大气边界层,是对流层下部、靠近地球表面的低层大气。大气边界层是地面和自由大气(定义为对流层内边界层以上的大气)之间交换热量、水汽等物理量的通道,也是大量化学物质通过人类生产生活进入到大气中的关键一层。本节介绍大气边界层的结构,边界层内风、气温、湿度等气象要素演变特征,及其与边界层内物质的输送和扩散的关系。

2.4.6.1 大气边界层的定义和结构

大气边界层是一个多层结构。根据湍流摩擦力、气压梯度力和科氏力对不同高度层空气运动的贡献,可以分为黏性副层(或贴地层)、近地面层(常通量层或常应力层)和埃克曼层(Ekman layer)(或上部摩擦层),如图 2.10。

(1)黏性副层:紧靠地面的薄层,典型厚度为 1 cm~1 m。

(2)近地面层:从黏性副层到距离地面几十米高度。大气运动呈现明显湍流性质,湍流运动几乎是唯一考虑因素,科氏力和气压梯度力几乎可以忽略,风向随高度几乎无变化。

(3)埃克曼层:从近地面层到边界层顶(约 1~2 km)。该层的特点是湍流摩擦力、气压梯度力和科氏力量级相当。

大气边界层以上的大气为自由大气。自由大气中,气压梯度力和科氏力达到平衡,空气运动呈现地转风的性质。边界层顶和自由大气之间有一个过渡层,称为卷夹层。

2.4.6.2 边界层中风的运动规律

由边界层垂直结构的定义可以认识到,不同高度的空气运动特征,是区分边界层垂直结构以及边界层和自由大气的重要标志。由于边界层紧贴地面，大气运动的主要特征，就是需要考虑摩擦力对风速和风向的作用。

如图 2.11，在近地面层，由于下垫面的摩擦作用，平均风速在接近地表处为零，运动形态一般是湍流的，随着高度的增加，摩擦力逐渐减弱，平均风速逐渐增加到边界层顶的风速值。平均风速的通常数量级是 2～10 m/s。

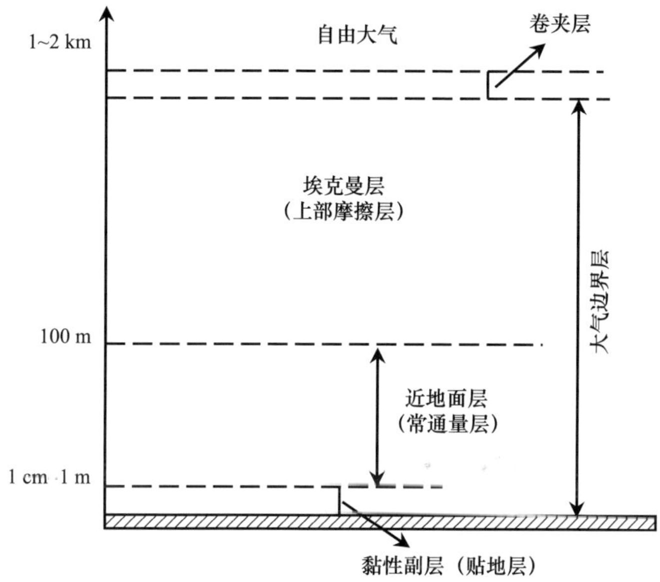

图 2.10 大气边界层的分层结构示意图

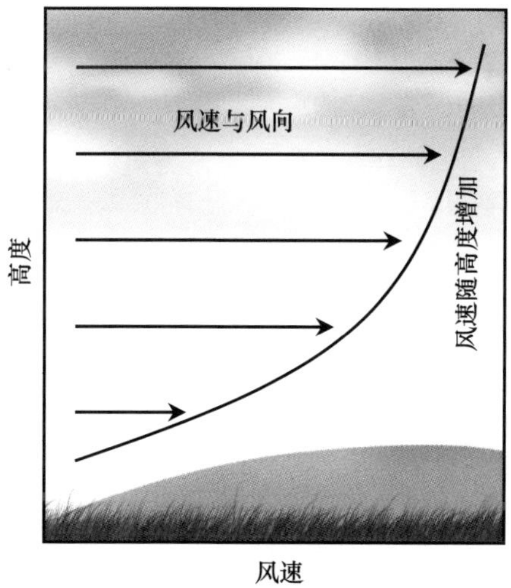

图 2.11 平原地区风速随高度的幂指数关系示意图

近地面层中，风速通常随高度增加，大致满足幂指数律

$$u(z)=u_{10}\left(\frac{z}{10}\right)^{m} \tag{2.9}$$

式中：u_{10} 为离地面 10 m 高度处的风速；z 为距离地面的高度；指数 m 为风速幂指数，随层结稳定度而定，中性层结 $m\simeq0.25$，不稳定层结 m 较小，稳定层结 m 较大。

埃克曼层中的空气运动，是水平气压梯度力、科氏力与湍流摩擦力三力平衡的结果。在三力综合作用下，风向偏离等压线，指向低压。随着高度的增加，摩擦力的作用逐渐减弱，风向顺时针偏转 20°～30°。该风廓线称为埃克曼螺线（图 2.12），即随高度增加，风与等压线的夹角减小，同时风速增大。对于北半球来说，这意味着随高度增加，风向逐渐向右偏转趋近于等压线方向，同时风速接近地转风速 u_g（量级为 10 m/s）。当然，埃克曼螺线是一种非常理想的风廓线，实际大气要复杂得多。

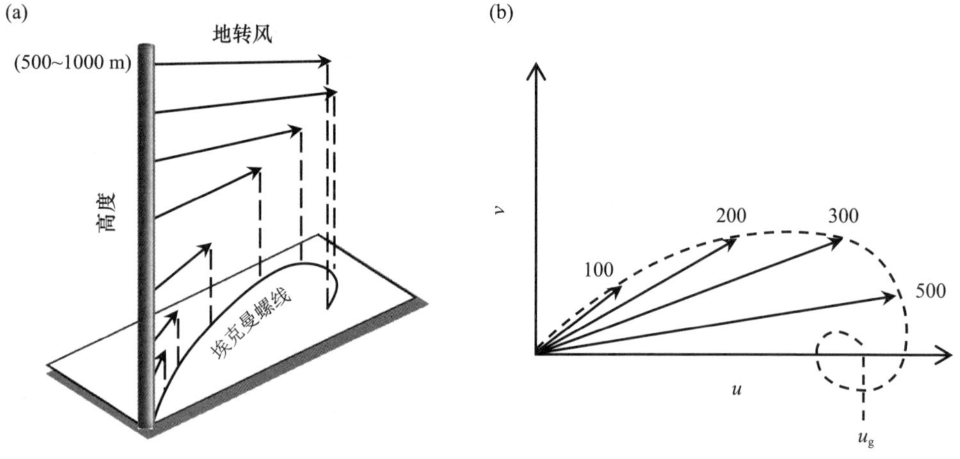

图 2.12　埃克曼螺线示意图

边界层内的平均垂直气流很小，一般是由大尺度天气过程的流场辐合辐散引起，数量级在 mm/s 到 cm/s 之间，但在地形起伏的影响下，局地也可产生较强的垂直气流。

2.4.6.3　边界层气象要素的日变化

大气边界层的重要特征，是边界层内气象要素存在明显的日变化。这是因为大气边界层是对流层中最靠近下垫面的气层，通过湍流交换，白天地面获得的太阳辐射能以感热和潜热的形式向上输送，加热上层的空气；夜间地面的辐射冷却，同样逐渐影响上层的大气，这种日夜交替的热量输送过程，造成大气边界层内的气温具有

明显的日变化。伴随着气温的日变化，边界层内湿度等其他气象要素，也会相应出现日变化。

边界层的发展，具有明显的日变化规律，如图 2.13 所示。白天，边界层由近地面层、对流混合层和卷夹层组成。由于地面的风速为零，近地面层是风速随高度变化（风切变）最为剧烈的区域。混合层是近地面层上方的空气区域，当地面受太阳辐射加热变暖时，能量通过传导从地面转移到地面上方的空气，空气受热后获得浮力上升，并在对流混合层中获得最大加速度。地面不断加热驱动下，边界层的发展比较迅速，午后达到最大高度，同时随着热气流的上升，它们会将较冷的空气向下置换，从而使空气和污染物在该层中混合。混合层的顶部，通常以逆温为界，称为盖顶逆温。逆温抑制了源自近地面层或混合层的热气流的上升。逆温层和混合层之间，会通过卷夹过程交换部分物质，盖顶逆温层也称为卷夹层。污染物通常被限制在逆温之下或之内，因此，逆温离地面越近，边界层内污染物越容易积累。

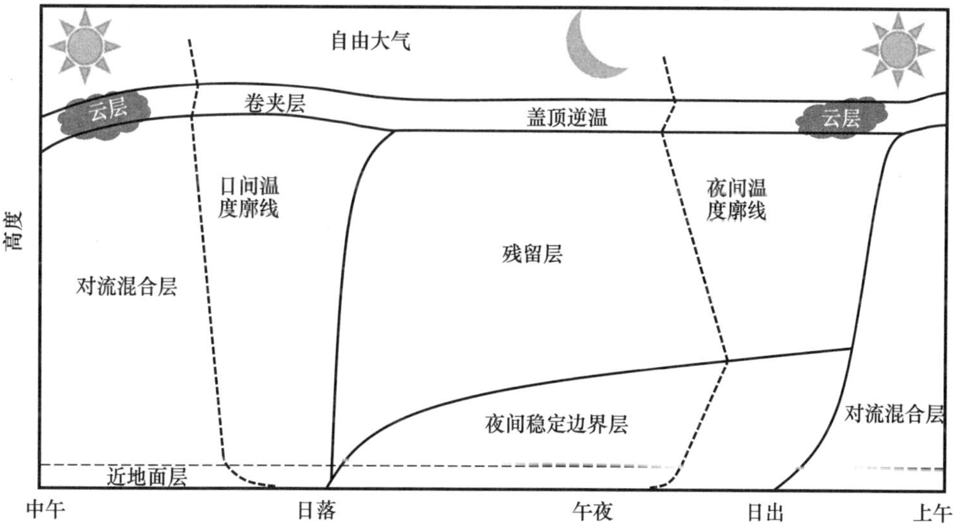

图 2.13　边界层结构的日变化示意图

入夜后，地面净辐射转为负值，从地表向上降温，地面辐射冷却效应使地面降温，减少了混合层底部的浮力，抑制了混合层中的混合过程。白天混合层中在夜间失去浮力的部分，构成了夜间稳定边界层，并往往形成逆温。混合层的剩余部分是残留层，其在稳定边界层之上，仍保留相当厚度的白天混合层中层性质，在夜间相对稳定。随着夜间时间的推移，夜间稳定边界层变厚，侵蚀残留层基底。直到次日日出后，日间边界层重新发展。

边界层的高度，一般为几十米到数千米，通常呈现出昼高夜低、夏高冬低的特征。图 2.14 为珠三角地区实测的边界层高度变化特征。

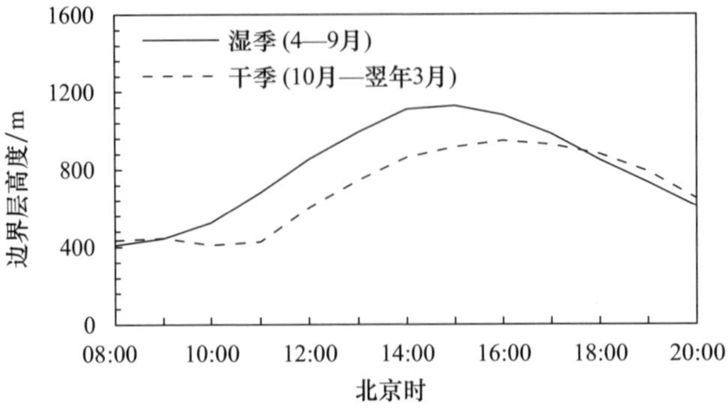

图 2.14　2013 年 9 月—2014 年 11 月珠三角边界层高度在干、湿季的变化特点

2.4.7　天气环流系统和我国环境气象总体特征

气象因子的变化,往往是伴随着天气形势变化而产生的。本节简要介绍常见的环流系统和天气形势及其对污染物输送扩散的影响,重点关注对我国环境气象影响较大的环流系统和天气形势,并介绍我国环境气象总体特征。

2.4.7.1　低压系统和高压系统

低压,是指同一水平面上气压比周围低的大气涡旋。低压又称低气压、气旋。在北半球,在地面或者大气低层形成低压时,大气受到气压梯度力、科氏力、摩擦力的共同作用,低压中的风按逆时针方向旋转并斜穿等压线,指向低压中心。因此,在低层,四周的空气向中心辐合,使低压中心附近空气出现上升运动,如图 2.15a。

与低压相反,高压是指同一水平面上气压比周围高的大气涡旋,又称反气旋。在北半球,在地面或者大气低层形成高压时,高压中的风按顺时针方向旋转并斜穿等压线,远离高压中心。因此,在低层,中心的空气向四周辐散,使高压中心附近空气出现下沉运动,如图 2.15b。

一般情况下,在低气压系统控制时,空气有上升运动,云量较多,如果风速稍大,大气多为中性或不稳定状态,有利于污染物的扩散。相反,在高气压控制下,一般天气晴朗,风较小,并伴有空气的下沉运动,往往在几百米到 2000 m 的高度上形成下沉逆温,抑制湍流的向上发展,夜间有利于形成辐射逆温,不利于污染物的扩散,容易造成地面污染。

2.4.7.2　气团和锋

气团,是范围广大、在水平方向上具有均匀物理属性(主要指温度、湿度和稳定度)的大块空气团。气团水平尺度达到几百至几千千米,垂直尺度约几千米到十几

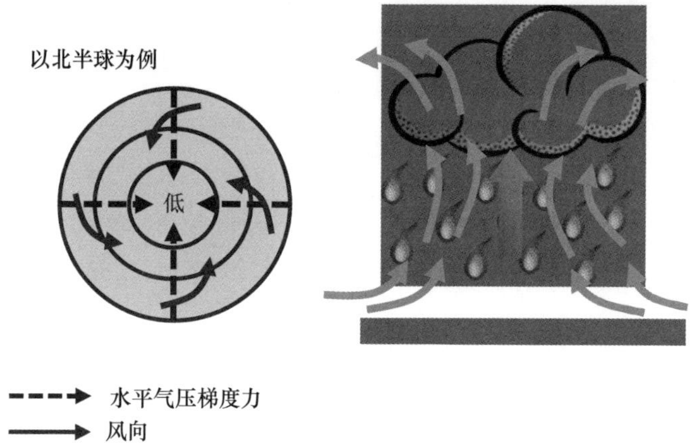

(a) 低压

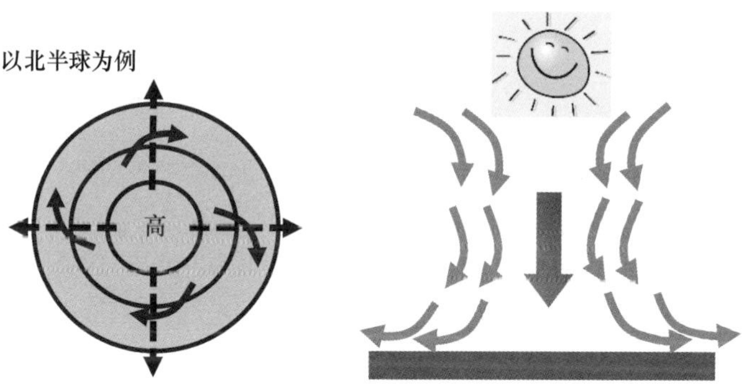

(b) 高压

图 2.15　低压高压示意图

千米，常常从地面伸展到对流层顶。按气团的热力性质不同，气团可分为冷气团和暖气团。按气团的湿度特征差异，可分为干气团和湿气团。按气团的发源地差异，常分为北冰洋气团、极地气团、热带气团、赤道气团等。

活动于我国的主要气团，随季节变化而变化。冬季，以极地大陆气团为主，南方部分地区则会受热带海洋气团影响。夏季，主要受热带海洋和热带大陆气团影响，在北方则仍会受极地大陆气团影响。春、秋季，则主要有变性极地大陆气团和热带海洋气团。不同气团的相互作用，会导致天气变化，在气团交界区形成锋面（冷暖气团之间的狭窄、倾斜过渡地带），产生大风、云雾、降水等现象，如图 2.16。

2.4.7.3　寒潮天气过程及其对大气污染的影响

受冷气团（冷锋）影响，降温幅度达到一定标准时称之为寒潮。按我国中央气象台的寒潮标准，过程降温 10 ℃以上称为寒潮，过程降温 8～9 ℃和 5～7 ℃分别称为

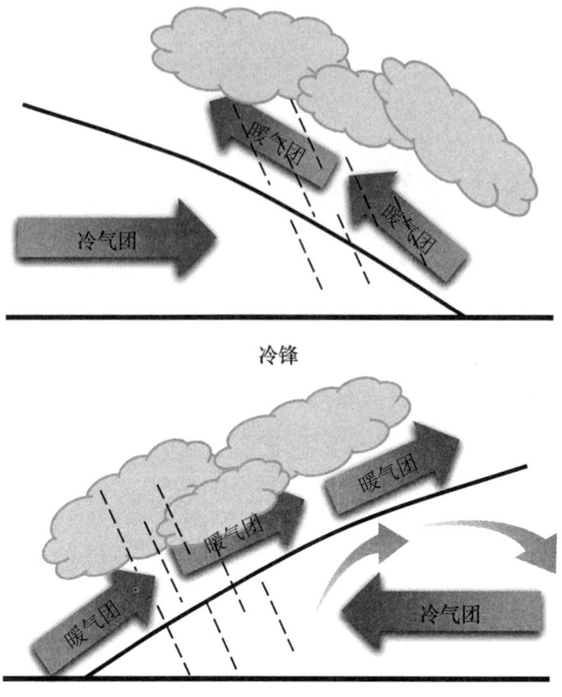

图 2.16　气团和锋示意图

强冷空气和弱冷空气。

寒潮天气过程的形成，与极地和高纬的大气环流、西风带的大型扰动以及寒潮天气系统的演变等因子密切相关。影响我国冷空气的源地，主要有三个：即新地岛以西的北冰洋洋面上、新地岛以东的北冰洋洋面上以及冰岛以南的北大西洋洋面上。来自这三个源地的冷空气，95%都经过西伯利亚中部地区，并在那里积累加强。我国大部分地区均会在不同程度上受到寒潮降温的影响。据统计，我国年寒潮频次分布，呈现北多南少的特征。影响我国的寒潮，主要出现在 10 月到翌年 4 月。

在寒潮来临前，随着冷锋逼近，冷空气把原来占主导地位的暖气团迅速挤压到狭窄区域聚集增温，容易形成稳定逆温层，污染物难以扩散，致使污染物浓度急剧升高。当寒潮影响时，气压梯度大，风速加大，非常有利于污染物的扩散。

2.4.7.4　热带气旋及其对大气污染的影响

热带气旋，是发生在热带海洋上空的一种具有暖中心结构的强烈气旋性大气涡旋(图 2.17)。它是大气中发生的最强烈的天气系统之一，一般伴有狂风、暴雨，巨浪和风暴潮等剧烈的天气和海洋现象，常造成非常严重的灾害。根据中国气象局的标

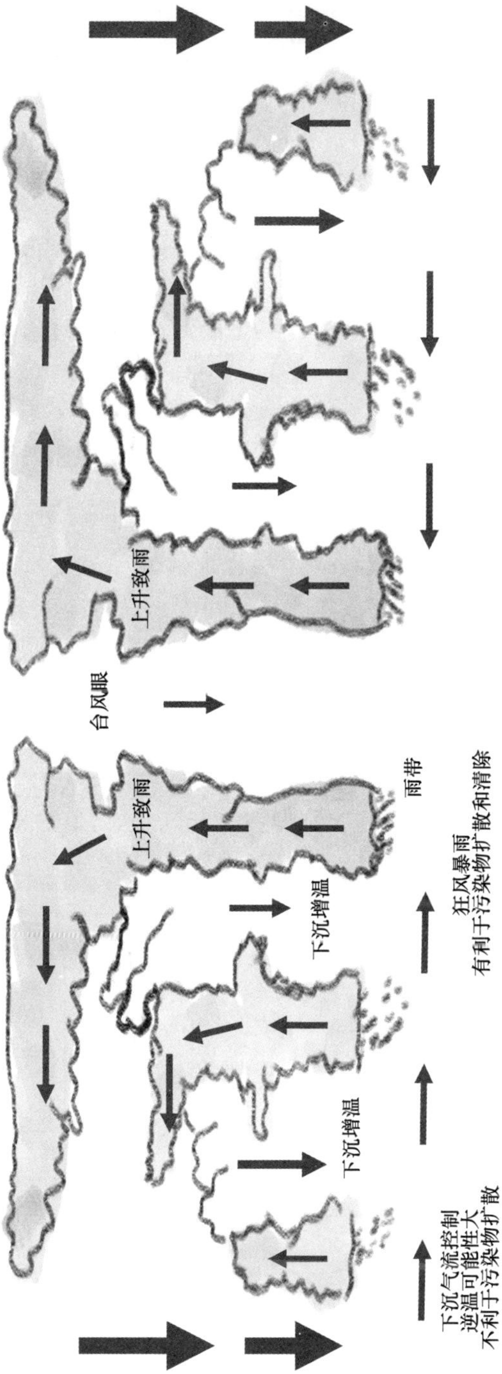

图 2.17　热带气旋结构及其对大气污染的可能影响

准，按照热带气旋最大持续风速，热带气旋可以分为热带低压、热带风暴、强热带风暴、台风、强台风和超强台风的等级。

热带气旋是一个低压系统，其范围大小，通常以低压系统最外围近似圆形的等压线所围的范围大小为准，直径一般为600～1000 km，最大可达2000 km，最小的只有100 km左右。热带气旋从中心向外分别是“风眼—风暴区—风眼墙—雨带”的结构，伴随着中心周围的强烈气旋性涡旋，热带气旋中心周围有极强烈的上升运动，形成低压区域，空气上升后在高空辐散，而外围的空气则会下沉，形成高压区域。

热带气旋的路径、强度和移动速度等差异，会引起垂直运动和水平风的差异，对空气质量有明显影响。通常，当热带气旋外围下沉气流控制时，云量减少，太阳辐射增强，气温升高，下沉气流控制下不利于污染物的垂直扩散。已有研究表明，热带气旋外围下沉气流控制，往往是导致我国大气臭氧污染的重要天气型之一。当受到热带气旋中心环流影响时，强烈的降水和风，有利于污染物的冲刷和输送，往往带来清洁的空气。

2.4.7.5　副热带高压及其对大气污染的影响

副热带高压，又简称副高，是指位于副热带地区的一种高气压系统。影响我国最重要的是西北太平洋副热带高压。它的主体在太平洋海面上，西段的脊可以到达我国沿海，夏季可以伸入我国大陆。西北太平洋副热带高压的北侧与西风带副热带锋区相邻，自海洋吹来的西南暖湿气流与自北而下的冷空气相遇，上升运动强，锋面活动活跃。在副热带高压主体控制下的区域，大气以下沉气流为主，造成少云、晴朗、干燥的天气，加上气压梯度较小，风力微弱，天气更加炎热。在副热带高压的南侧，多为东风气流，当无气旋性环流控制时，一般天气晴好，但如果有东风波、热带气旋等天气活动时，常出现云雨雷暴等天气，如图2.18。因此，副热带高压的季节变化，与我国雨带的出现和活动有密切的关系。

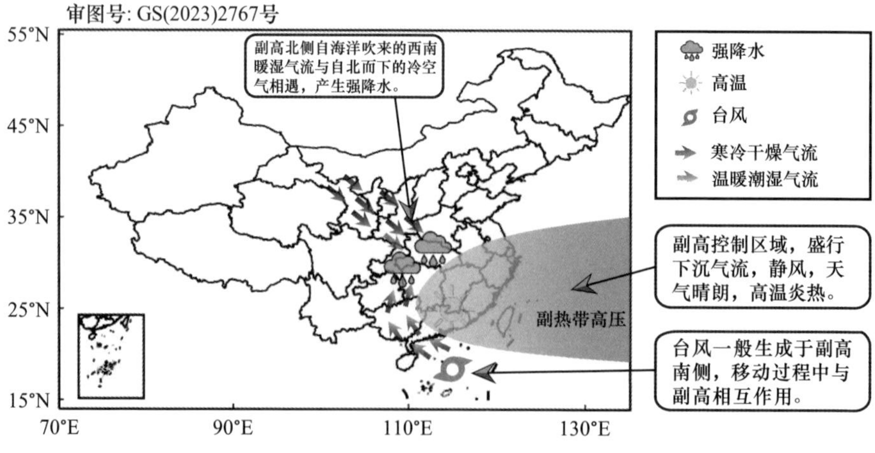

图2.18　副热带高压影响天气示意图

副热带高压的移动，会显著影响我国的污染气象条件。已有研究表明，副热带高压，也是造成我国中东部夏季臭氧污染的重要天气型之一。副热带高压控制下的高温干燥气象条件，非常有利于臭氧的光化学生成，不利的垂直扩散条件，又进一步加剧了臭氧的积累，进而导致臭氧污染。

2.4.7.6 季风

季风，是由于大陆和海洋增热和冷却程度不同，形成在大陆和海洋之间大范围的、风向随季节有规律改变的风。我国是世界上季风活动最活跃的地区之一。我国位于亚欧大陆东南部，冬季亚欧大陆是冷空气的源地，形成冷高压，冷空气从大陆向四周辐散；夏季陆地加热迅速，形成热低压，暖湿空气从四周海洋吹向低压中心。这种冬夏相反的盛行风向的变化，带来了明显的气候季节变化，形成了我国的季风气候。

对我国有重要影响的季风系统，有南亚季风环流系统、东亚季风环流系统等。季风对我国气象条件的影响非常复杂，伴随着季风的建立和发展，在不同地区和不同时间，造成的天气有很大差异，还常与热带气旋、副热带高压等天气系统相互作用。因此，对大气污染的影响，难以一概而论，需要结合季风对于具体气象要素和环流形势的影响综合分析。

2.4.7.7 我国污染天气形势的总体特征

我国冬季北方整体降水较少、气候干燥，光照较弱、日照时间短，逆温层较厚且温度较低，大气对流不活跃等不利于污染物扩散的因素较多，加上冬季采暖污染物排放量大，大气污染程度相对较重。当冷空气(冷锋)过境时，随之而来的大风天气，会迅速改善污染物的输送扩散条件，之后在冷高压控制之下，呈现晴朗无云干燥的天气。

夏季由于太阳辐射强、大气对流活动旺盛，逆温层的生成、存在时间缩短，且降雨天气较多，对污染物清除作用明显，使大气污染程度相对减轻。但对一些依赖光化学反应的污染物(如臭氧)而言，夏天高温和晴朗的天气，往往会使臭氧浓度升高，如果再叠加副热带高压和/或台风外围下沉气流的控制，往往会加剧臭氧污染。

污染天气形势，是与大气污染密切相关的环流背景和气象场。研究特定地区的污染潜势条件，可以总结出一些针对特定污染物的有利或不利扩散的天气形势类型，并给出各种类型天气形势出现的气象参数及其临界值，从而为预报、分析污染过程提供重要信息。值得注意的是，不同天气系统的作用不是独立的，可以不断演变、发展和交替，可以相互结合在一起，共同发挥作用，形成的污染特征会呈现时空变化。

2.5 环境气象探测技术

本节介绍环境气象探测技术。从观测要素划分，环境气象探测包括气象要素观测和大气成分观测；从观测平台划分，环境气象探测包括地面观测、塔基观测、高空观测（探空、飞机航测等）、地面对空垂直探测（各类雷达）、卫星遥感探测技术等。

2.5.1 地面气象要素和大气成分浓度观测

2.5.1.1 气温

气温的测量仪器，有接触式和非接触式两类。

接触式测温仪器，均需要有构成测温仪器感应部分的测温物质，其应具有随温度变化的物理属性。当接触式测温仪器与被测物质接触时，由于热量的交换，测温物质与被测物质的温度趋于一致，达到热平衡，由测温物质的物理属性的变化，就可测量出被测物质的温度。常见的接触式测温仪器，有玻璃液体温度表、金属电阻温度表、热敏电阻温度表、热电偶温度表、石英晶体温度表等。玻璃液体温度表是最经典的测温仪器之一，利用液体的体积随温度变化的特性来测量温度。虽然玻璃液体温度表需要人工读数，但是其准确度高，应用广泛。电测温度表，根据电阻、电动势等电参数随温度而变化的特性来测量温度。在很多台站，已经取代了玻璃液体温度表，其主要优点是适合温度的遥测和自动化监测。

非接触式测温仪器，又称遥感式测温仪器。它根据接收来自被测物体的电磁波或声波信息，来探测被测物体的温度。这类仪器，随着气象雷达和卫星的发展而得到广泛的应用。常见的非接触式测温仪器，有测温声雷达、测温激光雷达等。

与空气相比，测温仪器的感应部分，对太阳及周围物体辐射能的吸收能力要大得多。因此，太阳及周围物体的辐射，对测定空气温度有严重的影响，产生“辐射误差”，需要在气温测量时克服。此外，降水等天气现象，也会影响空气温度的测定。为消除上述影响，气象台站一般采取两种措施。一种是将温度表置于百叶箱内，百叶箱的作用，是防止太阳对仪器的直接辐射和地面对仪器的反射辐射，保护仪器免受强风、雨、雪等的影响，并使仪器感应部分有适当的通风条件，能真实地感应外界空气温度和湿度的变化。另一种是温度表上增设通风和防辐射装置，如防辐射罩等。目前我国测定的地面气温，以离地 1.5 m 高度处的空气温度作为标准。

2.5.1.2 气压

测量气压的常见方法，有力平衡法和谐振式测压法。

水银气压表和空盒气压表，是应用力平衡法测量气压的仪器。水银气压表，利用大气压和水银柱产生气压的静力平衡关系，根据水银柱的高度随大气压强变化的规律测定大气压强。空盒气压表，以金属弹性膜盒作为感应元件，利用金属弹力和大气压力相平衡的原理来测，根据空盒随大气压力变化而变形的规律来测定气压。

振筒气压仪和石英振梁气压仪，是应用谐振式测压法测量气压的仪器。振筒气压仪，采用机械谐振式传感器（振筒）作为压力传感器，弹性金属圆筒在外力作用下发生形变，从而对应不同的谐振频率，当筒壁两边存在压力差时，其振动频率随压力差而变化，由筒的谐振频率与压力间的关系，计算得到气压。石英振梁气压仪，利用石英晶体振动梁的谐振频率，随作用于其上应力而变化的原理，测量气压。

气象台站日常气压测量，普遍采用的是振筒气压仪，空盒气压表作为便携式仪器或备用仪器。气压随高度是变化的，而气压表所测气压，只是所在高度的气压，即本站气压，为了满足天气分析和预报的需要，地面气象观测除了观测本站气压外，还需要将本站气压按照气压随高度变化的原理，推算到标准海平面高度上的气压，即计算海平面气压。

2.5.1.3 湿度

测量的湿度物理量，通常有水汽压、相对湿度、露点温度等。各个湿度参量之间，可以相互换算。

测量空气湿度的方法，主要有以下五种。

(1)干湿表法：利用器件表面水分蒸发造成温度变化的原理来测定水汽压。又叫热力学法，主要用于业务观测。

(2)凝结法：又称冷镜法，该方法通过测量镜面产生水汽凝结时的温度来得到露点温度(霜点温度)。测量仪器有露点仪等。

(3)吸湿法：利用吸湿物质吸湿后的理化特性或电学特性变化来测相对湿度。测量元件有毛发、肠膜元件、氯化锂元件、高分子湿敏电阻、碳膜湿度片等。

(4)光学法：利用水汽对电磁波辐射的吸收衰减作用来测定水汽含量。测量仪器有红外湿度计和赖曼湿度计等。

(5)称量法：利用干燥剂从已知体积的湿空气中吸收水汽得到水汽占湿空气的比重。

常规气象观测中，普遍使用干湿表法、凝结法、吸湿法和光学法。其中干湿表法，是湿度测量中最常用、准确度比较高的一种方法。干湿球温度表安置在百叶箱内，由两支结构和性能完全相同的普通温度表组成，其中一支温度表球部包扎有湿润纱布，叫湿球温度表，另一支叫干球温度表。当湿球周围空气未达到饱和时，由于表面水分蒸发会不断地消耗热量，使湿球温度下降，通过两个温度表温度差和湿度的关系换算成湿度。

2.5.1.4 风

测风仪器，主要是风向标及风杯风速表。气象观测通常以距地面 10 m 高度处观测为基准。同时，由于湍流的作用，风具有明显的脉动特征，随时间和空间的变化剧烈，通常取一定时段(如 10 min 或 2 min)内的平均值，代表比较稳定的主导方向平均风。

风向标有单翼型、双翼型和流线型等。在风的作用下，风向标平衡时的状态，表示风的来向。

对于风速的测量，有多种方法，最常用的是旋转式风速表，旋转式风速表的感应部分，是一个固定在旋转轴上的感应组件。风杯是测定风速最常用的传感器，一般有 3～4 个半球形或圆锥形空杯组成。由于凹面和凸面所受的风压力不相等，风杯受风压后，向着凹面的方向做逆时针方向旋转，并受到空气阻力的作用。转动速度越快，空气阻力越大。在一定的风速下，风杯所受的扭力矩一定，风杯转速达到一定值后，空气阻尼力矩与风压力矩平衡，转速不再增加，通过风速与风杯的转速关系测量风速。此外，近地面风还可以通过超声波、风压和加热电阻丝等方法进行测量。遥感测量方法中，还可以利用激光、微波等的多普勒效应对风进行测量。

2.5.1.5 降水

我国气象台站降水观测，一般包括降水量、降水时数和降水强度的观测。降水量，是指降落在地面上未经蒸发、渗透和流失的液态降水或固态降水的积水量。降水量以积水深度来表示，单位为 mm。测量降水仪器种类繁多，但归结起来，主要有承水法、光学法、雷达微波法和卫星遥感法。

承水法是气象台直接测量降水量的主要方式，利用一个一定口径的承雨器来收集雨水，再利用雨水的容积、重量、压力、导电特性、介电特性随降水变化的特性来测量降水量。有翻斗式、浮筒式、称重式、水导式、电容式、电功率法等。我国气象台站常用的降水测量仪器，有雨量器、虹吸式雨量计和翻斗式雨量计。如翻斗式雨量计，通过翻斗的反转运动产生的脉冲，记录一定量降雨发生的时间。电容式雨量传感器，通过雨水在电容量两极间累积高度的不同造成的电容量差异，测定降雨量。

光学法，通过发光二极管发出一束红外光，在传播途径中红外光受到降水粒子的影响而被调制，到达采样空间的接收器后，转换得到电信号，对信号的频谱分析与检测，即可得到降水的状态、类型和强度。

雷达微波法，通过天气雷达发射的电磁波在空间传播时，遇到雨、雪等降水粒子，将有部分辐射能量被反射而被雷达天线接收，称作雷达回波，对回波强度进行分析，则可测量一个区域内的降水强度和降水总量。

卫星遥感法，主要分为两类，一类是可见光及红外辐射计，得到可见光和红外图像，由云高和亮温间接估算降水强度；另一类是被动微波技术，其中吸收式的被动微波技术，通过观测亮温推断出降水强度，散射式的被动微波技术，主要从降水粒子的散射得到降水强度。

2.5.1.6　云

云的观测，一般分为云状观测、云量观测、云底高度观测。

云的观测包括人工观测和仪器测量两种方式。观测应当选择在能看到全部天空及地平线的开阔地点或者平台上进行。天空出现数层、数类云时，应自下而上逐层逐类判定云状。云量测量的主要仪器，有数码 CCD 相机、全天空成像仪等。云高的测量，通常采用气球、云幕灯、激光云幂仪、微脉冲激光雷达、毫米波云雷达等。

2.5.1.7　辐射

辐射观测的物理量，主要是辐射能流率，或叫辐射通量密度，单位为 W/m^2。气象主要辐射观测量，包括太阳直接辐射、散射辐射、总辐射、反射太阳辐射、净辐射。

利用辐射能产生的热、电和化学等效应可测定辐射能。气象辐射仪器一般利用热效应，分为直接测温度法和补偿法。直接测温度法，是利用感应器吸收辐射后温度上升，同时向周围环境传递热量，被测辐照度与感应器间的温差成正比，测得该温差即可定出辐照度。补偿法，利用两个面积相等吸收率完全相同的感应器，一个由被测辐射加热到热平衡状态，另一个同时用电流加热到同一温度。由于两者单位时间内得到的热量相同，用公式可以计算出待测辐照度。目前，气象台站使用的辐射传感器，大多为热电型，属于直接测温度法。

2.5.1.8　大气成分观测

大气中不同成分的观测方法有一些差异。这里主要介绍地基台站对我国空气质量标准中评价的 6 种污染物的常规观测方法，包括 O_3、SO_2、NO_2、CO、$PM_{2.5}$ 和 PM_{10}。

(1)臭氧(O_3)

O_3 的监测方法，包括靛蓝二磺酸钠分光光度法、紫外光度法、化学发光法、硼酸碘化钾法、差分吸收光谱分析法等，其中紫外光度法是最常使用的方法。

紫外光度法，测定条件为 25 ℃和 101.523 kPa，测定范围为 2.14 $\mu g/m^3$～2 mg/m^3(混合体积比 1 ppbv～1 ppmv)。其原理是，基于臭氧对 254 nm 波长的紫外光有特征吸收。测量时，气样以恒定流速进入紫外臭氧分析仪的气路系统，当波长为 254 nm 的紫外单色辐射通过吸收池(含有 O_3 的被测自然空气或剔除了 O_3 的零气)后，光检测器监测的光强度分别为 I 和 I_0，则可得出空气样的透光率值(I/I_0)，最终仪器的微处理系统，可以利用比尔-朗伯定律(Beer-Lambert law)求出空气

中 O_3 的浓度。

(2)氮氧化物

环境空气质量中的氮氧化物，一般指 NO 和 NO_2。氮氧化物的主要测量方法，有手工分析的盐酸萘乙二胺分光光度法、仪器自动分析的化学发光法、差分吸收光谱分析法。其中化学发光法是最常使用的方法。

化学发光法是一种连续测量方法，其原理基于 O_3 与 NO 反应时释放出光子，反应如下

$$NO+O_3 \rightarrow NO_2^* + O_2 \tag{2.10}$$

$$NO_2^* \rightarrow h\nu + NO_2 \tag{2.11}$$

将环境空气以一定的流速导入反应腔，纯净干燥的氧气流通过高压电极时，在仪器内部生成的 O_3 作为反应物也导入反应腔，O_3 与空气流中的 NO 反应转变为 NO_2，这部分 NO_2 处于电子激发态，当它们跃迁回基态时释放出光子，再使用红敏光电放大管检测发射光谱。采用该技术测量 NO_2 时，要先将其转换为 NO，通常是用加热的钼或金表面，将所有的反应性氮组分转换为 NO。

(3)一氧化碳(CO)

CO 的主要测量方法，有非色散红外吸收法、汞还原检测法、气相色谱法等。其中非色散红外吸收法是最常使用的方法。

非色散红外吸收法，测定范围为 0～6.25 mg/m^3，最低检出浓度 0.3 mg/m^3。其原理是，当 CO 气态分子受到红外光(1～25 μm)照射时，将吸收特征波长的红外光引起分子振动能级和转动能级的跃迁，产生振-转吸收光谱(红外吸收光谱)。在一定浓度范围内，吸收光谱的峰值(吸光度)与气态物质浓度之间，满足比尔-朗伯定律，因此通过测定吸光度，即可确定气态物质的浓度。

(4)二氧化硫(SO_2)

SO_2 的主要测量方法，有紫外荧光法、甲醛吸收-副玫瑰苯胺分光光度法、四氯汞盐-盐酸副玫瑰苯胺比色法、差分吸收光谱分析法等。其中紫外荧光法是最常使用的方法。

紫外荧光法，具有选择性好、不消耗化学试剂、适用连续自动监测等特点，已被世界卫生组织在全球监测系统中采用。其原理是，用波长 190～230 nm 波段的紫外光激发 SO_2 分子，处于激发态的 SO_2 分子不稳定，立即返回基态并发出荧光(240～420 nm)，所发出的荧光强度与 SO_2 浓度呈线性关系，用光电倍增管及电子测量系统测量荧光强度，从而得到 SO_2 浓度。

(5)气溶胶($PM_{2.5}$、PM_{10})

颗粒物的环境效应和健康效应与其质量浓度密切相关。根据测量粒径范围的不同，可将其分为总悬浮颗粒物(TSP)、可吸入颗粒物(PM_{10})、细颗粒物($PM_{2.5}$)、亚微米颗粒物(PM_1)等。传统的测量方法，通常为现场滤膜采样-实验室称重法。随着

观测技术的发展,越来越多的地面台站,应用仪器可以实时在线监测气溶胶的质量浓度,相关的监测技术,有微振荡天平法、β射线法、光散射法等。其中最常使用的是微振荡天平法和β射线法。

微振荡天平法,是基于锥形元件微量振荡天平原理,即锥形元件在一定流量环境中振荡,振荡频率由原件物理特征和滤膜质量(包括沉积其上的颗粒物质量)决定。一般情形下,仪器通过采样泵和流量计控制环境空气以恒定的流量通过采样滤膜,颗粒物沉积在滤膜后,仪器测定固定间隔时间前后的两个振荡频率,计算出相应的滤膜上的颗粒物质量,从而得到这段时间内的颗粒物质量浓度。

β射线法的工作原理,是β射线在通过颗粒物时会被吸收,当能量恒定时,β射线的吸收量与颗粒物质量成正比。颗粒物对β射线的吸收与气溶胶的种类、粒径、形状、颜色和化学组成等基本无关。测量时,颗粒物被捕集在滤膜上,当^{14}C射线源产生的低能β射线透过滤膜时,强度发生变化,仪器可以根据此变量,计算出颗粒物质量浓度。

2.5.2 塔基观测

塔基观测法,是通过建立固定在地面上的塔观测装置,在塔身不同高度上,配备相应的气象和大气成分监测仪器设备,对周围大气进行连续实时的高空、低空和地表观测的方法。相较于地面单一高度的观测,塔基观测可以获得边界层低层不同高度的气象和大气成分的连续观测,为评估本地和区域环境气象和大气污染垂直分布、研究不同高度大气之间和大气与地表之间的能量、动量、水分、温室气体交换和驱动过程等提供宝贵的数据。

塔上一般设有多层观测平台,每一层观测平台,可以布置多种气象观测仪器和空气质量自动监测设备。国内目前有3个高300 m以上、已开展较多环境气象监测的塔基观测平台:高325 m的北京气象塔(1979年8月建成,塔上设有15层观测平台)、高356 m的深圳气象塔(2017年1月建成,是目前亚洲第一、世界第二高的铁塔,塔上设有20层观测平台)、高600 m的广州塔(2010年9月建成,总高度600 m,其中主塔体高450 m,塔上设有多层气象和空气质量观测平台)。塔基观测常配有风向、风速、气温、相对湿度等气象要素垂直观测和常规空气质量六参数的垂直观测,也有其他气象要素、大气组分的补充观测。

塔基观测是研究气象要素和大气污染物的垂直分布、物种的化学反应性、云过程、非均相过程对二次污染物来源贡献的重要观测平台。塔基观测还可进行通量研究。利用同步观测资料,可以计算不同大气稳定度下,能量的湍流输送和水汽、CO_2和VOCs等的物质通量,对研究大气湍流特征和垂直交换机制及改进数值模型有重要意义。

2.5.3 地基遥感探测

遥感探测，是通过架设在地面或车、船、飞机、卫星等的遥感平台上的各种遥感仪器，收集和记录地球表面和大气各种目标物辐射、反射及散射的电磁波等信息（遥感信息）。通过这些信息，按照已经建立和掌握的目标物体的波谱特性，进行整理、分类、比较和处理，从中提取所需要的信息和数据，实现迅速和大面积感测远距离目标物的特征、特质及其变化规律的过程。

遥感方法，主要分为主动式大气遥感和被动式大气遥感两类。主动式大气遥感，是指遥感器向大气发射电磁波或声波信号，接收与大气相互作用后的信号，从中提取气象要素信息的方法和技术。被动式大气遥感，是指遥感器接收大气自身发射的电磁辐射或反射自然源（如太阳辐射）发射的电磁辐射，以获取大气信息的方法和技术。

本节主要介绍天气雷达、风廓线雷达、激光雷达 3 种主要的地基遥感手段，并结合中山大学环境气象综合观测车，介绍移动遥感探测的应用。

2.5.3.1 天气雷达

雷达使用无线电波进行探测，属于主动式大气遥感。天气雷达常应用于探测云和降水目标的空间位置、强度分布、运动方向和速度等信息。目前最常用的是多普勒天气雷达。

多普勒天气雷达，通过发射和接收电磁波来探测和定位目标，以多普勒效应为基础，测定散射体相对于雷达的速度，在一定条件下，反演出大气风场、气流垂直速度的分布以及湍流情况等。常用的单偏振多普勒雷达，通过发射单一偏振波，探测反射率因子、多普勒速度等参量，根据多普勒速度推算谱宽，在灾害性天气监测、预警及短时临近天气预报方面，发挥了非常关键的作用。近年来，双偏振雷达是新一代天气雷达的一次重要技术升级，可分别或同时用水平偏振和垂直偏振进行探测，因此除了强度、多普勒速度、谱宽以外，双偏振雷达可进一步获取差分反射率、差分传播相位移、差分传播相位移率等探测参数，根据这些参数，可生产更多产品，能更好地区分降水与非降水以及降水相态，识别冰雹、融化层，更精确地估测强降水。

2.5.3.2 风廓线雷达

风廓线雷达，是利用大气湍流对电磁波的散射，探测大气风场和降水等物理量的主动式遥感设备。风廓线雷达发射的电磁波信号，遇到大气中的杂散物质（如气溶胶、云、降水等）或气体分子时，会发生散射。风廓线雷达接收到这些散射回来的电磁波信号后，根据多普勒效应，获取不同波束方向的径向速度。根据探测高度不同，风廓线雷达可以分为边界层风廓线雷达、对流层风廓线雷达等。边界层风廓线雷达，探测高度一般在 3 km；对流层风廓线雷达，探测高度一般在 12～16 km。风廓线雷达，具有全天候、无人值守、连续运行、分辨率高、精度高等探测优势。

2.5.3.3 激光雷达

激光雷达，是获取大气参数廓线信息的重要仪器。它的基本构成部分，包括激光器、接收望远镜、光电转换/探测器、数据采集器和电源等部分。激光雷达遥感的基本原理，是激光与气体分子及悬浮在大气中的颗粒物进行相互作用，系统同时接收作用后的激光信号，通过分析回波信号，反演待测的大气参数。

激光雷达的应用非常广泛，目前常应用在：

(1)气溶胶的探测：一般米(Mie)散射激光雷达，均具有气溶胶的探测能力。激光雷达可探测物质燃烧、烟尘、沙尘等各种类型气溶胶的光学特性(消光系数、退偏振比)、垂直分布、时空变化及浓度等。

(2)大气成分的探测：差分吸收激光雷达，可以用来测量大气痕量气体(CH_4、CO_2、NO_2、SO_2、O_3 等)。

(3)边界层高度的探测：通过激光雷达接收到的信号，计算得到大气边界层高度。

(4)偏振激光雷达对气溶胶和云的探测：偏振激光雷达，通过探测非球形粒子的后向散射光的退偏振比研究粒子形态，是一种研究卷云和沙尘气溶胶等大型非球形粒子形态的有效工具。

(5)大气风场探测：主要采用相干多普勒激光雷达进行测量。

(6)大气温、湿度的探测：目前对流层内大气温度探测，主要是高光谱分辨率瑞利散射法和转动拉曼散射法。测量水汽的主要方法有振动拉曼散射激光雷达。

(7)云的探测：激光雷达可以获取云高等信息。

2.5.3.4 移动遥感探测

移动遥感探测，是机动性强、全天候的综合观测系统，以汽车、火车、船舶为地(水)面移动观测平台，配置多种气象观测仪器设备，包括自动气象站、天气雷达、激光雷达等地基遥感探测设备和视频观测系统，以及信息处理、通信、供电等配套系统。与通常的大范围布网设站、被动地“守株待兔”式观测相比，移动观测系统，可以主动探测天气系统和气溶胶等分布情况，开展有针对性的目标观测；或可以根据业务服务的需要，及时赶赴观测现场，开展环境气象观测服务，更有效地提高环境气象预报和服务的水平和能力，

中山大学2018年购置的环境气象综合观测车，配置有3D可视型气溶胶激光雷达、多普勒风廓线激光雷达、拉曼温廓线激光雷达，可测量气溶胶消光系数、退偏振比、风向、风速、气温等(图2.19)，时间和空间分辨率较高，能够对大气气溶胶、风场、气温的垂直分布特征进行定点观测、走航观测、绕固定点源、监测点的走航观测等。

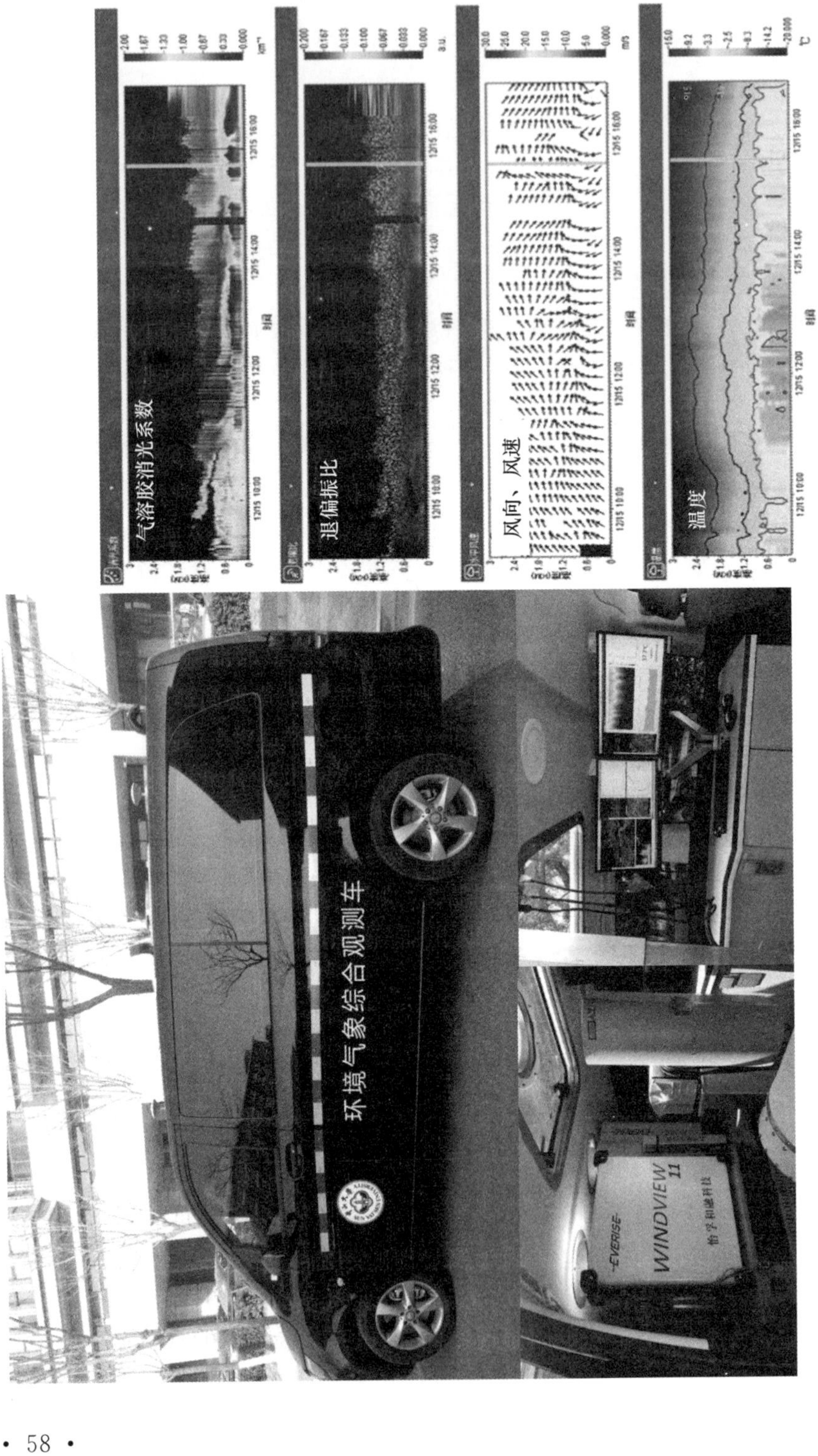

图 2.19　中山大学环境气象综合观测车

2.5.4 空基观测

空基观测，主要手段有探空气球观测和机载观测。

2.5.4.1 探空气球观测

探空气球观测，指用气球将探空仪带入空中，探空仪在飞升过程中，感应出周围空气的温度、气压和湿度，并将探测的气象要素转换为无线电信号，连续不断地发给地面接收系统，观测人员对接收的无线电信号加以整理计算，可获得从地面到 30 km 左右高空的温度、气压、湿度、风速、风向等气象要素，为天气预报、气候分析、科学研究和国际气象数据交换，提供及时、准确的高空气象资料。

探空气球携带电化学仪器，是当前获取大气中臭氧垂直结构的直接探测手段，其获得的垂直臭氧廓线，具有高精度、高分辨率的特征。长期的探空资料，可用于探讨臭氧垂直分布特征及其年际、季节变化，帮助我们更好地理解大气中的物理化学过程，同时也为对比和定标卫星、激光雷达的臭氧反演结果提供重要参考资料。

2.5.4.2 机载观测

机载观测，包括飞机观测和无人机观测，通过在飞机或无人机上装载探测设备，可探测气温、风向、风速等气象要素的垂直廓线，还可提供不同飞行高度上的大气参数。目前国际上商用飞机，大都装有气象传感器以及自动收集和处理系统，可以将观测到的气象数据，传输到地面接收站并提供给气象部门。这种气象观测方式，具有采样频率高、覆盖率高、观测数据量大和低成本等特点，是天气预报和分析的重要数据来源。

除了应用到气象观测，飞机观测也常应用到大气成分探测。国际上的许多大型科学实验，均通过在飞机中装备不同组分的探测设备，进行综合观测试验，获得多组分的浓度数据，为认识对流层及平流层低层区域的大气成分分布和趋势，提供了宝贵的资料。

近年来，无人机技术也应用到高空气象观测、大气成分监测、气象灾害调查、人工影响天气等领域。无人机可搭载的观测载荷种类很多，如温度、气压、湿度传感器、成像光谱仪等。一些无人机可携带数码相机、视频采集装置、光谱成像仪等设备，可以获取高分辨率遥感资料，补充卫星遥感的不足。

2.5.5 卫星遥感

卫星遥感，是利用卫星作为运载工具进行遥感探测的方法。其工作原理如图 2.20 所示：能量源(A)中包括太阳、可以发射红外辐射的大气和地面、主动遥感的遥感仪器等辐射源;能量源(A)发出的辐射,会与大气和地表发生发射吸收、散射和反射等相互作用(B),卫星会接收散射和反射等的辐射信息,并以电信号的方式记录(C);随后卫星接收记录的信息快速传回地面接收站,经地面站处理(D);最后,用户从地面站获取卫星资料或直接从卫星上接收地面站已经处理好的信息,对资料进行分析、处理和研究应用(E)(陈渭民,2017)。

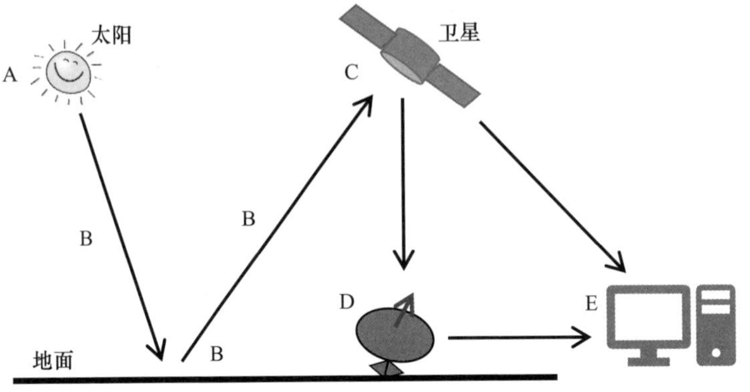

图 2.20　卫星观测的工作原理

卫星是从太空观测地球的重要工具,其种类繁多。按运行轨道,主要可以分为太阳同步极地轨道卫星和地球同步卫星两类。前者距离地球表面约 850 km,通过南北两极环绕地球飞行,每隔 12 h 对同一地点观察一次;后者距离地球表面 35800 km,与地球自转的速度保持一致,24 h 不间断地观测同一地点,又可称为静止轨道卫星。

与其他观测手段相比,卫星观测覆盖范围广,可对大气和地表进行实时、连续观测,不受自然条件和地域条件限制,与其他观测技术手段形成互补,为地球科学研究、环境保护和天气预报等领域提供更为丰富的数据来源。

2.5.5.1　卫星测温

卫星观测温度,主要基于红外辐射测温技术,它搭载的红外传感器,可以探测到地球表面和大气层的红外辐射,并通过分析辐射的特征,推算出温度信息。红外辐射有不同的波长,不同波长的辐射对应不同温度的物体发出的热量。例如:短波红外辐射,主要来自温度较高的物体,而长波红外辐射,主要来自温度较低的物体。卫星接收到地球发出的红外辐射后,传感器会测量辐射的强度,并根据不同波长的辐射强度进行分析。通过比较不同波长之间的辐射强度差异,以及与已知温度的对应关系,可推算出地球表面和大气层的温度。

卫星温度观测,广泛应用于天气预报、气候研究以及农业、渔业、能源等领域,为各行各业提供重要的气象数据支持和决策依据。

2.5.5.2 卫星测湿

卫星观测湿度，主要基于微波辐射测湿技术。卫星搭载的微波传感器，能够发射特定频率的微波辐射，并接收返回的反射或散射信号。微波辐射穿过大气中的水汽分子时，由于发生相互作用，其强度、频率或相位发生变化，通过测量微波辐射发射和接收信号之间的差异，可获取大气中水汽含量的信息。不同频率的微波辐射，会与不同高度、密度的水汽分子发生不同程度的相互作用，利用这种关系，可以推算出大气中的湿度分布。

2.5.5.3 卫星测降水

卫星通过搭载红外与可见光扫描辐射计、被动微波辐射计和星载主动雷达，实现对降水的遥感。红外波段遥感降水，主要利用云顶温度与降水的关系：云滴对红外光谱的吸收作用很强、而大气对其的吸收很弱，因此云区观测的红外亮温与云顶的温度很接近。可见光遥感降水，主要利用云顶反照率与降水的关系：由于可见光谱的反照率，随着云光学厚度的增加而增大，云的光学厚度与云中液态水含量成正比，进而与地面降水相关。微波辐射能深入一定的云层甚至到达地表，这样，星载微波辐射计测量，可以直接反映降水云的微物理特性，较为准确地监测瞬时雨强。

2.5.5.4 卫星测臭氧

卫星通过其搭载的紫外、可见光和红外探测器，利用臭氧的吸收、反射和散射特性，实现对臭氧的监测。

紫外探测器，通过测量太阳辐射进入大气层后被臭氧吸收的强度变化，来推测臭氧的含量。具体原理是：紫外光在经过大气层时，臭氧分子吸收紫外线，使接收端接收的紫外光强度减弱，通过测量不同波长处紫外光强度的衰减情况，可以推测出大气中臭氧的分布和浓度。

在可见光波段，臭氧的吸收特征较弱。可见光探测器，利用不同高度的大气层对可见光反射和散射程度的差异，间接地推测臭氧的存在与含量。

红外探测器，通常使用特定的臭氧红外吸收波段进行观测，通过比较探测到的红外辐射强度与没有臭氧存在时的参考辐射强度，红外探测器可以计算出臭氧分子对红外辐射的吸收量，根据吸收的程度和分布情况，推断出大气层中臭氧的含量和空间分布。

2.5.5.5 卫星测气溶胶

卫星利用光学遥感技术，可以实现对气溶胶的观测。

当辐射穿过大气中的气溶胶颗粒时，会与颗粒发生相互作用而发生变化。在可见光谱范围内，气溶胶颗粒对光的散射起主要作用，卫星搭载的观测器，测量散射光的强度和方向，并通过分析散射光的特征，来推断气溶胶的浓度、粒径和类型等参数。由于不同类型的气溶胶在散射光的波长和强度上有所差异，因此，可以区分不同的气溶胶成分。在红外光谱范围内，气溶胶颗粒对光有吸收作用，观测器可以测量大气中红外辐射的强度，通过分析其吸收特征，来估计气溶胶的分布和含量。为了提高气溶胶观测的准确性，卫星观测数据通常会结合地面观测、飞机观测和其他传感器数据，如雷达和激光雷达等，以获得更全面的气溶胶信息。

第 3 章　典型下垫面环境气象特征

环境气象学的重要内容之一是认识不同下垫面环境的气象特征。下垫面是指与大气下层直接接触的地球表面，也可以说是地球表面的特征。环境气象特征与下垫面的性质和分布密切相关。本章重点介绍下垫面的分类和基本物理属性，下垫面影响大气环境的不同方式，不同地形下垫面（沿海、平原、山地、盆地和高原）、不同自然下垫面（森林、农田、湿地、草原、水体、沙漠和雪盖冰川），以及不同人为下垫面（乡村、城市、城市群和湾区城市群）的环境气象特征。

3.1　下垫面分类和基本属性

下垫面，是大气与其下界的固态地面或液态水面的分界面，是大气的主要热源和水汽源，也是低层大气运动的边界面。下垫面包括陆地、海洋、湿地、沙漠、不同植被区、地形区等，是影响大气环境的重要因素之一。

3.1.1　下垫面分类

3.1.1.1　按地形分类

地形，是地球表面物理形状和地貌的总称，具体指地球表面以上分布的固定性物体共同呈现出的高低起伏的各种状态。地形与地貌有所区别，陆地表面各种各样的形态，总称地形。其中地表起伏形势称地势，地表起伏形态称地貌。

按陆地地形，将下垫面分为五类，包括平原、沿海、山地、盆地和高原（表 3.1）。本章 3.2 节将介绍不同地形下垫面的环境气象特征。

表 3.1　下垫面的地形分类

地形	描述
平原	陆地上地势低平，起伏和缓，相对高度一般不超过 55 m，坡度在 5°以下的区域
沿海	受海洋影响较大的沿海地区，包括海岛
山地	海拔 500 m 以上，相对高度差 200 m 以上，地表高低起伏，坡度较陡的地区
盆地	四周高（山地或高原）、中部低（平原或丘陵）的盆状地形
高原	海拔高度一般在 1000 m 以上，面积广大，地形开阔，周边以明显的陡坡为界，比较完整的大面积隆起地区

3.1.1.2 按土地覆盖类型分类

土地覆盖，是自然和人工建筑物所覆盖的地表诸要素的综合体，包括地表植被、土壤、湖泊、沼泽湿地及各种建筑物（如道路等），具有特定的时间和空间属性，其形态和状态可在多种时空尺度上变化。到目前为止，国内外已先后提出了多种土地利用/覆盖分类系统，如中国土地资源分类系统、中国土地覆盖分类系统、美国 Anderson 土地利用/覆盖分类系统、欧盟 CORINE 土地利用/覆盖命名法和联合国粮食及农业组织土地利用/覆盖分类系统。以上大部分土地利用/覆盖分类系统的设计，来源于实际的应用需求。然而，受应用需求的差异性、区域间土地利用/覆盖的空间异质性，以及数据源和分类方法的识别能力等因素的影响，当前仍难以形成一个统一、标准的土地利用/覆盖分类系统。

国际地圈生物圈计划把土地覆盖类型分为 17 类，包括常绿针叶林、常绿阔叶林、落叶针叶林、落叶阔叶林、混合林、封闭灌木林、开放灌木林、木本稀树草原、稀树草原、草原、永久湿地、农田、城市和建筑用地、小块耕地/天然植被、雪盖和冰盖、裸地或低植被覆盖地和水体。美国地质勘探局把土地利用类型分为 24 类，包括城市和建筑用地、旱地农田和牧场、灌溉农田和牧场、混合旱地/灌溉农田和牧场、小块耕地/草原、小块耕地/林地、草原、灌木丛、混合灌木草地/草原、稀树草原、落叶阔叶林、落叶针叶林、常绿阔叶林、常绿针叶林、混合林地、水体、草本湿地、森林湿地、裸露地或植被覆盖地、草本苔原、森林苔原、混合苔原、裸地苔原和雪盖或冰盖。中国科学院地理科学与资源研究所把土地覆盖类型分为 6 个大类和 25 个小类（徐新良 等，2018），6 大类包括耕地、林地、草地、水域、建设用地和未利用土地。

本教材把土地覆盖类型分为 9 类（表 3.2），包括城市、森林、农田、草原、湿地、水体、沙漠、雪盖冰川和其他。其中森林、农田、湿地、草原、水体、沙漠和雪盖冰川属于自然下垫面，3.3 节将介绍不同自然下垫面的环境气象特征。城市属于人为下垫面，人为下垫面按照人口聚集规模分为乡村、城市、城市群和湾区城市群，3.4 节将介绍不同人为下垫面的环境气象特征。

表 3.2 下垫面的土地覆盖分类

分类名称	描述
城市	城市和建筑用地
森林	落叶阔叶林，落叶针叶林，常绿阔叶林，常绿针叶林，混合林，灌木林
农田	旱田，水田
湿地	湿地
草原	草原，稀树草原，苔原

续表

分类名称	描述
水体	海洋、湖泊
沙漠	戈壁，荒地
雪盖冰川	雪盖、冰川
其他	裸露地等

3.1.2　下垫面基本属性

下垫面由对气候、环境产生影响的表面和各种具有不同属性的材质组成，其基本属性主要包括辐射属性、热属性、湿度属性和空气动力学属性。

3.1.2.1　辐射属性

(1)下垫面吸收率

下垫面吸收率，是指地面及地面覆盖物表面对太阳辐射的吸收能力。下垫面的吸收率因地表材料不同而各异。一些典型下垫面的吸收率为：沥青或柏油马路约为0.90，水泥路面吸收率为0.70～0.80，砖路面吸收率为0.70～0.80，人造草坪吸收率为0.30～0.50，石头路面吸收率约为0.40，金属表面吸收率通常很低，为0.10以下。

(2)地表反照率与地表反射率

地表反照率，是指对某类地表的总反射辐射通量与入射辐射通量之比。地表反照率通常以0～100%之间的数值来表示，对能量平衡和环境气象有着重要的影响。地表反照率越高，表面反射的能量就越多，表面温度就越低。而地表反照率越低，表面吸收的能量就越多，表面温度就越高。

地表反射率，是指自然地物的半球反射率，是指地表物体向各个方向上反射的太阳总辐射通量与到达该物体表面上的总辐射通量之比。

地表反照率与反射率的概念是有区别的。反射率是指某一波段向一定方向的反射，而反照率是反射率在所有方向上的积分；反射率是波长的函数，不同波长反射率不一样，反照率是对全波长而言的。即反射率为各个波段的反射系数，而反照率是地物全波段(如可见光和太阳辐射)的反射比。表3.3为不同地表的反照率。

表 3.3　不同地表的反照率

下垫面性质	反照率/%	下垫面性质	反照率/%
深色土壤	10～15	干洁的雪	84～95
浅色土壤	22～32	污浊的雪	46～60

续表

下垫面性质	反照率/%	下垫面性质	反照率/%
干(湿)沙地	10(20)	耕地	14
砂土	29～35	水稻和小麦	10～25
黏土	20	棉田	20～25
森林(针叶林、阔叶林、灌木林)	15～18	蔬菜	15～25
苔原	15～20	天然水面	6～10
绿草地	26	海水	10～20
干草地	30	冰面	15～35

(3)下垫面透射率

下垫面透射率，是指透入下垫面深层的太阳辐射的比例，通常以 0～1 之间的数值来表示。下垫面透射率，可以影响表面的温度、遮阳层的构建以及植被的生长，取决于下垫面的材料和构成要素、太阳仰角、大气透过率等因素。

大多数城市下垫面，如混凝土、水泥和石头等材料，具有较低的透射率，难以让太阳辐射迅速穿透，这导致这些下垫面更容易吸收太阳辐射并产生热量。相比之下，具有高透射率、透明度和反射率的建筑物和绿植，能更为有效地反射和透射太阳光，减少辐射和热量的吸收，使表面温度保持凉爽。

(4)下垫面发射率

发射率是被测量物体发射红外能量的能力。发射的能量，表征物体的温度。发射率的值，可以从 0(亮镜)～1.0(黑体)。地面材料的发射率，是指该材料表面吸收太阳辐射后，向周围环境辐射能量的能力，一般用 ε 表示。不同下垫面材料发射率的不同，将影响到该地表的能量平衡，以及区域的环境气象。表 3.4 是不同地表的发射率。

表 3.4　不同地表的发射率

城市地表物质		自然地表	
下垫面性质	发射率 ε	下垫面性质	发射率 ε
沥青道路	0.89～0.96	裸地	0.84～0.92
混凝土道路	0.85～0.97	低矮植被	0.90～0.99
墙壁	0.85～0.97	森林	0.90～0.99
屋顶(瓦片、木瓦、石板瓦、沥青、砾石)	0.90～0.92	水体	0.92～0.97
屋顶(瓦楞铁、镀锌钢)	0.13～0.28	雪与冰	0.82～0.99
窗户(清洁无涂层的玻璃)	0.81～0.95		
窗户(着色、薄膜覆盖、有涂层)	0.05～0.3		

续表

城市地表物质		自然地表	
下垫面性质	发射率 ε	下垫面性质	发射率 ε
涂料(白色石灰涂料)	0.85～0.95		
城市地表物质(红色、棕色、绿色)	0.85～0.95		
城市地表物质(黑色)	0.90～0.98		
金属(抛光金属)	0.02～0.06		
金属(铝箔)	0.03		
城市和郊区(无雪)	0.94～0.96		
城市和郊区(有雪)	0.97～0.98		

3.1.2.2 热属性

(1)比热容

比热容[c,单位为 J/(kg·K)],也称比热,是指单位质量物质的热容量,单位质量物体改变单位温度时吸收或放出的热量。一般而言,水体的比热容大于植被的比热容,植被的比热容大于城市建筑的比热容。

(2)热容

热容[C,单位为 J/(m^3·K)],是材料密度(ρ)和比热容(c)的乘积(即 $C=c\rho$),表示其储存热量的能力,以及由于吸收或释放感热而产生的温度变化。

(3)热传导率

热传导率[k,单位为 W/(m·K)],也称热导率,是物质通过沿给定温度梯度(W/m)将能量从一个分子传递到另一个分子,从而实现传导热量密度(W/m^2)的能力。高 k 表明,在给定温度梯度下传输相对大的热量,而低 k 表明,在相同梯度下传播的热量较少。

(4)热扩散率

热扩散率(κ,单位为 m^2/s),是温度透过材料传输的容易程度。热扩散系数是热传导率与热容之比(即 $\kappa=k/C$)。热活动的速度与导热能力密切相关,但与加热或冷却介入物质所需的热量成反比。

(5)热导纳

热导纳[μ,单位为 J/(m^2·s$^{1/2}$·K)],也称"热惯性",是一种表面(界面)的属性,该参数由其内层物质的属性决定。实际上,形成界面的两种物质,具有各自的 μ 值;对于城市来说,这通常指的是空气和建筑材料(或地面)。空气的热导纳变化较大,取决于大气的热扩散率,而土壤或建筑材料通常为固体,其 μ 值更稳定。表3.5为下垫面典型材料的热力性质统计表。

表 3.5 下垫面典型材料的热力性质统计表

材料	状态	热容 C/(J/(m^3·K))	热传导率 k/(W/(m·K))	热扩散率 κ/(m^2/s×10^{-6})	热导纳 μ/(J/(m^2·s$^{1/2}$·K))
自然原料(乡村和未开发的城市站点)					
沙土(40%孔隙)	干/饱和	1.23/2.96	0.3/2.2	0.24/0.74	620/2550
黏土(40%孔隙)	干/饱和	1.42/3.10	0.25/1.58	0.18/0.51	600/2210
泥炭土(40%孔隙)	干/饱和	0.58/4.02	0.06/0.5	0.10/0.12	190/1420
雪	新/旧	0.21/0.84	0.08/0.42	0.1/0.4	130/595
冰	0 ℃,纯	1.93	2.24	1.16	2080
水	4 ℃,静止	4.18	0.57	0.14	154
空气	10 ℃,静止	0.0012	0.025/～125	21.5/10×10^6	5/390
干燥状态下的建筑和建筑材料(已建地区)					
沥青路	典型	1.94	0.75	0.38	1205
混凝土	充气/密度	0.28/2.11	0.08/1.51	0.29/0.72	150/1785
岩石	典型	2.25	2.19	0.97	2220
砖块	典型	1.37	0.83	0.61	1065
黏土		1.50	0.57	0.38	922
陶瓦		1.77	0.84	0.47	1220
石渣	40%空隙	1.30	0.86	0.66	1058
木材	轻/密度	0.45/1.52	0.09/0.19	0.20/0.13	200/535
钢		3.93	53.3	13.6	14475
玻璃		1.66	0.74	0.44	1110
水泥	石膏	1.40	0.46	0.33	795
石膏板	典型	1.49	0.27	0.18	635
绝缘体	聚苯乙烯/软木	0.02/0.29	0.03/0.05	1.5/0.17	25/120

3.1.2.3 湿度属性

下垫面的湿度属性,是指下垫面对湿度的影响特征,会对大气湿度分布、云量形成和降水等气象现象产生影响。下垫面的湿度属性,可以通过截留容量和储存容量、渗透性、气孔特性、化学性质等指标来表征。

(1)截留容量和储存容量:截留容量是指下垫面在一段时间内可以截留的降水量,这通常包括雨水滞留在植被、建筑物表面以及其他地表特征上的能力。截留容量的大小,受多种因素影响,包括下垫面类型(如土壤、草地、混凝土等)、覆盖程度和降水强度。储存容量是指下垫面在一段时间内可以储存的水分量,这包括土壤中的水分以及植被的水分。储存容量对于水分供应和生态系统的健康都非常重要。截留容量和储存容量的大小，决定了下垫面在雨季和旱季的水分变化。当截留容量和储存容量都比较小的时候，就容易出现水涝和干旱的情况。

(2)渗透性：指下垫面对水分的渗透能力，主要受到下垫面材质、结构和含水量等因素的影响。如沙土和砾石等透水性较好的材料，渗透性较高；而黏土等透水性较差的材料，渗透性较低。

(3)气孔特性：指下垫面中气孔的分布和大小。气孔是下垫面中存在的空隙和孔隙，可以促进水分和气体的交换。和渗透性类似，气孔特性也主要受到下垫面材质和结构的影响。

(4)化学性质：是指下垫面中存在的化学元素和化合物，这些物质的含量会影响土壤和水体的酸碱度以及其他化学性质，从而影响水分的吸附、释放和运移。化学类型受下垫面来源、成分和环境条件等因素的影响。

3.1.2.4　空气动力学属性

零平面位移和粗糙度长度，是用来表征下垫面空气动力学特征的重要参数，两者均以高度为单位。以实际地面为起点，下垫面的零平面位移和粗糙度长度之和，为平均风速为零的高度。

(1)零平面位移(Z_d)

在陆地上，如果各个粗糙单元被组合得非常密集，那么这些粗糙元顶部的作用，就相当于一个向上位移了的地面。当地面有较高的覆盖物(如城市建筑、树林和农作物)时，平均风速为零的高度应是粗糙度长度和一个与覆盖物高度有关的订正值之和。这个订正值，称为位移长度或零平面位移，其典型值约为覆盖物高度的 2/3 到 4/5。

(2)粗糙度长度(Z_0)

粗糙度长度，是指在边界层大气中，近地层风速向下递减到零时的高度(以零平面位移高度为高度起点)。它不仅表征下垫面空气动力学特征，也是大气边界层湍流参数化方案中的重要参数。Z_0 的大小，在一定程度上反映了陆-气之间的能量和物质交换、传输强度及相互作用等。该下垫面参数的大小，一般与粗糙元的几何形状、大小和排列相关。不同下垫面的 Z_0 数值差异很大。

Z_0 主要有两种估算方法：一种是气象学方法，即基于莫宁-奥布霍夫相似理论，根据风或湍流观测数据的动力学方法。另一种是形态学方法，它根据地表粗糙元的几何形状和分布特征计算 Z_0。很多经验表明，Z_0 与粗糙元的高度、密度、形状、排列方式等因素有关。目前，气象学方法被认为是最准确和有效的，但它们依赖于现场观测，需要安装复杂的装置，操作难度大，造价昂贵，且以单点研究为主。形态学方法则是通过 Z_0 与几何参数的数学关系，建立半经验数学公式，利用半经验模型，从粗糙元分布的数据中确定 Z_0,利于区域范围的估算和研究。表 3.6 给出自然和城市下垫面与地表空气动力学属性有关的典型值。

表 3.6 自然和城市下垫面与地表空气动力学属性有关的典型值

下垫面性质	粗糙度长度(Z_0)	零平面位移(Z_d)
泥地、冰面、柏油路	0.001～0.01 mm	—
雪、水体(平均状况)	0.1～1 mm	—
沙漠	0.3～0.5 mm	—
裸地,修剪草地	0.01～0.02 m	—
草地	0.03～0.06 m	0.1～0.3
农田、庄稼	0.05～0.15 m	0.2～0.7
灌木、果园、稀树草原	0.4～1 m	1.3～2.5
森林	0.8～2 m	9～24
低高度和密度:住宅、花园、树林、厂房	0.3～0.8 m	2～4
中等高度和密度:成排紧挨的住宅,城镇中心	0.7～1.5 m	3.5～8
高大和高密度:低于六层,成排、成区建筑物	0.8～2 m	7～15
高大建筑物:写字楼和公寓楼群	>2 m	>12

3.1.3 下垫面对大气环境的影响

下垫面对大气环境的影响,主要表现在三个方面:一是动力影响;二是热力影响;三是物质交换。

3.1.3.1 动力影响

下垫面是一个凹凸不平的粗糙曲面,当气流沿地表流过时,必然要同各种地形地物发生摩擦作用。小地形起伏改变粗糙度,可增加机械湍流,而大地形起伏可改变局地流场和气流路径,影响风向和风速,从而改变大气稀释扩散条件。下垫面的动力影响程度,与各障碍物的体积、形状、高低有密切关系。

在一定的地域内,山脉、河流、沟谷的走向,对主导风向有较大影响。气流沿着山脉、河谷流动,地形、山脉和阻滞作用,对风速也有很大影响,尤其是封闭的山谷盆地。因四周群山的屏障影响,往往是静风、小风频率占很大比重。

城市中的高层建筑物,体形大的建筑物和构筑物,都能造成气流在小范围内产生涡流,阻碍物质稀释扩散,通常建筑物背风区会产生涡流,风速下降。

由于下垫面在地形、辐射属性和热属性上的差别,导致地表热力性质不均匀,往往形成局部气流,其影响范围,一般在几千米至几十千米,局部气流对当地的大气污染起显著的作用。最常见的局地气流，有山谷风、海陆风（湖陆风、水陆风）、城市热岛环流等。

3.1.3.2　热力影响

下垫面对大气环境的热力影响，主要通过气温和水汽体现。一是对气温的影响。对于低层大气而言，由于几乎不能吸收太阳辐射，而能强烈吸收地面辐射，地面辐射成为它的主要直接热源。此外，下垫面还以潜热输送、湍流输送等方式影响大气热量。二是对水汽的影响。下垫面的水分蒸发和植物表面的蒸腾，是大气湿度的主要来源之一。水体、土壤和植被表面的水分，在日光照射下蒸发，将水分释放到大气中，从而提高大气湿度。在潮湿的环境中，土壤和水体能够吸收大气中的水汽，降低湿度；而在干燥的环境中，土壤和水体能够释放水汽，提高湿度。

3.1.3.3　物质交换

(1)下垫面可排放物质到大气。下垫面可以通过不同的机制向大气中释放各种物质，这些物质的排放，对大气环境产生重要的影响。

例如，在沙漠地区，强烈的风力，能够将沙尘悬浮于空气中，并形成沙尘暴。这种沙尘排放，对空气质量和能见度产生负面影响，并可能对人类健康造成威胁。另外，海洋上的气溶胶和卤素也是重要的排放源。海洋中的风浪和海浪产生气溶胶，其中包含盐粒、海洋生物的有机物和微生物等微小颗粒。这些气溶胶在空气中散播并与其他大气成分相互作用，对气候变化和云形成等过程产生重要影响。此外，海洋还能释放出卤素，如溴和氯，这些物质对臭氧和大气化学反应有重要的调节作用。

植被是一种重要的下垫面，它能够通过生物挥发性有机物(biogenic volatile organic compounds,BVOCs)的排放，对大气环境产生影响。植物通过气孔释放出BVOCs，这些化合物包括挥发性有机化合物，如异戊烯、萜烯和醇类物质。这些物质能够与大气中的其他化合物发生复杂的化学反应，影响大气光化学反应、气溶胶形成和气候变化等过程。

此外，森林和湿地还能够通过生产负氧离子来影响大气环境。负氧离子是带有一个或多个额外电子的氧气分子或氧原子，它们能够通过植物的光合作用和微生物代谢产生。负氧离子具有净化空气的能力，能够与空气中的污染物结合并沉降，从而改善空气质量。森林和湿地的大面积存在，为负氧离子的产生提供了良好的条件，这对于城市和工业地区的空气质量改善，有重要意义。

(2)下垫面可吸收大气污染物。下垫面不仅可以向大气排放物质，还可以从大气中吸收大气污染物，这对调节大气成分和改善空气质量也具有重要作用。例如，增加森林、草地等绿地面积，可以起到净化和缓冲大气污染的作用。

植物有吸收各种有害有毒气体和净化空气的功能，茂密的树木能降低风速，使气流携带的大粒灰尘下降。树叶表面粗糙不平，多绒毛，有的植物还能分泌黏液和油脂，吸附大量飘尘。植物的光合作用吸收二氧化碳，因而能调节大气的成分，甚至有些植物能吸收大气中的有毒成分。

3.2 不同地形下垫面的环境气象特征

3.2.1 平原环境气象

3.2.1.1 平原特点和概况

平原是陆地上海拔较低、地面起伏比较小的地区，相对高度一般不超过 55 m，坡度低于 5°。平原和高原的共同特点是地面起伏小，不同的则是平原海拔低，海拔一般低于 200 m，而高原海拔较高，边缘比较陡峭；平原和丘陵的区别在于平原起伏较小，丘陵地势起伏较为明显。

平原是农业和人口发展的重要地区。在农业生产方面，平原地势平坦，主要由河流和湖泊沉积形成，地形平坦，形成大片农田，相对于高山、丘陵地带或沙漠地带，平原地区适合用于耕作，有得天独厚的天然农业生产条件，是粮食和经济作物主要种植区域。人口分布方面，由于农业产业发达和城市化程度高，平原地区的人口密度相对较高。随着城市化进程加快，平原地区的人口增加速度和社会经济发展将更快。正因为平原地区的重要性，环境气象学的许多研究，也最早在平原地区开展，很多经典理论，都是从平原地区的研究中发展而来的。

我国有三大平原，包括东北平原、华北平原、长江中下游平原，均位于我国地势东部的第三级阶梯。我国三大平原南北相连，土壤肥沃，是我国最重要的农耕区。我国三大平原地理位置、形成原因、气候条件等各不相同，在地形上也各具特色。除此以外，我国还有成都平原、汾渭平原、珠江三角洲、台湾西部平原等较小的平原，它们也都是重要的农耕区。平原的自然条件良好，是人类居住的重要地区。

3.2.1.2 平原环境气象特征

平原地区地势平坦、海拔较低，环境气象特征主要表现为以下三个方面：

(1)风随高度变化呈幂指数分布特征。平原地区地表较为均一，风速主要由大气压力差驱动，而大气压力差主要与地面温度变化、地形、气压等因素有关，其中温度和气压随着高度的升高均呈指数下降趋势，风速随高度变化呈幂指数增大趋势，地面上方百米左右的近地层更明显。平原地区由于地形变化不大，气象环境比较稳定，主导风向比较明确，往往存在梯度风的现象。风速随高度增加的幂指数率，是平原地区环境气象的重要特征，对于风能的利用、城市气象和空气质量的预测预报等方面均有重要应用意义。

(2)辐射逆温特征明显。通常情况下，在平原地区，尤其是干燥且没有太多植被的地方，夜间辐射冷却会导致地表温度迅速下降，可能形成辐射逆温。辐射逆温通常在晴朗、无风的夜晚发生，因为在这种条件下，地表散发的热量能够更有效地辐射到大气中，导致地表降温。

平原地区地形、地表覆盖、植被等因素，都会影响辐射逆温的形成和强度。城市化和人类活动也可以影响逆温的发生。因此，需要考虑多种因素来全面理解辐射逆温在平原特定地区的表现。

(3)容易出现静小风。平原地区地势相对平坦，没有明显的地形障碍，如果没有冷空气活动影响，一般水平风速很小，甚至在某些情况下完全静止。在这种静小风的影响下，大气中的污染物输送扩散能力变差，导致污染物在局部积聚，增加了区域性大气污染的风险。这在平原城市和工业区域尤为显著，因为这些地区通常有大量的排放源。静小风的条件下，污染物不容易被有效地带走，容易导致空气质量下降。我国华北平原、长三角中下游平原、汾渭平原地区频繁出现的区域性大气污染，与区域静小风状况有一定的关系。

3.2.1.3　不同纬度平原的环境气象特点

不同纬度平原地区的气候和地理环境有差异，其对应的环境气象特征也不一样。充分了解不同平原地区的特征和气象条件，有助于进行科学合理的人居环境规划、资源开发利用、气象灾害防治等。

我国低纬度平原，有华南的珠江三角洲平原、潮汕平原等。这些低纬度平原，气候温暖潮湿，年平均气温较高，年降雨量大，多数地区的年平均降雨量在 1000 mm 以上，降雨集中在夏季，植被覆盖茂密。但气象灾害类型多、频发，主要包括暴雨洪涝、雷电、台风和高温干旱等，原因包括：①低纬度平原地区因高温多湿和东南亚气旋影响，易频繁发生暴雨，导致洪涝、河流泛滥、土壤流失、山体滑坡等灾害；②该地区夏季雷电活动频繁强烈，常引起建筑火灾、电力损害和森林火灾；③受太平洋和印度洋热带气旋的直接或间接影响，该地区经常遭受强风、暴雨和风暴潮等灾害。

我国中纬度平原，有华北平原、东北平原和长江中下游平原等，与低纬度平原相比，其气候温和、四季分明，年降雨量适中。中纬度平原地区常见的气象灾害，主要包括冰雹、大雾天气和地面冻结等，原因包括：①夏季东亚季风带来高水汽和不稳定空气，易引发风暴和冰雹，导致电力和建筑损失及交通事故；②秋冬季由于大陆性气候和地形，通常气温较低，如果湿度较高，就容易出现大雾天气增加交通事故风险；③冬季低温导致地面结冰，影响道路、桥梁安全及农业生产。

3.2.2 沿海环境气象

3.2.2.1 沿海环境特点和概况

沿海地区通常是生态环境相对较好、适合人类居住且有利于发展经济的地区。世界人口的60%居住在距海岸100 km范围内的沿海地区。

沿海下垫面是指海洋与其岸边陆地交界地区非均一的不连续下垫面。由于海洋和陆地下垫面的动力学特性和热力学特性有明显差异，且具有强烈的局地特征或日变化特征，使海陆交界地区上方的气流系统和湍流边界层有其特定的分布形式和变化规律，产生一些特殊大气现象，如海陆风环流等。

3.2.2.2 沿海环境气象特征

沿海地区的环境气象特征，主要受海洋和陆地相互作用影响而形成。

沿海地区陆地，主要环境气象特征有如下特点：①温暖湿润。我国东南沿海地区夏季高温多雨，冬季温暖湿润，气温波动较小。②瞬时风速大。沿海地区受热带气旋、台风等气象灾害影响较为常见，导致大风频繁，也容易受强风影响。海洋和陆地之间的温度差异和风向的变化，对瞬时风速和风向的变化也产生影响。

沿海地区的海岛，在国家海洋战略和经济发展中有重要地位，也为海上搜救、防灾减灾、海洋科研、生态环境保护、航行安全、渔业生产服务等各类民事服务需求提供平台，其中海岛环境气象和天气特征与这些活动息息相关，了解海岛环境气象、天气特征及其变化规律等具有重要的意义。沿海地区海岛的主要环境气象特征为：①全年温差较小，昼夜差异也较小，气温的连续变化始终保持较稳定。②全年持续性高湿度，各月总云量平均值随季节变化不显著，冬、夏季和日、夜间的总云量基本相当。月总降雨量极值悬殊，降雨的日变化规律主要取决于海面上空大气稳定度。③岛屿上的风向风速变化与季节转换规律相对应，受局地影响则相对小。此外，海岛的气象灾害较为频繁，主要有台风、大风、暴雨和干旱等，这些气象灾害对海岛的环境气象特征也产生重要影响。

3.2.2.3 海陆风环流

海陆风环流是由海陆下垫面热力属性差异产生的沿岸地区特殊大气现象之一，对沿海地区边界层风场有重要影响。观测表明，岸边一日之内既观测到向岸风也观测到离岸风。日间，尤其是小风、晴朗日照较强情况下，低层风自海上吹向陆地，称为海风；夜间则由陆地吹向海面，称为陆风。上层风的风向则相反。在海面和陆地上空一定水平范围内，分别存在有上升气流和下沉气流区，从而构成一种局地环流即海陆风环流。海陆风环流如图3.1所示。

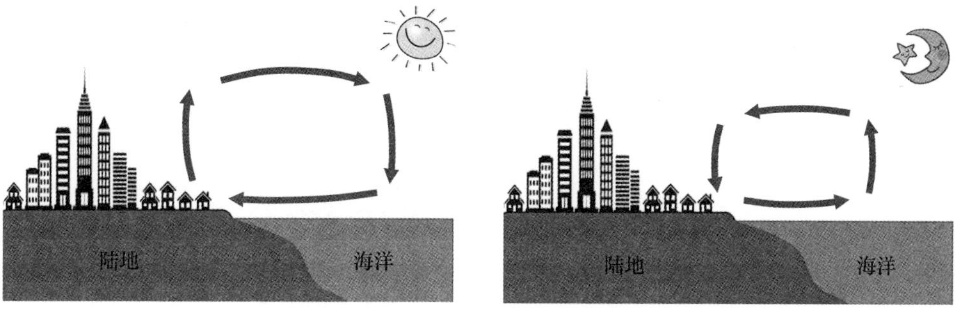

图 3.1　海陆风环流示意图

沿海地区天气系统和过渡发生时间等因素，对海陆风的形成与发展有决定性作用。在任何一个岸边，海陆风发生的判据亦有其特异性，但一般必须具备以下基本条件：①梯度风较弱，通常为高气压系统控制地区，全天风速均在 10 m/s 以下；②太阳辐射强，日间云量少。③日间陆地气温上升比水面温度高。海陆风环流一年四季都有可能发生，但不同地区、不同季节出现的频率有差异，如广东沿海地区秋季出现频率最高。

陆风通常比海风要弱得多，这是因为夜间冷却的地面抑制垂直运动，削弱了陆风环流，夜间降温也会产生较浅薄的温度垂直变化，因此陆风循环较浅薄，并且地形、植被和建筑物阻碍了空气从陆地吹向海面。因此在地面气象观测记录上，更容易观测到海风的存在。海风的建立通常伴随明显的风速增大，气温降低和湿度上升的现象。

目前对海陆风的研究，往往更侧重于垂直结构的分析。图 3.2 所示为典型的海陆风环流结构示意图，由大量观测事实归纳其主要特点如下。

(1)海陆风厚度：海风厚度在 100～1000 m 范围；陆风层则较浅薄些，但观测数据很少。低纬热带地区海风厚度比中纬地区深厚。

(2)回流层：回流层一般较难观测到，尤其是有梯度风存在的情况下更难观测到，通常回流层的厚度在 500～3000 m 范围。

(3)水平范围：通常认为海陆风是一种对称环流，在中纬地区，海风深入内陆的距离为 20～50 km，而热带低纬地区则可达 300 km。

实际上，海陆风的结构比上述结构示意图要复杂得多，这取决于很多因素，尤其是水陆交界构成的气流过渡区的性质。过渡区的性质则取决于地面粗糙度、海岸线形状、水陆温差、地转风方向与强度、陆地上湿度等状况。此外，由于沿海地区水面和陆地的温度差异、不同气压系统、潮汐或者地形等因素，这些因素会使低空流场出现垂直方向上的风速和方向反复剧烈变化，引起沿海地区常常存在明显的风切变(即风在不同高度之间速度和方向的差异)现象。

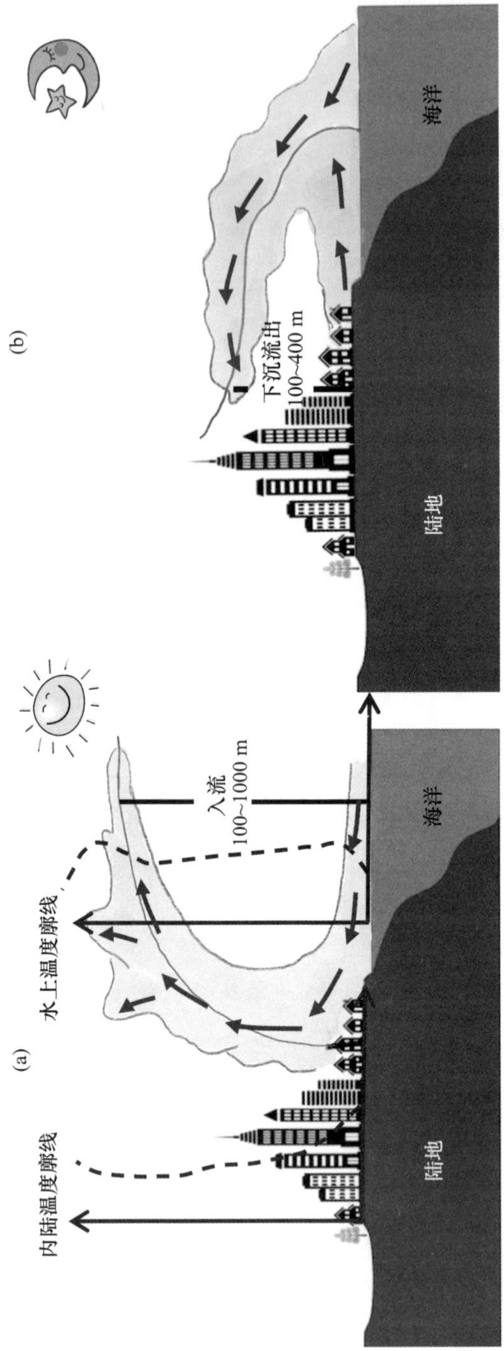

图 3.2　典型的海陆风环流结构示意图

(a)海风环流；(b)陆风环流

沿海地区人类生活、生产过程中排放的大气污染物的输送和扩散，与海陆风局地环流的关系极为密切。海陆风环流对空气污染扩散的影响有两方面：一是循环作用，如果污染源处在局地环流之中，污染物就可能循环积累达到较高的浓度，直接排入上层反向气流的污染物，有一部分也会随环流重新带回地面，提高了下层上风向的浓度。二是往返作用，在海陆风转换期间，原来随陆风输向海洋的污染物又会被发展起来的海风带回陆地。尤其是在海陆风过渡转换期，通常风速较小，风向多变，而且会加上沿岸风分量的作用，使得空气污染物的分布复杂化。

3.2.2.4　沿海边界层特征

当气流从上游的均一下垫面移向下游的另一种均一下垫面时，下垫面的动力、热力条件常常会发生跃变。在沿海地区，海风登陆后，在下游的热力条件下接近地面的空气层逐步发展为混合层，其厚度从跃变处的零值逐渐增大，形成热力内边界层。

热力内边界层是沿岸地区边界层结构的主要特点。如图 3.3 所示，由稳定的向岸流（包括向岸梯度流和局地海风向岸流）形成水陆交界地区气层分区结构并形成陆上（反之，离岸流情况下亦会在水面上形成）热力内边界层。向岸流使气层呈现分区结构，气流自较冷的水面流向较暖的陆地，使不同区域气层有不同特性。热力内边界层（Ⅳ区）的厚度随气流向内陆深入而增大。热力内边界层以外的是自由大气（Ⅰ区），但在内陆混合层高度以上。最下部Ⅲ区位在水面上方，是稳定气层，由于较冷的水面下垫面形成。Ⅱ区为过渡气层，位于自由大气和下垫面气层间。各区具有明显不同的湍流特性。热力内边界层内的湍流混合强度要大很多，这也影响了其内部的污染物散布特征。对热力内边界层结构的认识，是理解海岸气象过程的关键，

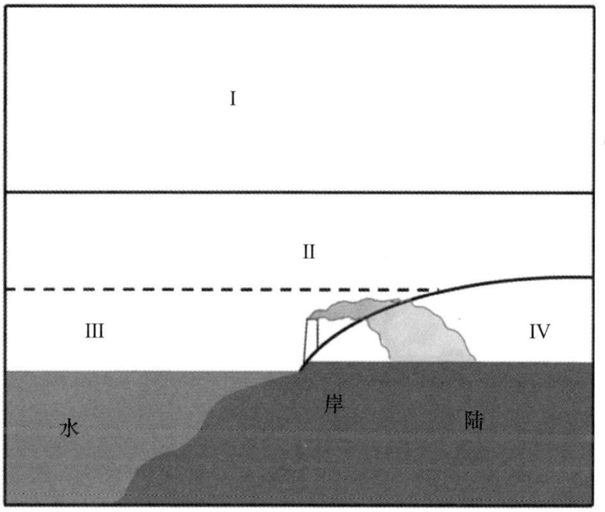

图 3.3　沿岸地区热力内边界层结构

而热力内边界层顶的高度及其与空气污染物排放源位置的相对关系，又是决定空气污染物散布的关键。

3.2.3 山地环境气象

3.2.3.1 山地概况和特点

山地是大陆的基本地形，分布十分广泛，尤其是亚欧大陆和南北美洲大陆分布最多。山地以地表形态高程和起伏特征定义，通常要求为海拔 500 m 以上，相对高度差 200 m 以上。山地起伏很大，坡度险峻并且沟谷幽深，多呈脉状分布。山地地形地物的存在，一方面作为障碍物由机械强迫作用而改变边界层气流分布；另一方面由于下垫面热力性质的差异而产生一些局地热力环流，改变了平均气流和湍流场的特征，形成一些特殊的大气现象，从而影响污染物的空间分布。

山脉是沿一定方向延伸，包括若干条山岭和山谷组成的山体，因像脉状而称之为山脉。山脉主要是由于地壳运动中的内营力作用而形成，有明显的褶皱，相比之下，山地褶皱现象不明显。

我国的山地大多分布在西部地区，有许多世界著名的山脉，如喜马拉雅山脉、冈底斯山脉、昆仑山脉、阿尔金山脉、天山山脉、横断山脉、大兴安岭、小兴安岭、秦岭等。山地在世界上也分布广泛，著名的有安第斯山脉、阿尔卑斯山脉、落基山脉等。

3.2.3.2 山地环境气象特征

由于山地地形起伏造成的下垫面动力学和热力学性质的变异，山地气象要素及其分布规律有与平原地区明显不同的特征。

(1)山地气候特征

由于山的高度、大小、坡度、坡向等因素影响而具有独特的气候状态，称为山地气候，它是最为复杂的气候类型之一。山地气候的主要特点包括：

① 辐射和气温随地形变化差异大。白天的直接辐射和夜间的有效辐射都随海拔高度升高而增大，散射辐射随高度升高而减少；不同坡面(包括不同坡向和坡度)接收到的日照和辐射强度不同。气温随高度递减率在一年中以夏季最大，冬季最小。山顶和山坡气温的年变化和日变化都较小，山谷和山间盆地的年变化和日变化比较剧烈。

② 降水随地形变化差异大。降水随高度的分布，一般而言先是随高度升高而增加，到达一定高度，降水又随高度的升高而减少，即存在一个最大降水高度，并且最大降水高度随地区和季节不同。气候愈潮湿，大气愈不稳定，最大降水高度愈低。降水还随山的坡向、坡度不同，迎风坡上的降水量和降水强度远大于背风坡，坡度愈大，这种差别亦愈大。山地地形也影响降雨量的日变化，山顶以日雨为主，而山谷盆

地则以夜雨为主。

③ 风速一般随高度升高而增大。山顶、山脊以及峡谷口处的风速大，盆地、谷底和背风处的风速小。山顶、山脊的风速一般夜间大、白天小，午后最小，而山麓、山谷则相反。山地还能产生一些局地环流，如山谷风、布拉风、焚风、坡风、冰川风等。

④ 水汽压随地形高度升高而降低。一般山地上部因气温低、云雾多，相对湿度高于下部；但冬季高山区也有相反情况，山顶冬季云雾较少而相对湿度小。山谷和盆地相对湿度日变化大，夜高而日低，午后最低；而山顶相对湿度的日变化不明显。

(2)山地温度场和逆温特征

相对于其他下垫面，起伏地形由于地势和坡谷的方位、坡度不同而受到的日射时间、日射强度以至热量收支状况差异，使山地气温的水平分布不均匀。下垫面增热和冷却不同会影响流场，形成局地环流，如山谷风环流。

山地低层大气温度层结也与平原地区有明显差异，最突出的是夜间常出现很强的逆温，且比平原逆温强度更大。这是因地形作用会增强辐射逆温：夜间山坡冷却很快，冷空气沿坡下沉至谷底聚积，逆温层发展比平原更快更厚，强度更大。由于地形对日照的遮挡，山地开始形成逆温的时间比平原早，消散时间则比平原迟。山地逆温的特点还与局地地形有密切关系，地形陡峭、相对高差大的山地，全年逆温天数多、逆温强度较大，逆温层厚度较厚、持续时间也较长，会出现多层结构。

山地的温度场与风场有密切联系。不同方位坡地上，风速的差异会加强或削弱温度差异。一般而言，风大混合强，逆温不易形成，温度分布较均匀。

(3)山地风场特征

山地风场是由背景风、热力不均匀和地形强迫生成的局地风叠加而成，具有复杂的结构和以下特点。

① 风场变化不规则：山地的风速、风向变化具有不规则性。山丘迎风坡、山顶、两侧和背风侧的风速差异明显。当梯度风方向与河谷走向接近时，由于渠道效应，狭窄地段风速较大，而宽阔地带风速较小。背风侧以及地形闭塞的凹地常出现静风区。

② 日季变化显著：由于山区下垫面增热与冷却的日变化明显，山区风场的日变化亦比平原地区明显。地形屏障使得上层梯度风对下层风场的影响减弱，下层地形风的周期变化不易被大范围背景风场所掩盖。此外，由于下垫面的受热条件随季节改变，不同季节盛行风向、风速不同，进而导致山区风场呈现季节变化。

③ 垂直结构复杂：山区存在明显的垂直运动气流，由于地形强迫，气流上升或下沉。另外，受热不均匀，也会引起局部的对流活动。此外，山区风场垂直结构比平原复杂。山区风随高度变化有个明显的转变高度，下层主要是地形风，上面是梯度风。在转变高度上，风向或风速或者两者同时都会发生明显的改变。

④ 湍流强：山区的湍流强度一般比平原大得多。山区除了不稳定的温度层结引

起的热力湍流外，复杂的地形热不均匀也会引发小尺度的局部热对流。

(4)山谷风环流

山谷风是山地下垫面条件下由于山坡和谷底受热不均产生的一种局地环流。日间，山坡接受太阳辐射较多，空气温度升高较高，比同等高度周围空气的温度高，这部分空气比同一高度的周围空气热，密度较小，于是山坡上的暖空气不断上升，从而形成一个指向山坡的水平气压差，谷底较冷的空气从山谷沿着山坡向山顶补充，这样便在山坡与山谷之间形成一个热力环流。从山谷吹向山坡的风，称为谷风。夜间，山坡因辐射冷却，空气温度冷却较多，坡面上的温度比同等高度周围空气的温度低，这部分空气比同一高度的周围空气冷，密度较大，于是山坡上的冷空气沿着坡面向下流向谷底，从而形成一个指向山谷的水平气压差。同时，由于山谷底部相对温暖，空气温度较高，密度较小。谷底较暖的空气不断上升，这样便在山坡与山谷之间形成一个热力环流。从山坡吹向山谷的风，称为山风。图 3.4 为山谷风环流示意图。

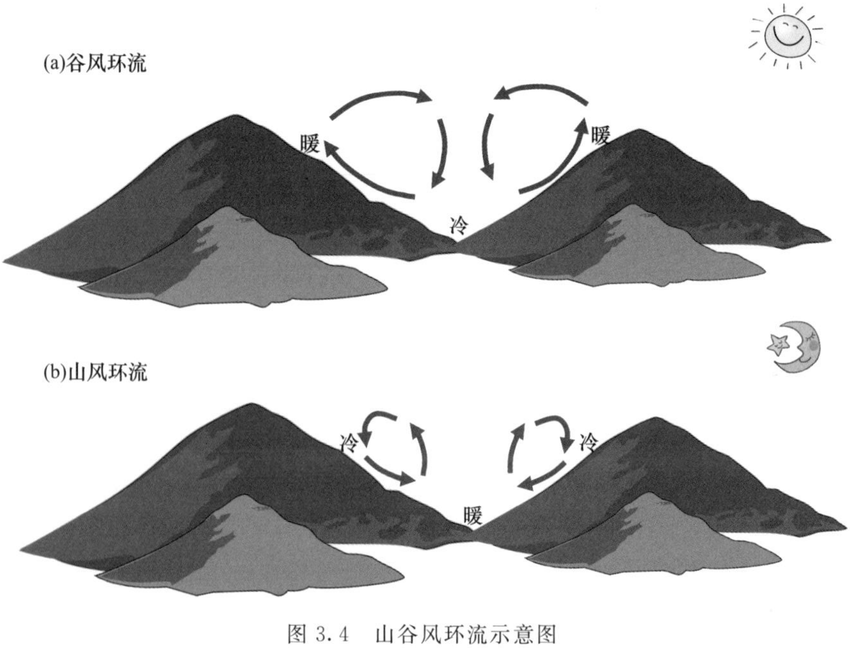

图 3.4　山谷风环流示意图

在不同地方和季节，山风和谷风的转换时间存在差异。它们的风向和周期随地理位置而异，季节的变化也使得它们的相对风速发生变化。山谷风的风速取决于大气层结和山坡陡缓程度以及谷地深度。

山坡与附近同高度上的空气始终存在着温差，温差产生气压梯度力进而形成了热力环流。山谷的形状、尺度决定了温差的大小，山谷深度越大，形状越规则，形成的局地环流也越强。一般而言，谷风的风速随着大气不稳定度增加而加强，山风的风速则随着大气稳定度增加而增大，同时地形相对高差愈大，山谷风的风速愈强。

山谷风属于中小尺度系统，一般认为，如果山风、谷风在山谷风发生理论时段内持续出现 4 h 以上，则认为该日为山谷风日。

3.2.3.3　山地的污染物散布沉积特征

山地以多种方式改变其上方的气流流动，对气流的空气动力学效应和波动阻力产生重要影响，对大气环流和局地环流变化发挥重要作用，最终影响大气污染物的散布和沉积。

山地地形造成的各种气流现象，使这些地区的大气污染物散布变得十分复杂，经常会出现一些特殊的大气污染过程。以下简要介绍 5 种典型情景（蒋维楣 等，2004）。

(1)烟流与山体障碍物相遇。如图 3.5 所示，烟流与高大山体的迎面碰撞，会造成局地地面污染物高浓度。在图 3.5a 不稳定层结状况下，烟流越过山顶向下风方向散布，它与山体相擦而过，造成烟流扩散。在图 3.5b 稳定层结状况下，烟流更可能沿地形等高线移行，并且被抑制上升或越山，在烟流绕行的山侧可能会形成地面高浓度。

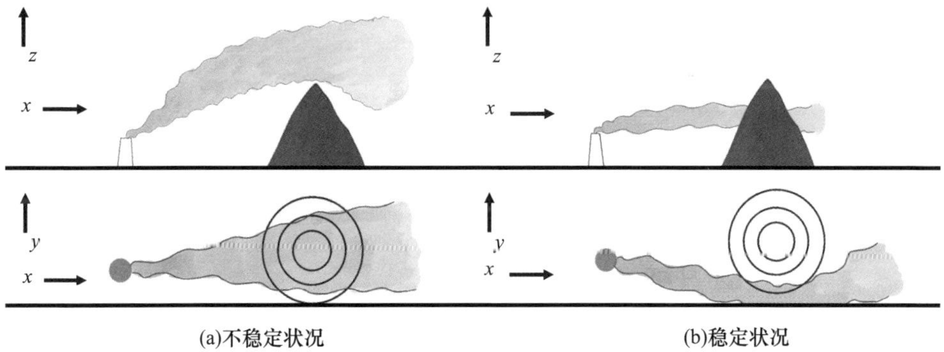

图 3.5　山体障碍物与烟流散布

(2)山谷中的污染。空气污染物在山谷里的散布，由地形结构和气象条件不同而形式不同。如图 3.6 所示的情形，山谷里的气流常被限制于山谷下部，风速比谷外小得多，而且在山谷上部常存在有逆温。于是，排放入山谷的污染物由于垂直扩散受阻，稀释扩散受抑而积聚谷底以至形成“污染池”现象。

(3)流泄风污染。如图 3.7 所示，气流平行于山谷移行，夜间，如果天气尺度风小，而且有强烈的辐射冷却，则会产生持续的下坡流泄风。这种情况下，污染烟气会被带向下游江边地带严重污染该地的居民区。

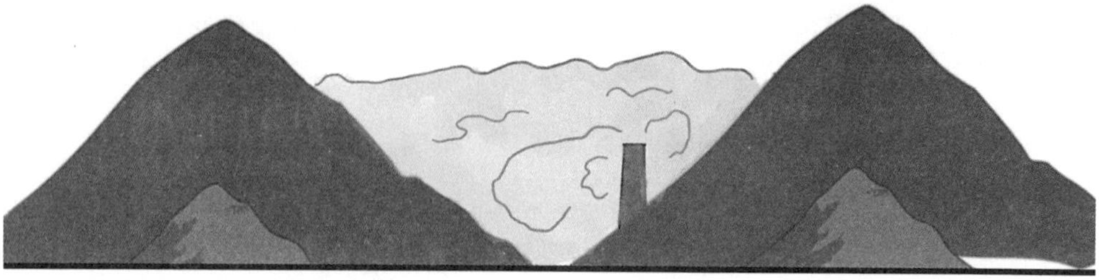

图 3.6　谷中“污染池”示意图

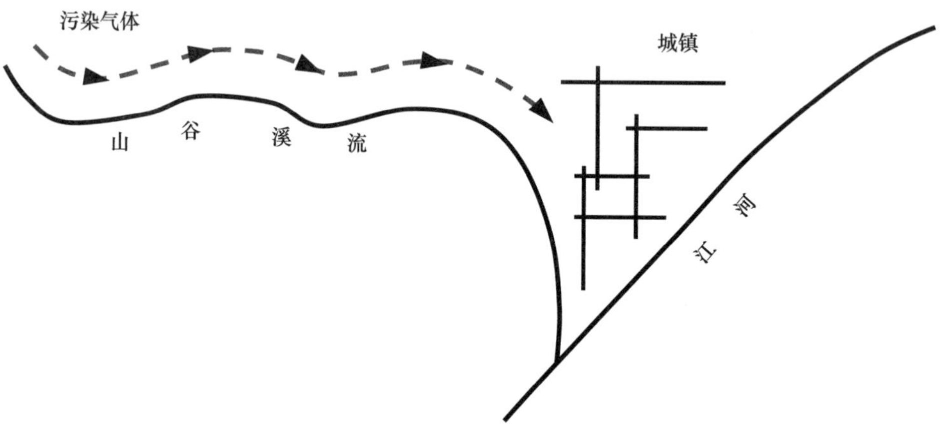

图 3.7　流泄风污染示意图

(4)山谷渠道风污染。任何具有西风分量的天气系统风都会导致东西向山谷中持续的西风,如图 3.8 所示。污染烟流可能循着同样轨迹移行数小时乃至数日,形成相当高的长期平均浓度。事实上,此种气流常常持续数日,直至天气形势改变。

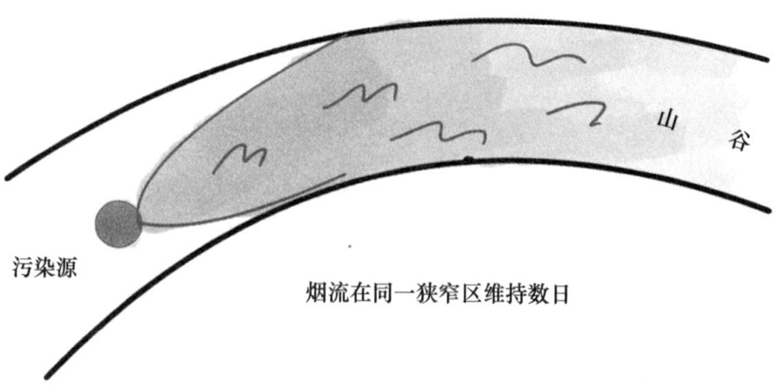

图 3.8　持续的山谷渠道风污染

(5)下坡风与背风区污染。在晴天夜晚，山坡辐射冷却，冷空气沿着山坡向下流动，形成一层厚度不大的下坡风(一般厚度不到50 m)。若山坡上的排放源低矮，污染物将被下坡风带向谷底，其下滑的浓度取决于山谷中逆温层所及高度。

气流过山时，过山后的气流会形成地形波，背风面出现明显的上升气流和下沉气流，有时还会出现剧烈的湍流区，其形式与风速、大气稳定度和地形结构等因素有关。

几种典型的背风区污染情形示于图3.9。第一种(图3.9a)，排放源位于山前，烟流随过山气流带向地面；第二种(图3.9b)，排放源位于过山下沉气流或湍流区中。此时，烟流被向下倾斜的气流带向地面，或者由于强烈的湍流混合很快扩散到地面，造成地面高污染浓度；第三种(图3.9c)，污染源位于背风侧回流区中，此时，烟流被回流区的下沉气流带向地面，而且部分污染物可能在回流区内往返积累，造成高浓度。

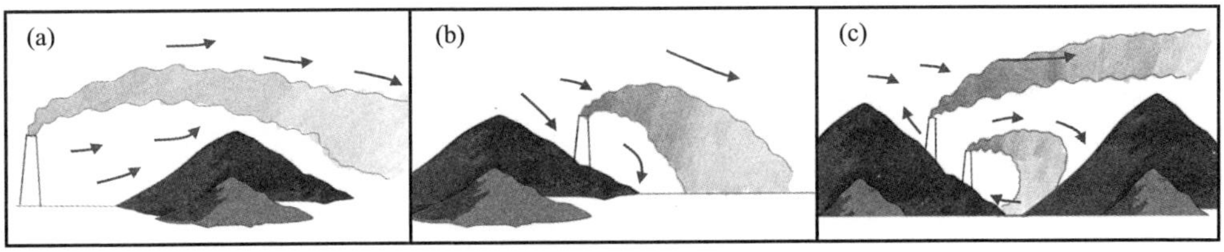

图3.9　几种典型的背风区污染示意图

气流过山后，背风侧地形相对开阔的情况下，靠近坡面排放的污染物会被过山气流带到坡底，但对排放源高度较高的烟流，受影响较小；高度超出过山气流层的烟流基本上不受影响。若山后是狭窄的深谷，过山气流只能影响上部的流场，不易侵入山谷的中下部。

总之，过山气流层的厚度及影响范围，取决于地形和当时的风向、风速和大气稳定度。因此，排放源的位置应尽量远离盛行风背风侧的山脚，并保证有足够的高度，以免过山气流下压和高湍流区的影响。

3.2.4　盆地环境气象

3.2.4.1　盆地特点和概况

盆地是指地球表面相对长时期地质沉降的区域，其特征是四周高(山地或高原)、中部低(平原或丘陵)。我国主要盆地有塔里木盆地、柴达木盆地、四川盆地、准噶尔盆地。它们多分布在我国地势的第二级阶梯上，由于所在位置不同，其特点也不同。除四川盆地外，其他几个盆地雨水都比较少，气候干燥。

3.2.4.2　盆地环境气象特征

不同盆地的温度特征有很大的差别，盆地的环境气象特征与盆地内部下垫面的类型有很大关系。盆地的天气气候与周围地区有比较明显的差别。天气系统在盆地的移动性差，在盆地内部的滞留的时间长，水分（水汽、云、蒸发、降水量）在盆地内部的循环比较明显。

（1）温度特征

由于盆地的地理位置和下垫面覆盖类型的差别，温度特征存在着差异。在吐鲁番盆地，夏季温度很高，是我国的高温之最；在塔里木盆地，受沙漠下垫面影响，温度特征与沙漠下垫面基本类似，昼夜温差和温度的季节变化都很大，属于典型的大陆性荒漠气候，冬季寒冷，夏天炎热。在四川盆地，气温东高西低，南高北低，盆底高而边缘低，等温线呈现同心圆状，冬季气温高于同纬度地区；在准噶尔盆地，降雪以后形成盆地内的积雪，积雪反射太阳辐射，使积雪盆地的温度明显低于周围地区。冬季盆地内有了冷空气就堆积在盆地内，形成了近地面的稳定温度层结，这对污染物的扩散十分不利。

盆地容易出现逆温的现象，它主要由地形造成，主要发生在盆地和谷地中。由于山坡散热快，冷空气沿山坡下沉到谷底，谷底原来的较暖空气被冷空气抬挤上升，从而出现温度的逆温现象。

冷池现象经常出现在美国西部的山谷和盆地地区。冷池被定义为充满冷空气的地形低压，上面覆盖着暖空气。冷池常发生在冬季降雪后较为稳定的天气形势下，往往伴随高压（脊）与下沉运动，导致高空空气因下沉增温变暖，但盆地内近地面空气持续较冷，逆温和积雪维持，湿度大，风速小，进一步维持冷池现象。

（2）湿度特征

我国盆地气候具有“非干即湿”的两极分化特点，即盆地一旦空中水稀缺，它会长时间维持干旱状态，反之，如果盆地内空中水盈余，空中水可以在盆地内自行“水分循环”，从而使降水偏多。四川盆地的“巴山夜雨”和“雅安天漏”，是盆地湿度和降水特征的表现。

（3）风场与环流场

封闭的环境使得盆地内边界层大气层结稳定度高于同纬度其他地区，盆地内静风频率高，大气污染物输送扩散受阻，使得盆地内大气污染物持续累积，浓度居高不下。

盆地边缘的环流与山谷风环流基本比较类似，受热不均匀引起的热力环流，另一方面由于地形的起伏而改变了底层气流的方向和速度。白天山坡向阳面受到太阳辐射加热，温度高于周围同高度的大气层，暖而不稳定的空气由谷底沿山坡爬升；夜间山坡辐射冷却降温，温度低于周围同高度的大气层，冷空气沿山坡下滑。冷空气下沉之后将谷底的暖空气抬升，从而形成逆温层。此外，还有盆内云（云顶高度低于盆地四周的山体的平均高度的云）、盆内低空急流（低空急流的最大风速层低于盆地四周的山体的平均高度）等特征。

在盆地城市地区，由于盆地内部城市的人为热，盆地内部的气温始终高于周围山区。盆地内部气温高，空气向上膨胀，在高空吹向四周，由于盆地周边山地气温低，气压高，因此在盆地内部的近地层出现了从山体吹向盆地内部的气流。这种盆地内环流与山体附近的山谷风环流相互耦合，形成了盆地特有的环流特征。图 3.10 为晴天盆地城市的环流及其日夜变化。

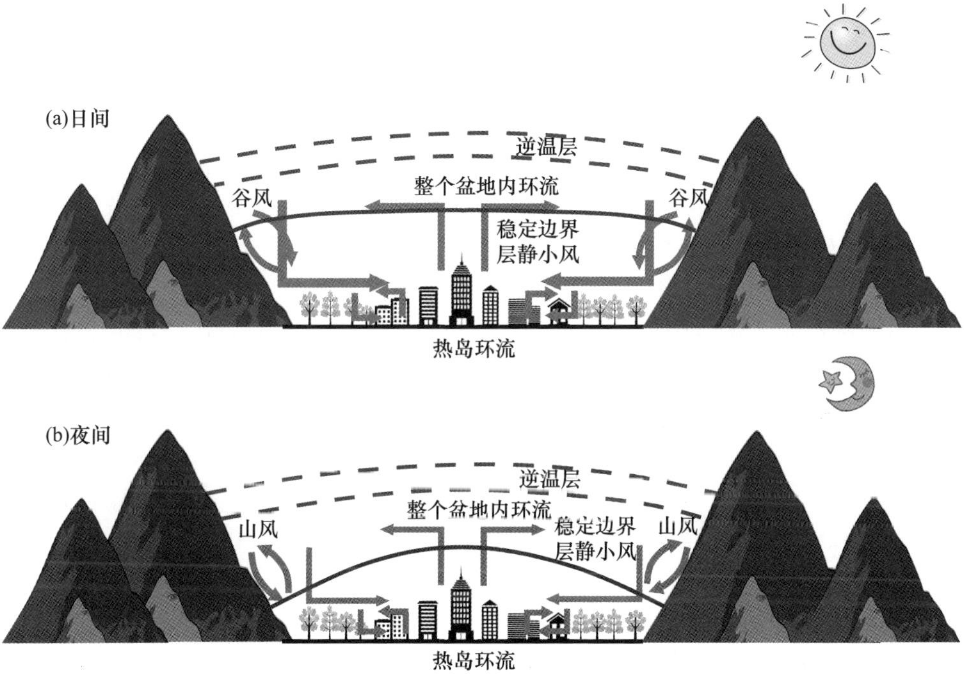

图 3.10　晴天盆地城市的环流及其日夜变化

3.2.4.3　典型盆地的环境气象特征

(1)四川盆地：我国四大盆地之一，是我国各大盆地中形态最典型、纬度最南、海拔最低的盆地，属于亚热带湿润气候区。由于地形闭塞，北部秦岭阻挡冷空气，冬季气温高于同纬度其他地区。四川盆地为丘陵性盆地，底部以丘陵为主，次为低山和平原。四川盆地年降水量 1000～1300 mm，但年内分配不均，冬干、春旱、夏涝、秋绵雨，70%～75%的雨量集中在 6—10 月。盆地边缘山地降水十分充沛。巴山夜雨、雅安天漏和盆地逆温是四川盆地典型的环境气象特征。

1)巴山夜雨

李商隐在诗"夜雨寄北"中一句"巴山夜雨涨秋池"，道破了四川盆地多夜雨的特点。据统计，夜雨占总雨量的 60%～70%及以上。盆地区雾大湿重，云低阴天多。

巴山夜雨主要发生在初秋时节，这一现象与地形、气流、地形落差以及大气环流的复杂相互作用密切相关。

四川盆地中间低四周高，偏南暖湿气流进入盆地之后，滞留其中，遇到山地抬升便形成云。白天云层遮挡了阳光，云下层的气温较低，云层上下温差较小，空气很难产生对流，暖湿空气不能顺利输送到高空，所以四川盆地的白天一般不容产生降雨。到了夜晚，云层上部快速降温，而云层对地面有保温作用，导致了云层上冷下暖的特征，易触发对流，出现夜雨。此外，一些地方受到山地环境的影响，局地冷空气从低层侵入，也会触发夜雨现象。

盆地夜雨的触发机制可分为以下三类：①地形的落差对夜雨的形成起到了关键作用。青藏高原东坡与四川盆地的巨大地形落差导致山地-平原热力环流。白天，高原加热，山地-平原热力环流的下沉支控制盆地不利于产生降水；夜间，高原辐射冷却，盆地相对较暖，使得盆地受到上升运动的控制，有利于夜间对流降水的发生。②对流层低层环流的日变化也是夜雨触发的重要因素之一。在我国中东部地区，对流层低层环流异常风场存在自傍晚到次日午后的顺时针旋转特征。夜间，异常的东风气流一致吹向高原，在高原东坡地形的辐合作用下引起强烈的上升运动，有利于盆地夜雨的发生。这种大气环流的变化使得夜间的气象条件更加容易导致对流降水。③层状云的存在也对巴山夜雨产生影响。暖季，四川盆地的层状云减弱了白天地表的太阳辐射，使得白天地表温度相对较低，形成层结稳定，不利于降水的生成。然而，夜间云层上部的辐射冷却加剧了大气层结的不稳定，促使对流相对加强，从而产生夜雨。

2)雅安天漏

“雅安天漏”是受到雅安独特地理环境的影响而形成的现象。雅安位于青藏高原和四川盆地之间，地形兼有“迎风坡”和“喇叭口”的特点。这一地理位置导致雅安常常受到高原下沉气流和盆地暖湿气流的相互影响。此外，来自印度洋的南支西风带来大量的暖湿气流，由于“喇叭”形的地形构成，暖湿气流进入后很难离开，一到夜间，周围山上的冷空气下沉，冷暖气流交汇，导致雅安降下大量雨水。因此，“雅安天漏”现象的形成是多种气流相互作用的结果，致使雅安不但雨日多、雨时长，而且雨量大。

3)盆地逆温

四川盆地由于其周围高中间低的独特地形，夜间由于下坡风输送的冷空气在山谷底部堆积，形成了有利于逆温形成的“冷空气池”。并且因四川盆地特殊的地形和气候条件，以及紧邻青藏高原东缘的特殊位置，使得这一地区的逆温特征具有独特性。

四川盆地的逆温可分为贴地逆温(逆温层底高为 0 m)、脱地逆温(亦称高空逆温，逆温层底高大于 0 m 且小于等于 1000 m)和对流层低层逆温(逆温层底高大于

1000 m 且小于等于 5500 m)。其中前两者合称为边界层逆温,对流层低层逆温频发是四川盆地逆温特征有别于国内其他三大重污染区(即京津冀、长三角、珠三角地区)的独特之处。

对于单层逆温来说,贴地逆温对污染物浓度的影响大于其他两种。研究表明,四川盆地常发生多层逆温的现象,并且以边界层逆温叠加对流层低层逆温的配置为主要特征。边界层内逆温层(尤其是贴地逆温)的存在抑制了近地面污染物向上扩散和转移,而在边界层上面出现的对流层低层逆温如同盖子覆盖在四川盆地上空,抑制其下方的环流向上发展,进一步加剧了对污染物扩散的抑制作用。

(2)塔里木盆地:我国四大盆地之一,是我国最大的盆地。塔里木盆地深居欧亚大陆腹地,四周高山海拔均在 4000～6000 m,距海遥远、气候干旱少雨,昼夜温差和季节变化很大,是典型的大陆性荒漠气候。冬季寒冷,夏季炎热,1 月份平均气温为 −10 ℃,7 月份平均气温达 25 ℃,同一地方冬夏温差可达 50～60 ℃,昼夜温差达 15～20 ℃。每当春夏和秋冬之交,早晚寒冷,常常要穿棉衣;而中午气温却很高,穿着单衣还热。所以人们用“早穿皮袄午穿纱,怀抱火炉吃西瓜”来形容这里的气候特点。降水较少。盆地中部是我国最大的塔克拉玛干沙漠,会给塔里木盆地带来大量的沙尘气溶胶。自然灾害主要是风沙和干热风。

(3)准噶尔盆地:我国四大盆地之一,位于新疆北部,属于中温带气候,冬季寒冷但风大,不能形成稳定积雪。地势向西倾斜,北部略高于南部。盆地西侧有几处缺口,西风气流由缺口进入,为盆地及周围山地带来降水。主要自然灾害有冻害和大风。

(4)柴达木盆地:我国四大盆地之一,属封闭性的巨大山间断陷盆地。柴达木盆地属高原大陆性气候,以干旱为主要特点。

(5)关中盆地:关中盆地是由河流冲积和黄土堆积形成的,地势平坦,土质肥沃,水源丰富,机耕、灌溉条件都很好,是陕西自然条件最好的地区,号称“八百里秦川”。关中城市群位于关中盆地,以西安为中心,包括咸阳、宝鸡、渭南、铜川、商洛等地级市。

(6)吐鲁番盆地:我国地势最低的盆地(海拔 −155 m),大陆荒漠性气候,干旱炎热,日照时间长。降水量少但局地性强,地下水资源丰富。

3.2.5　高原环境气象

3.2.5.1　高原特点和概况

高原指较平坦地形组成的高地区域,其特征是地势至少在一侧明显高于周围区域,通常一侧或多侧有高山或悬崖。高原与山脉的区别在于其大面积隆起,与平原的区别在于较高的海拔。有的高原因形成年代较短暂而宽广平坦;有的高原则因年代长,受侵蚀严重而呈现山峦起伏。

高原通常因板块运动或火山活动形成，因构造板块缓慢碰撞隆起形成的高原称解剖高原，如美国西部的科罗拉多高原；而由火山喷发的熔岩流形成的高原称火山高原，如位于新西兰北岛中部的北岛火山高原。此外，侵蚀也能够雕塑高原。

高原在世界各大洲都有分布，世界最大的高原为南极高原，而最高的高原则是青藏高原，主要位于我国西藏，有"世界屋脊"之称。青藏高原独有的高大地形特征和夏季下垫面吸收的太阳辐射，使该地区地气相互作用过程显著，其强大的大气热源效应深刻影响周边地区的天气、气候格局，对东亚乃至全球天气、气候变化都起着举足轻重的作用。

3.2.5.2 高原环境气象特征

按照高度划分，世界十大高原分别为青藏高原、帕米尔高原、玻利维亚高原、厄瓜多尔高原、南极冰雪高原、埃塞俄比亚高原、墨西哥高原、云贵高原、亚美尼亚高原及格陵兰冰雪高原。

以青藏高原为例，介绍高原环境气象特征。为探究青藏高原地区的环境气象特征，我国联合国际科学界对青藏高原开展过多次科考试验，积累了宝贵的数据。基于这些观测试验的研究结果，青藏高原地区的环境气象特征总结如下。

(1)温度特征：青藏高原大气边界层的温度递减率较大，不同季节的温度递减率也不相同。干季的气温梯度大于湿季的气温梯度。

(2)湿度特征：通常情况下，比湿随高度的增大而减小，但经常能在高原不同时间观测到逆湿现象，这可能与水汽的平流输送有关。

(3)风场特征：青藏高原的边界层风场结构异常复杂。干季与雨季风速随高度的变化不同，边界层内存在明显的风切变，风速垂直分布呈多峰值分布。青藏高原复杂的下垫面类型、不均匀的地形地貌引起了热力差异，进而产生了局地环流，如湖陆风、山谷风和冰川风等，进一步影响边界层的风场结构。高原中部地区近地层风廓线与平原地区不相同，近地层风不全是随高度上升而增大，而表现为底层风向和风速多变，甚至存在逆梯度的现象，这被认为是高原旺盛的湍流运动造成的。除此之外，大尺度的大气环流等亦会影响青藏高原边界层的风场结构。

(4)边界层高度特征：青藏高原的边界层高度明显高于平原地区，通常能达到2000～3000 m，白天的边界层高度高于夜晚，干季的边界层高度大于雨季。青藏高原剧烈的地形起伏和复杂地貌所致的下垫面类型多样，使地面热力、水汽条件不均匀，导致青藏高原地区边界层过程非常复杂，在不同区域有显著差异。青藏高原地区边界层的发展受到地表加热、土壤湿度、风切变、对流层顶夹卷作用等多个因素的影响，不同地区达到最大边界层高度的月份不同。青藏高原西部边界层高度大于东部，主要与西部较强的太阳辐射和较低的土壤湿度有关，这些特征导致较高的感热通量，从而促进局部边界层高度的发展。张强等(2019)指出，感热通量只为边界层发展提供 40.0%的能量,对流层顶的夹卷过程使得残留层所蕴藏的能量进入到边界层,为其发展提供重要的能量来源。夏季连续晴空期,对流边界层与残留层之间会形成逐日循环增长机制,使干旱区夏季发展出超厚对流大气边界层。图 3.11 给出青藏高原边界层发展示意图。

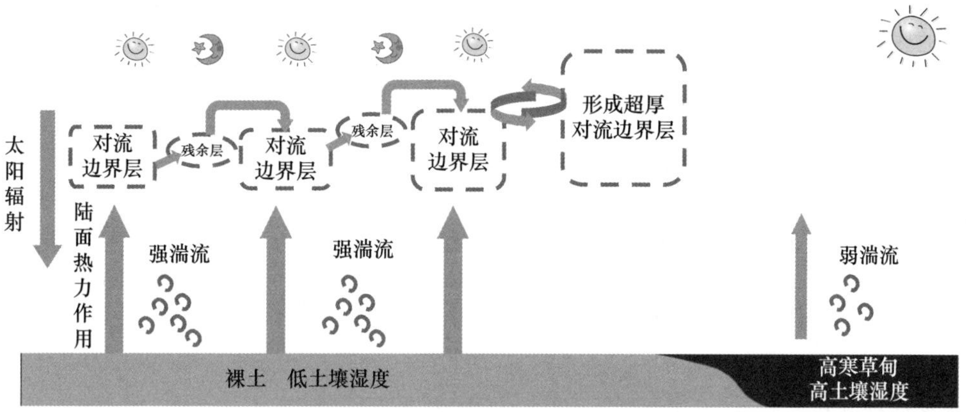

图 3.11 青藏高原边界层发展示意图

3.2.5.3 青藏高原高空臭氧低值现象和成因

20 世纪 80 年代,我国科学家在研究春季南亚高压移动和青藏高原加热时发现,4 月中旬当南亚高压移向高原并维持时,青藏高原上空出现相应的臭氧总量低值区;90 年代卫星观测进一步证实青藏高原上空夏季存在臭氧低值中心,青藏高原地区上空的臭氧柱总量的递减率要明显大于同纬度的东部地区,春季的臭氧总量月平均值等值线基本与纬圈平行,但到夏季青藏高原上空出现明显低值中心并不断加深、维持,进入秋季后低值中心又逐渐消失。这一发现成为了我国大气环境领域的重大成果,并由此开始,我国开始了对青藏高原大气臭氧长期、全面和系统的研究。

青藏高原臭氧低值中心的成因,最早被推测为是由于夏季青藏高原受南亚高压控制,高压内低空为辐合对流区,基于这一气象特征,在夏季,青藏高原周围数百千米范围内的低空污染物向青藏高原辐合,在高原自对流层低空上升到平流层下部,然后向四周辐散,若这一对流层向平流层输送机制成立,则其引起的一些物理化学过程就很有可能导致臭氧低值的出现。5 月,臭氧低值中心开始形成,南亚高压从低纬经中印半岛向西北方向移动,带来低纬低浓度臭氧,是低值中心初期建立的主要原因。此后,随着南亚高压逐渐增强并移上高原,对流层低空低浓度臭氧经上升通道被输送至对流层高空和平流层低层,这成为了低值中心加强和维持的主要原因。水平输送是臭氧低值中心开始形成的主因,而垂直输送不断增强则是低值中心加深的次因,此外,化学过程往往会补偿一些臭氧的损失,但其作用被认为次于动力过程。总的来说,动力输送的损耗要大于化学生成的补偿,青藏高原夏季臭氧低值中心的形成是这两种作用的综合结果。

青藏高原臭氧变化,会影响地表-对流层系统的辐射收支,由此也能引起气候变化。研究指出,夏季青藏高原上空出现的臭氧低值中心,使高原平流层对太阳紫外辐射吸收比其他地区少,这导致了高原上空平流层低层和对流层上层的降温要比其他地区更强,更多的辐射进入到对流层内,使青藏高原地区对流层低层增温更大。

3.3 不同自然下垫面的环境气象特征

3.3.1 森林环境气象

3.3.1.1 森林特点和概况

森林是地球上最大的陆地生态系统之一,被誉为"地球之肺",承载着丰富的生物多样性和生态功能。它不仅是生物的栖息地,还是地球上的基因库、碳贮库、蓄水库和能源库,其生态功能包括降低二氧化碳的浓度、维护动物群落的多样性、调节水文循环和保护土壤,这些功能对维持地球的生态平衡具有重要作用,为人类的生存和发展提供了重要的资源和环境条件。

3.3.1.2 森林环境气象特征

森林植被对大气边界层特征等有重要影响,这种影响是通过森林与大气之间的动量、热量和质量交换实现的,而这些输运过程又同森林内部及其上方的湍流活动紧密相关。

(1)风

由平原和海面吹过来的风,遇到林带后,一部分从林带上空刮过去,越过林带后继续下贴地面刮下去,经过一段距离后恢复到林带以前的风速;另一部分直接穿入林带内,受到树干和枝叶的摩擦力而削弱,风速显著减弱。当林带很宽(40 m 以上),或树木的密度很大,其枝叶及下层灌木、草本植物茂密时,类似于不透风的墙壁,这时在林带的迎风面和背风面都出现涡旋,涡旋使风的能量受到损耗,从而削弱风速。在森林下垫面,不同高度的植物冠层结构对风速的影响不同,零平面位移高度也不同。

实验表明,当林带外刮起较大风时,林带内部的气流却在一定程度上保持稳定,表 3.7 为树高 10 m 左右、林带宽 50 m 左右阔叶林内,不同地点、不同地面高度风速实测结果。林内风速的垂直分布为:1 m 处风速最小,4.5 m 处风速最大。靠近地面的风速受到灌木和草本植物的阻力而减弱;上方的风速受到树冠层的阻力而同样被削弱；而中间层因为只有树干，阻力小，风速稍强。从林带外到内部，风速逐渐减小，林带背风面为风速最小值。这也体现了防风林对降低风速的作用。

表 3.7　树高 10 m 左右、林带宽 50 m 左右阔叶林内不同地点、不同地面高度风速实测结果(张晓旭 等,2012)

单位：m/s

距地面高度	林带迎风面	10 m	20 m	30 m	40 m	林带背风面
1 m	3.8	3.4	3.0	2.6	2.2	1.8
4.5 m	5.5	4.5	3.1	2.5	1.9	1.5
8 m	5.0	4.0	2.2	1.7	1.0	0.8

(2)气温

林内和林外的气温有差别并存在季节变化。从表 3.8 可见，全年平均气温林外要比林内高，夏季气温相差较大。冬季林内气温反而比林外高，这是因为在寒冷季节，树冠阻碍地表热量向林外扩散导致的。

表 3.8　阔叶林的林内林外气温与相对湿度(日光森林气象站,1996 年)(张晓旭 等,2012)

月份	平均气温/℃		平均相对湿度/%	
	林内	林外	林内	林外
1	−4.85	−4.78	67.5	64.1
2	−5.23	−5.23	18.3	65.3
3	0.47	0.65	73.0	69.8
4	3.09	3.09	68.5	65.3
5	9.36	9.25	76.1	74.1
6	13.28	13.87	84.0	82.0
7	17.50	18.30	82.1	82.9
8	17.52	18.41	86.7	86.2
9	13.93	14.65	88.7	87.0
10	6.72	7.24	83.6	82.5
11	3.93	4.08	77.5	75.4
12	−2.15	−2.22	74.6	68.8
平均	6.13	6.44	77.5	75.3

在森林下垫面中，植被、冠层空气和地表温度的日变化同样存在差异。如图 3.12 所示，日出后，由于植被冠层直接吸收和储存太阳辐射热能，植被温度迅速上升，并在中午前后达到极大值。随后，由于植被冠层热能的储存作用，植被温度的

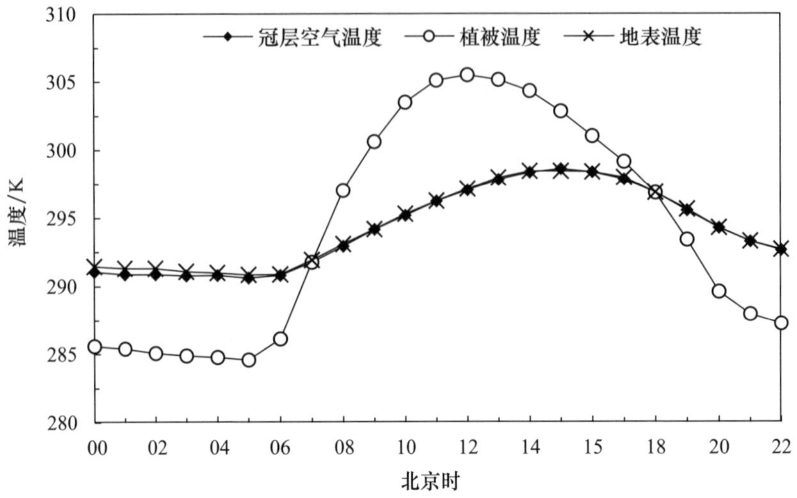

图 3.12 植被生态系统温度的日变化特征(刘树华 等,2003)

下降相对缓慢。植被冠层空气温度和地表温度日变化基本一致,这主要是由于植被冠层内空气的湍流交换较弱导致的。在森林生态系统中,太阳辐射热能首先加热植被冠层,随后加热冠层空气和地表,因此植被冠层温度上升比空气和地面温度快,达到极大值的时间也更早。到了 18:00,冠层空气温度与植被温度相等,这一时刻称为植被冠层气温等温点,此时植被感热通量为零,表明此刻植被和空气之间的热量交换停止。

(3)湿度

在森林下垫面,林内湿度通常比林外高,冬季林内外的湿度差比夏季大,尤其是融雪期间。这是因为夏季温度较高时,树木的蒸腾作用会同时增加林带附近内外的水分,而在冬季融雪期间,大量融水的提供与低温下水分蒸发速率的降低共同作用,使得林内湿度显著增加。由于森林冠层的蒸散直接受到太阳辐射的控制,而森林冠层的蒸散又制约着近地面层大气的比湿,所以在森林冠层内($z<25$ m)比湿的日变化非常大。在夜间森林冠层上($z<100$ m),由于温度下降和凝结作用,以及湍流混合的减小,空气的含水量会相当大。

3.3.1.3 森林生态系统和二氧化碳

森林生态系统在全球碳循环中扮演着重要的角色,尤其是与二氧化碳(CO_2)的交互作用。一方面,森林是地球上最大的陆地碳库之一。森林通过光合作用,植物吸收二氧化碳,释放氧气,并将固定的碳储存在植物体内,包括树木、树干、树叶、树根等。这些植物组织中的碳以有机物的形式储存,起到了吸收和固定大气中碳的作用。此外,森林的土壤也是一个巨大的碳库。有机物的分解过程将有机碳输送到土壤中，而一部分有机碳会在土壤中长期储存，形成有机质。这有助于防止碳被释放回大气。另一方面，森林中的动物、植物、微生物的呼吸以及枯枝落叶的分解氧化等过程又向大气排放 CO_2，森林又是碳的源。

3.3.1.4 植被生物挥发性有机物排放

森林植被向大气中排放的生物挥发性有机物(BVOCs)占到全球 BVOCs 总量的 70%以上，排放种类达上千种之多，它们具有杀菌、净化空气等生理生态学功能。同时，BVOCs 又具有高反应活性，能够与 OH、NO_x 和 O_3 发生氧化反应，进一步影响全球二次气溶胶产量(SOA)，对对流层臭氧的形成、全球辐射平衡、碳循环和大气光化学烟雾的形成具有重要影响。在我国，异戊二烯和芳烃是 SOA 的主要贡献者。

阔叶林和灌木具有很强的异戊二烯排放潜力，针叶林具有很高的萜烯排放潜力。图 3.13 是我国 2019 年异戊二烯的季节排放量特征。

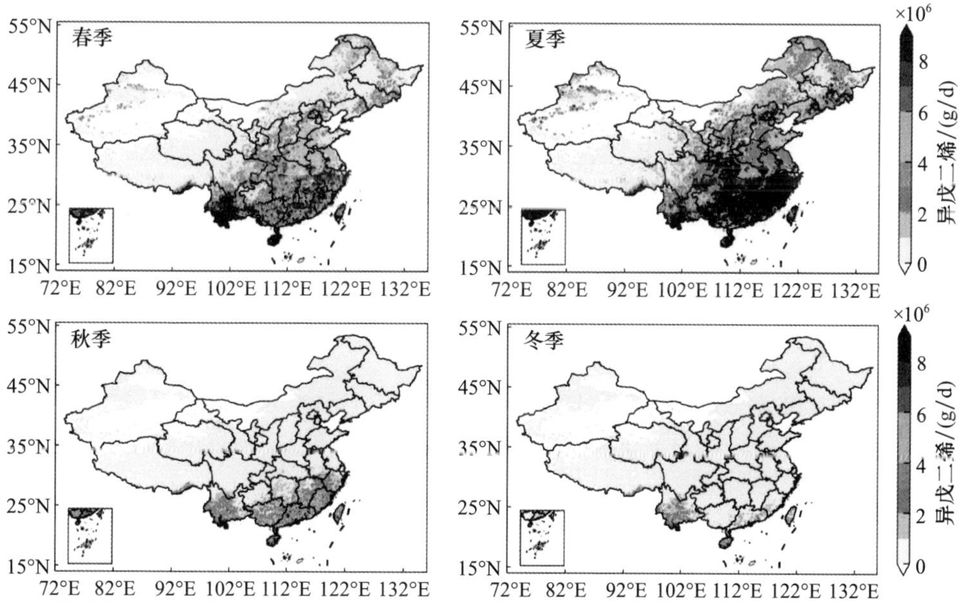

图 3.13 2019 年我国异戊二烯的季节排放量

由图 3.13 可见，我国 BVOCs 排放主要集中在东北和东南部，以及云南、海南、台湾三省的南部。云南的森林面积占我国森林覆盖率的近 10%，南部热带雨林覆盖面积大，导致南部地区的 BVOCs 排放量明显高于其他地区。东北部的高排放是由于桉树属和桉树林的高森林覆盖率，这些森林具有最高的异戊二烯排放潜力。台湾的高排放来自常绿阔叶林。各种落叶、硬木和混交阔叶树的分布是我国东南部和青林山区高排放的原因。由于热带雨林覆盖面广，海南省的BVOCs排放量很高。由于异戊二烯对总BVOCs的贡献最大，因此BVOCs总排放量的空间分布与森林分布相似。

森林BVOCs的释放情况，随不同树种、不同挥发物质、不同气象条件而具有多样性，季节性变化特征明显，主要表现为夏秋两季高，春季次之，冬季最少。温度、光强和湿度是影响BVOCs释放的三个最主要因子，其变化对BVOCs的释放过程影响较大。

3.3.1.5 森林野火排放

森林野火对生物圈-大气界面、大气化学、生态系统组成及其分布、环境退化和空气质量都会产生影响。森林火灾排放大量的气体和气溶胶，会显著影响大气化学、云特性、地球辐射收支和气候变化，影响全球碳循环、生态系统和生物多样性、植被、降雨、空气质量和大气环流。

森林野火通过生物质燃烧产生大量不同直径的颗粒物，包括碳质物质，由有机碳(organic carbon，OC)和元素碳(elemental carbon，EC)组成。这些碳颗粒物显著影响辐射同时可以有效地充当云凝结核(condensation nuclei in atmosphere，CCN)，对云的形成及其性质产生影响。颗粒物中也包括一些水溶性无机离子，如铵、硝酸盐、硫酸盐、氯化物等。它们可以改变颗粒物的酸性程度，从而导致生态系统酸化，并通过光散射导致能见度降低。生物质燃烧羽流中同时有大量臭氧前体物挥发性有机化合物、氮氧化物和一氧化碳(CO)，在世界的很多地区均有报道森林野火对区域臭氧空气质量产生了显著影响。

3.3.1.6 空气负氧离子

空气负氧离子主要是由空气中含氧负离子与若干个水分子结合形成的原子团，是带负电荷的单个气体分子和轻离子团的总称。在自然生态系统中，森林和湿地是产生空气负氧离子的重要场所，空气中有较高的负氧离子浓度。

森林的负氧离子浓度一般比城市高。这种差异与下垫面植被茂盛有关。夏季森林植被茂盛，释放的负氧离子要比城市大得多，也是一年中森林、城市负氧离子差距最大的季节。秋季虽然绿色植被比夏季少，但城市空气干燥、浮尘多，负氧离子存活时间比森林短，因而森林的负氧离子浓度仍高于城市。

3.3.1.7 森林的除尘作用和吸收作用

森林在环境中起到了重要的除尘和吸收作用，对大气中的颗粒物和气体具有显著的净化效果。一方面森林可以拦截颗粒物。森林的树木、叶片和树冠等结构能够有效地拦截大气中的颗粒物，包括尘埃、颗粒污染物和其他悬浮颗粒。另一方面，森林有助于尘埃的沉降。树木的表面和树冠可以作为尘埃的沉积点，尘埃在树叶和树皮上沉积，最终落入土壤中，实现了对尘埃的清除。

图 3.14 总结了森林下垫面的环境气象主要特征。

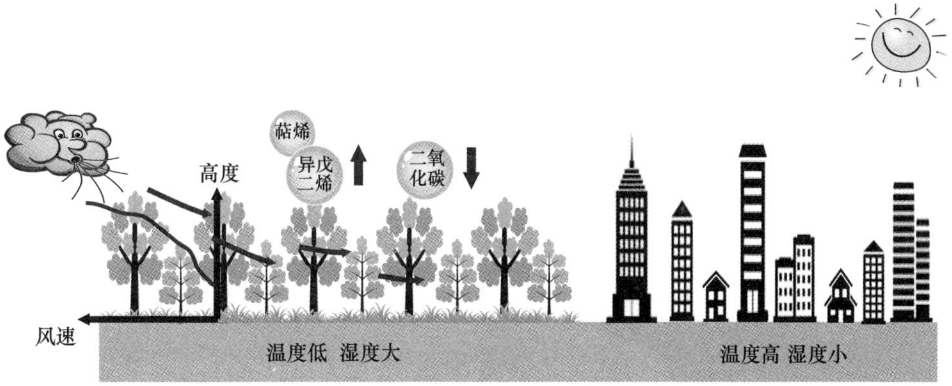

图 3.14　森林下垫面的环境气象主要特征概念图

3.3.2　农田环境气象

3.3.2.1　农田特点和概述

农田又称为耕地，是指可以用来种植农作物的土地，有水田、水浇地、旱地等分类。根据 2021 年《第三次全国国土调查主要数据公报》，我国耕地面积为 19.18 亿亩，64％的耕地分布在秦岭—淮河以北。黑龙江、内蒙古、河南、吉林、新疆等五个省(区)耕地面积较大，占全国耕地的 40％。

水田主要是指种植水稻及其他水生作物、每年有季节性积水的农田，分为平地水田和梯田水田两大类。水田多分布在水源丰富并有灌溉保障的地区。我国的水田集中分布在秦岭—淮河以南的广大南方地区。在北方水源条件比较好的地方，水田多呈现“大分散，小集中”的分布格局。其主要作物包括水稻、莲藕、席草等水生作物。

旱田通常是指种植旱地作物、一般不需要季节性灌溉的耕地，可分为平地旱地和坡地旱地，包括有灌溉条件的水浇地和无灌溉条件的一般旱地。我国的旱地集中分布在秦岭—淮河以北的广大北方地区，在不具备灌溉条件的南方丘陵山地亦广泛分布。其主要作物有莜麦、土豆、玉米、高粱、小麦、谷子、棉花、荞麦、各种蔬菜、油菜等。

3.3.2.2　农田环境气象特点

(1)风

农田在农作物生长的不同时期，作物高度、盖度等在不断变化，地表的空气动力学粗糙度(z_0)就会有较大的变化,地表的起动摩阻风速亦会随之变化。以种植小麦作物的农田下垫面为例,在小麦的不同生长时期,随着植株高度的增加和覆盖度的增大,地表的起动摩阻风速(u_*,也称摩擦速度)是不断增大的,无植被覆盖时的起动摩阻风速最小。一般来说,种植玉米、甘蔗等作物的下垫面,零平面位移高度相较于麦田、水稻田等较高。

(2)气温

农田温度的变化,主要是由于土壤表面或作物层中某高度面吸收或反射太阳辐射能而增减热量。增加的热量,少部分传向土壤深层,大部分直接与近地面大气层发生交换并调节农作物环境的热量。

旱田下垫面的温度一般有较大的日变化,水田下垫面的温度则日变化较小。由于水的热容量大,白天水层增温缓慢,夜间降温亦慢,温度变化较旱地缓和。在同样条件下,白天水田温度比旱地偏低,夜间则偏高,变幅较小。水田温度的变化还与水层深度有关。浅水层吸热散热快,温度变化大,深水层变化较缓和。

(3)湿度

农田下垫面的湿度与田间蒸发和气孔蒸腾有关。农田中的空气湿度状况主要取决于农田蒸散(即土壤蒸发和植物蒸腾之和)和大气湿度两个因素。农田作物层内土壤蒸发和植物蒸腾的水汽,往往因为株间湍流交换的减弱而不易散逸,故与裸地比较,农田中的空气湿度一般相对较高。

(4)边界层高度

农田下垫面的大气边界层高度变化整体上呈现夏天高,冬天低,白天高,夜晚低的典型特征。与其他下垫面不同的是,不同农作物以及不同生长期会导致农田的土壤含水量随时间变化,进而导致大气边界层高度的变化。

3.3.2.3 农田的施肥氨气排放和秸秆燃烧排放

农田排放的气体以施肥产生的 N_2O、NH_3 和稻田产生的 CH_4 为主,同时秸秆燃烧又会带来 PM 的大量排放,对大气环境带来影响。

(1)秸秆燃烧排放:我国是世界上主要的农业国家之一,农作物生产产生大量的农作物残茬,如水稻、小麦和玉米秸秆等,2000 年占全球农作物秸秆产量的 17.3%,居世界首位(毕于运 等,2010)。在夏秋收获季节,大量农用秸秆在短时间内通过燃烧去除,产生气态和颗粒污染物排放,如果这种排放在露天焚烧且不加以控制,会对城市和区域空气质量有一定影响。

(2)N_2O 排放:农田土壤是大气 N_2O 的重要源。农田土壤中微生物参与的硝化和反硝化过程所释放的 N_2O,约占生物圈释放到大气中 N_2O 总量的 70%～90%。N_2O 的排放与气温、土壤温度、土壤水分以及氮肥施用量有关,且不同作物对于不同影响因子的敏感度不同。例如在种植玉米的农田中,N_2O 的排放与地温的相关关系较弱，但与土壤含水量的相关性显著。施用氮肥会显著促进土壤 N_2O 排放，一般情况下排放量随着施用量的增加而增加。

(3)NH_3 排放：农业活动是大气 NH_3 最主要的排放来源，占人为源氨排放总量的 90%以上，其中农田氮肥施用贡献的氨排放占总量的 40%左右。过量的氮肥施用也导致大量的氮素通过氨挥发等方式排放到环境中。传统施肥条件下，我国农田氨挥发表现出较大的时空变异性，季节之间、区域之间、水田与旱地之间，以及作物种类之间的农田氨挥发均具有差异。

图 3.15 总结了农田下垫面的主要环境气象特征。

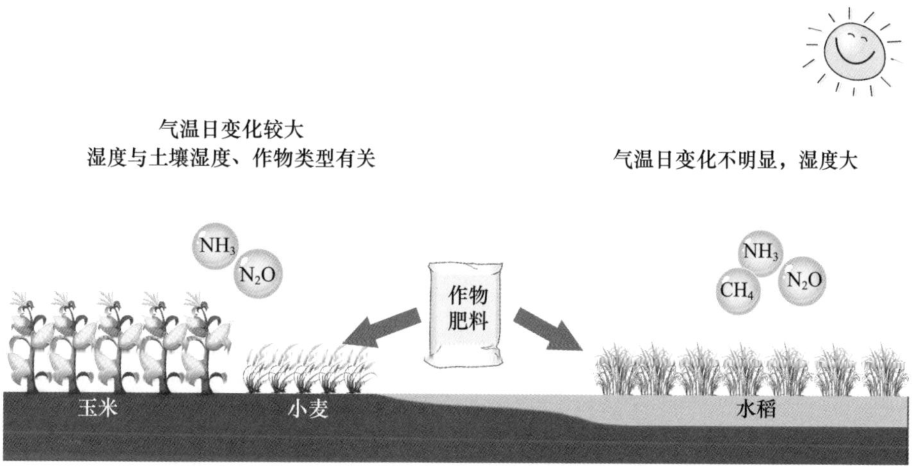

图 3.15 农田环境气象特征概念图

3.3.3 湿地环境气象

3.3.3.1 湿地特点和概况

湿地与森林、海洋并称为地球三大生态系统，具有涵养水源、净化水质、调节气候、维护生物多样性等多种生态功能，被誉为"地球之肾""物种基因库"。湿地是介于陆地生态系统(如森林和草地)与水生生态系统(如深水湖和海洋)之间的独特、复杂的生态系统。

湿地对人类与自然至关重要。总体来看，湿地只占地球陆地表面积的 6%左右，但却有 40%的动植物物种生活在其中，其拥有着自然界最富生物多样性的生态景观，是地球上具有多功能的独特生态系统。湿地一方面为人类提供水资源等大量的生产资料，另一方面又作为生态系统发挥包括保护生物多样性、蓄水抗旱、降解环境污染等作用。湿地生态系统能为人类可持续发展包括环境、气候、生态、社会、经济、科学等方面做出巨大贡献。

湿地形成的原因繁多，可能因海洋潮汐、暴风雨、地下水等多种自然因素导致，也可能因人类活动直接或间接形成。不同国家不同学派的学者对湿地的分类不同，目前采用比较广泛的是《湿地公约》的分类系统，将湿地定义为天然或人工的、永久或暂时的、死水或流水、半咸水或咸水的沼泽地、湿原、泥炭地或水域，包括低潮时水深不超过 6 m 的海水区域。共分为海洋(海岸)湿地、内陆湿地和人工湿地 3 大类，42 型。其中海洋(海岸)湿地 12 型，内陆湿地 20 型，人工湿地 10 型。我国 1992 年加入《湿地公约》，2009 年我国公布了国家标准《湿地分类：GB/T 24708—2009》，将湿地分为三级：第一级分类依据湿地成因，分为自然湿地和人工湿地两类；第二级分类依据自然湿地地貌特征；第三级分类则依据自然湿地的植被类型与水文特征。

我国湿地分布广，类型多，区域差异显著。红树林地、沿海滩涂、浅海水域等湿地集中分布在东部及南部沿海区域；森林沼泽、灌丛沼泽、沼泽草地等湿地集中分布在东北平原、大小兴安岭和青藏高原；具有显著生态功能的河流水面、湖泊水面和内陆滩涂等湿地集中分布在青藏高原和长江中下游地区；具有显著生态功能的水库水面、坑塘水面、沟渠等湿地集中分布在长江中下游地区和东南沿海地区。

3.3.3.2 湿地环境气象特征

湿地种类众多，但普遍缺乏长期连续的边界层气象观测，本节以观测试验结果为基础，简要概述三江源湿地和白洋淀湿地的环境气象特征。

(1)三江源湿地：三江源洪河国家级自然保护区的沼泽湿地毗邻许多农场及河流，三江源湿地保护较完整，与周边农田边界清晰，具有典型性、代表性，其包含了木本沼泽、草本沼泽和泥炭地，湿地类型丰富。三江源地区的沼泽湿地及周边农田边界层气象观测结果显示(拱秀丽 等，2011)，沼泽湿地与周边旱田两种下垫面的气温日变化规律基本一致，呈单峰型，但沼泽湿地具有缓解气温变化的作用，白天湿地气温低于旱田，而夜间湿地气温则高于旱田。湿地与旱田的相对湿度日变化规律也基本一致，呈单谷型，湿地上空湿度要高于旱田，并且随高度增加，湿地下垫面蒸发的水分对空气相对湿度的影响会逐渐减弱。

(2)白洋淀湿地：白洋淀是华北地区最大的淡水湖泊和湿地生态系统，366 km^2 的水域内，143 个淀泊星罗棋布，3700 条沟壕纵横交错，水产资源丰富，淡水鱼类、鸟类、水生植物品类繁多，是华北地区的“空调器”“晴雨表”，被喻为“华北之肾”。2017 年国家设立雄安新区，有序疏解北京非首都功能。雄安新区规划面积 2000 km^2，其中近 300 km^2 是白洋淀，未来还将增至 360 km^2。白洋淀湿地下垫面具有很强的非均匀性，从而白洋淀边界层体现出非均匀边界层结构的特点。

我国科学家在白洋淀湿地两次进行观测(甄灿明，2007)，总结出白洋淀湿地的环境气象主要特征如下。

边界层风：白洋淀湿地日间出现典型对流混合层的风速廓线形式，即风速垂直梯度很小；晚上出现典型夜间稳定边界层的风速廓线形式，即有低空急流出现，平均出现时间约凌晨 02 时左右。湿地中的水、陆两种下垫面都表现出夜间风速大于日间的特点，且湿地水域风速要比陆地的更大。在白洋淀湿地边界层气象观测期间，水、陆两种下垫面之间还出现弱局地环流，主要呈现为南北向环流。

边界层温度和湿度：白洋淀湿地温度、位温及比湿廓线均表现出日间对流混合层以及夜间稳定边界层相应的典型廓线分布特征。夜间也常出现多层逆温、多层逆湿现象，但水域下垫面的边界层高度、温度都比陆地下垫面要更高，比湿则是陆地下垫面高于水域下垫面。此外，白洋淀湿地边界层常有逆温出现，水域下垫面上此现象更频繁。

湿地下垫面能给边界层输送更多的水汽，在白天具有降温增湿的效果，在夜晚也能在一定程度上起保温作用。这种效应被称之为湿地的冷湿效应，其对局地天气、小气候有着独特影响。湿地的降温增湿效应与植被类型、湿地植被面积大小和植被茂密程度有关，植被越茂密，湿地植被面积越大，冷湿效应越强，并且多种植被的相互作用可以加强湿地的冷湿作用。此外，由于湿地下垫面的含水量明显区别于（通常明显高于）周边下垫面，这使得湿地附近边界层内容易产生局地环流。

综合文献资料，图 3.16 给出湿地下垫面边界层发展简图。

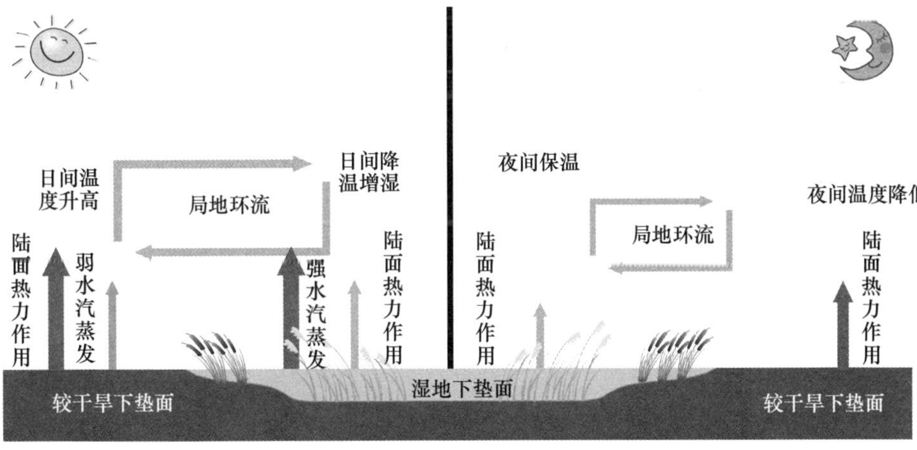

图 3.16　湿地下垫面边界层发展简图

3.3.3.3　湿地碳排放与碳吸收

湿地在全球碳循环中发挥着重要作用，其原因很大一部分在于湿地的高生产力和较低的有机质分解速率。湿地储存了全球约 1/3 的土壤有机碳，强大的固碳能力是湿地被认为是有效缓解气候变化的一个原因，另一个原因则是相比于其他如海洋这样巨大的碳储库，湿地中的碳与大气之间的交换、相互作用更加显著，活跃的碳氮生物地球化学循环使得湿地的温室气体生产、消耗和交换非常旺盛。湿地的碳源、汇问题在气候变化的背景下变得更加重要。

湿地湿润的土壤的厌氧环境刺激了大量 CH_4 的释放。CH_4 是仅次于 CO_2 的第二大人为排放的温室气体，具有强大的温室效应。湿地的 CH_4 排放量达全球 CH_4 排放的 20%以上，是 CH_4 最大的自然排放源。一般而言，湿地 CH_4 排放的高峰在夏季，春、秋季相对较低，如我国辽河三角洲湿地、三江源湿地的 CH_4 排放峰值都在 7—8 月；但地处热带的海南红树林的 CH_4 排放峰值却在春季。全球 CH_4 排放最活跃的湿地地区有温带的泥炭沼泽以及热带的森林沼泽。

影响湿地温室气体排放的因子主要有温度、水位和基质质量。较高的温度能促进土壤微生物活性，导致较高的 CO_2 排放，且温度也控制着 CH_4 的产生和氧化；基质质量能够影响湿地温室气体排放对温度的响应；水位不仅能影响 CO_2、CH_4 通量的大小，还影响通量的方向。一些研究认为，当水位下降或处于低水位时，某些湿地将从碳汇转变为碳源。此外，物种组成的改变、植物密度等因素，都对湿地碳源、汇有相当的影响。

由于湿地既有固碳功能，又有向大气排放甲烷等温室气体的效应，湿地是碳源还是碳汇在当前学界仍有争论。这与不同湿地中的植被类型、水淹条件和其他气候特点有很大关系，仍需要更多的研究。

3.3.4 草原环境气象

3.3.4.1 草原特点和概况

草原是由耐寒的旱生多年生草本植物为主（有时为旱生小半灌木）组成的植物群落，它是温带地区的一种地带性植被类型，是地球上分布最广的植被类型。草原生态系统是以各种多年生草本占优势的生物群落与其环境构成的功能综合体。草原生态系统的形成与气候有着密切的关系。水分与热量的组合状况，是影响草原生态系统分布的决定性因素。当土壤层薄或降水量少时，草本植物受影响小，而木本植物无法广泛生长。从地理分布上可以看出，草原多处于湿润的森林区与干旱的荒漠区之间（张坤 等，2018）。

我国是世界上草原资源最丰富的国家之一，草原总面积 3.928 亿 hm^2，占全国土地总面积的 40.9%，为现有耕地面积的 3 倍。它主要分布在干旱、半干旱地区中年降水量 400 mm 以上的地区，南方和东部湿润、半湿润地区以及东部和南部海岸带等，主要分为北方温带草原、青藏高寒草原、南方草山草坡。我国草原具有丰富的植被生态类型和草原景观类型，拥有大量世界著名优质牧草的野生种和伴生种。位于我国西南的青藏高原孕育了全世界最独特的高寒草原类型，形成东亚、东南亚、南亚的众多河流的发源地。我国呼伦贝尔大草原是世界著名的三大草原之一，这里水草丰美，景色宜人，有“牧草王国”之称。

3.3.4.2　草原环境气象特征

草原下垫面大多属于平坦下垫面，国内外很多研究机构都在草原地区开展过边界层观测实验研究。对大气边界层物理结构研究贡献最突出的两大野外实验，即澳大利亚 Wanggara 实验和美国 Minnesota 实验，均是在大范围平坦草地(草原)开展的。2012 年以来，我国科学家在东北半干旱区退化草地、内蒙古半干旱草原、湿润区高山草甸、半干旱的丽江高寒草地等草原下垫面进行过多年的大气边界层观测实验。草原环境气象特征可总结如下：

(1)草原气候特征

草原的气候属于沙漠气候和湿润气候之间的过渡性气候。其特征是降雨量偏少，以夏季降雨为主，气候干燥，高大的树木无法生长。草原地区冬季寒冷而漫长，夏季短促，气温不很高。但全年的日照时间较长，拥有较好的热量条件，适于牧草的生长。

(2)降雨和湿度特征

由于全年降水量分配不均匀，冬季和春季常发生干旱现象，这对春天播种和牧草的萌芽、生长均有不利影响。到了夏季，雨量集中，日照充分，植物生长所必需的水分和热量条件可同时得到满足，因而盛夏七八月份是草原的黄金季节，水美草肥，牛羊成群，庄稼茂盛。到了冬天，低温、大风席卷草原，常常造成风雪灾害，尤其是对牧畜的安全越冬影响很大。

(3)大气边界层特征

草原地区很多观测实验结果证明，莫宁(Monin)和奥布霍夫(Obukhov)在外场实验的基础上共同创立的近地层大气莫宁-奥布霍夫相似理论，适用于各类大气稳定度的近地层。2009—2010 年内蒙古草原近地层垂直风速廓线的观测数据分析表明：内蒙古草原近地层大气中，不稳定层结和稳定层结条件发生的概率远高于中性和弱不稳定、弱稳定层结的发生概率。稳定层结时，大气特性在垂直方向上变化较明显，需要按照不同的高度层分别研究其风速的变化规律。2006 年春季二连浩特气象站温、风、湿探空观测资料及朱日和气象站气象激光雷达资料分析内蒙古半干旱荒漠草原地区大气边界层的厚度、结构特征和变化规律结果显示，用探空资料得到二连浩特地区大气边界层总体厚度偏大，边界层最大厚度达到 2300 m，稳定边界层高度在 300 m 左右；1000 m 附近为风向的转变高度，其下全为偏东风，其上全为偏西风，边界层风速切变较大；午后到夜间，近地层有东风急流出现，急流最强可达 12 m/s，急流高度在 300 m；在 600 m 高度附近出现逆湿，低层逆湿现象夜间比白天显著。气象激光雷达资料显示，朱日和地区春季晴日混合层最大厚度可达 2400 m，出现在 16:00 左右。

3.3.4.3 草原火灾的气象影响因素及对生态系统的影响

草原火灾是指在草原地区发生的大规模火灾，其特点是火势迅速、范围广泛、破坏力强。草原火灾通常受到气象条件和人类活动的影响，如干旱、风力强、高温等天气因素，以及人类的放火、烧荒等活动都可能引起草原火灾的发生。

草原火灾主要发生在干燥季节。由于草原的气候特点，适度的地上可燃物储量和连续分布状况，并配合独特的天气气候条件，构成了草原地区高火险的特征。

气象因素的综合作用是火灾发生时间和出现区域的决定条件。气象因素的变化会直接影响可燃物含水率的变化，从而影响可燃物的引燃点，以及草原火的强弱。气温是直接影响草原火灾发生发展的因素，气温升高导致蒸发速度加快，可燃物含水率降低，大大增加了火灾隐患。降水能直接影响可燃物的含水率，同时降水也使空气湿度升高，进而减少草原火灾发生的危险性。风的加速蒸发作用使得可燃物含水率降低，还使得热平流增强，其流动性有助于氧气的补充，以达到助燃的作用。此外，草原上覆盖的丰富可燃物，遇到干雷暴天气也极易引起草原火灾。

草原火灾不仅会造成经济损失和人员伤亡，还对生态环境和人类生产生活带来严重威胁。草原火灾会破坏植被、土壤、水资源，导致沙漠化、土地退化、水源减少等问题，还会对野生动物造成极大的伤害。草原火灾是温室气体（CO_2、CH_4、N_2O）的重要排放源之一，这些排放可影响本地、区域和全球的大气化学氧化性和气候变化，并带来一系列生态环境问题。

图 3.17 总结了草原下垫面的主要环境气象特征。

图 3.17 草原下垫面环境气象概念图

3.3.5　水体环境气象

水体是指以一定形态存在于自然地理环境中的水的总称。如大气中的水；地表上的河流、湖泊、沼泽和海洋中的水；地下的地下水；生物有机体中的水等。本小节着重阐述湖泊和海洋的环境气象特征。

3.3.5.1　湖泊环境气象

(1)湖泊特点和概况

湖泊是指终年蓄积水，又不直接与海洋相连的天然洼地。全球湖泊超过 1 亿个，占地面积 270 万 km^2，占大陆总面积的 1.8%，水量占地球表面液态淡水的 87%。我国是一个多湖泊国家，共有湖泊 24800 多个，面积 1 km^2 以上的湖泊超过 2800 个。

(2)湖陆风环流

湖泊水体比周边陆地的比热容大，升温较慢，降温也较慢。白天湖泊温度相比陆地温度低，起降温作用，表现明显的冷湖效应；夜间湖泊温度相比陆地温度高，起保温作用，表现明显的暖湖效应；湖泊和周边陆地的温差可形成湖陆风环流。

(3)湖效应降雪

湖效应降雪，是指冬季冷空气流经暖湖面从中得到水汽和热能，而产生的降雪，包括湖面上和陆上降雪，发生在晚秋和冬季大湖的下风向地区，著名的有美国五大湖(又称北美五大湖)、大盐湖等。

图 3.18 为湖效应降雪机理示意图。冬季湖水的温度高于气温，当北方冷空气南下经过温暖的水面时，湖和大气之间将形成显著的温差。当空气冷时，较暖的水面向上传导热量，使其上空的空气趋于与水面的温度相同，但是在这个薄层之上，随着高度的升高空气温度快速递减。在冷空气经过一段显著的暖水面之后，随着近水面空气温度升高便与上空更冷的空气形成了条件性或者绝对不稳定的大气层结；同时，水面向上蒸发的水汽因冷却而达到饱和并凝结成小水滴和冰晶，形成云后产生降雪。当气团顺风离开暖水体到达陆地上空，地面的粗糙度使得摩擦力增大，风速减小，会引起湖岸线附近的空气辐合上升，若有地形抬升，可进一步加强水汽的上升冷却和凝结，使得湖效应降雪增强。影响湖效应降雪的因素，包括湖气温差、风向风速、大气稳定度、逆温层、冷空气穿越暖水面距离、地形、云物理过程以及天气尺度强迫等。关键因素有：①冷空气在经过暖水面时增温增湿，产生不稳定的温度垂直梯度；②由摩擦辐合和岸边的地形造成的抬升作用使得雪带发展和加强；③适度的风速和小的风向切变；④有利的云微物理过程。

与湖效应降雪类似的机制有：海效应降雪和海湾效应降雪。海效应降雪是指冬季冷空气流经暖海面后产生的降雪，包括海面上和陆上降雪。海效应降雪通常发生在中高纬度沿海特定的区域，如大西洋西岸的加拿大魁北克地区和大西洋东部的英

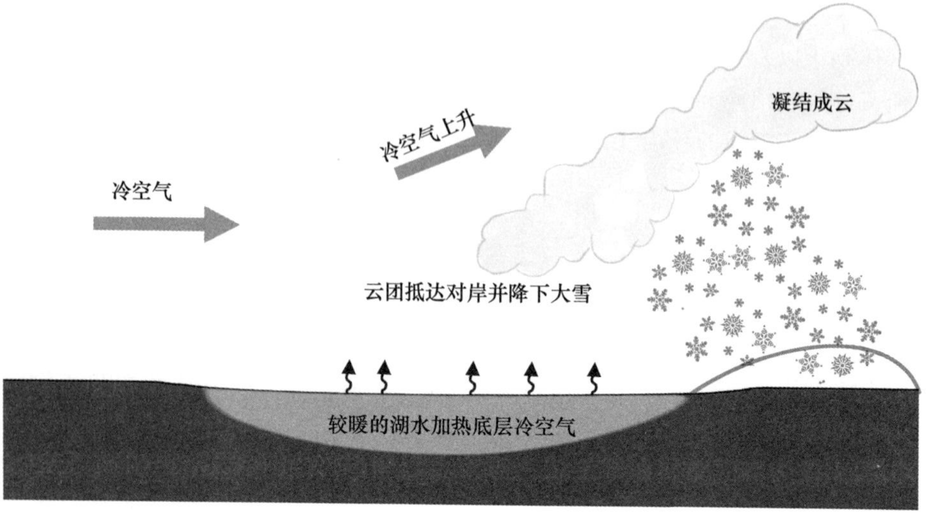

图 3.18 湖效应降雪机理示意图

格兰岛、日本海东部的日本西海岸等。我国渤海中东部、渤海海峡、黄海、东海海面及其沿海地区均可产生海效应降雪,以山东半岛的烟台和威海地区最为显著。若降雪发生在海湾附近又称为海湾效应降雪,如美国的特拉华海湾、切萨皮克湾和马萨诸塞湾,以及冷空气从东北方向穿越欧洲的芬兰湾、波罗的海后,到达瑞典东南部产生的降雪等。

3.3.5.2 海洋环境气象

(1)海洋特点和概况

海洋是地球表面被各大陆地分隔为彼此相通的广大水域的总称。海洋的中心部分称作洋,边缘部分称作海,彼此沟通组成统一的水体称为海洋。海洋总面积约为 3.6 亿 km^2,约占地球表面积的 71%,平均水深约 3795 m。海洋约占地球上总水量的 97%。地球四个主要的大洋为太平洋、大西洋、印度洋、北冰洋,大部分以陆地和海底地形线为界。

海洋是地球水圈的主体,不仅在地理环境物质、能量的循环与转化中起着重要作用,也是天气和气候的主要驱动力。海洋温度的波动能导致世界各地的天气气候发生剧烈的变化。

(2)海洋环境气象特征

海洋环境气象特征,包括海洋气候特征、海洋气象特征、海气相互作用和热量、水汽输送。

1)海洋气候特征:海洋性气候是由于海洋巨大水体作用所形成的气候,包括海洋面或岛屿以及盛行气流来自海洋的大陆近海部分的气候。海洋气候有以下特点：①气温年变化和季节变化都很小。海洋增温慢，降温也慢，气温年变化与年变化的极值一般比大陆后延1个月，如最冷月为2月，最暖月为8月。从全球气候来看，北半球海洋面积小于南半球，冬季平均气温北半球比南半球低，夏季平均气温北半球比南半球高。在北半球，冬季大陆气温低于海洋；夏季大陆高于海洋。由于海陆温度时空分布不均，从而产生了气压梯度，形成周期性季风，影响气候；②降水量的季节分配比较均匀，降水日数多，但强度小。③在热带海洋多风暴，如西北太平洋和我国南海是台风多生成的地区。

2)海洋气象特征：①在气温方面，日变化很小，在洋面上甚至观测不到日变化。海陆温度时空分布不均会产生气压梯度，形成海陆风，对天气造成影响。②在湿度方面，大气中的水分主要来自下垫面的蒸发，海洋水源充足，蒸发量远大于同纬度的大陆。距海越近，空气含水汽量越多，湿度越大；反之越少。③在云雾方面，沿海地区多云，向海岸云量增大，向内陆云量减少。海上雾日多，且以平流雾为主；大陆内部雾少，以辐射雾为主，多见于秋季，夜间或清晨时。其中平流雾是暖湿空气平流到较冷的下垫面上空时形成的雾，而辐射雾是由于下垫面夜间辐射冷却，使空气中水汽凝结而形成的雾。④在降水方面，海洋上空水汽虽多，但不一定多雨。这是由于形成降雨要有大量的水汽，并有足够的抬升条件，使湿空气冷却才能形成降雨。大陆上受海风影响的区域水汽充沛，降水会比同纬度的内陆或背海风的区域多。

> **平流雾**：暖湿空气平流到较冷的下垫面上空时形成的雾。
>
> **辐射雾**：由于下垫面夜间辐射冷却，使空气中水汽凝结而形成的雾。

3)海气相互作用：海洋通过洋流和大气环流的相互作用影响天气和气候的变化，而海气相互作用过程主要包括：①小尺度的湍流、涡旋，海气界面的湍流影响海气热通量和湿度通量，进而影响海洋大气的边界层结构；②中尺度和天气尺度的海气相互作用，其过程包括海陆风、锋面、台风以及风暴潮等；③大尺度的季风、信风、拉尼娜(La Nina)、厄尔尼诺(El Nino)/南方涛动(SO)等。

> **热带气旋**：发生在热带海洋上空的一种具有暖中心结构的强烈气旋性大气涡旋。台风、飓风都属于热带气旋，只是在不同的地区被赋予了不同的名称。
>
> **台风**：在西北太平洋地区(包括南海)发展形成的热带气旋。
>
> **飓风**：在北大西洋和东太平洋地区形成的热带气旋。

厄尔尼诺现象就是典型的海洋温度及洋流异常的现象，并通过海气相互作用影响全球气候。在正常的情况下，在太平洋东部，受洋流和信风的影响，东部海区的海水随南赤道暖流向西北流动，大洋东部有上升流补偿，表现为东部海区的水温低，西部的水温高。而当厄尔尼诺发生时，由于大洋东岸、秘鲁沿岸温度升高，致使秘鲁沿岸冷水上翻停止，上升流消失，使大气环流异常，降水发生变化。如1982—1983年的厄尔尼诺，使赤道东太平洋沿岸秘鲁的降水骤增，洪水泛滥；太平洋西侧的澳大利亚、印度尼西亚等地持续干旱，并引发森林大火，整个非洲更是干旱异常。我国气候也受厄尔尼诺现象的影响，如1998年我国长江流域发生的特大洪涝灾害的自然原因之一就是受到了厄尔尼诺的影响。

4)热量、水汽输送：全球的大洋环流，对高、低纬度间的热量输送和交换、调节全球的热量分布有重要意义。暖流对流经沿岸地区的气候起增温、增湿的作用。西欧海洋性气候的形成受北大西洋暖流的影响。寒流对流经沿岸地区的气候起降温、减湿的作用。沿岸寒流对澳大利亚西海岸、秘鲁太平洋沿岸荒漠环境的形成有一定的作用。如果洋流异常，就会使全球的大气环流发生异常，从而影响到气候。

(3)海盐气溶胶和卤素排放

海盐气溶胶是大气中最主要的自然源气溶胶之一，它主要是由海洋表面波浪、泡沫破碎等物理过程产生的。这些过程把海水中的盐分和其他微粒带入大气中，因此海盐气溶胶的组分与海水相当，主要包括氯化钠等盐类。海盐气溶胶对空气质量和气候都有重要的影响。海盐气溶胶与大陆的污染气团可发生大气化学反应，影响空气质量。海盐气溶胶还可以反射太阳辐射，产生冷却效果，还可以作为云凝结核，影响云的形成和性质，并影响降水。

海洋是全球卤素(主要是氯、溴和碘)排放的重要来源。海洋生物、如藻类和浮游生物，通过生物合成过程产生含卤素的有机化合物，而物理过程如海浪和泡沫破裂则将海水中的卤素离子转化为挥发性卤素化合物。这些化合物被释放到大气中后，可以通过光解和其他化学反应生成活跃的卤素自由基，如Cl和Br。这些自由基在大气中极具活性，能够参与臭氧层的破坏、影响地面臭氧和细颗粒物的形成，从而影响空气质量和气候。

(4)海洋在全球碳循环中的作用

海洋是一个大而强的碳库。人类每年产生的CO_2排放约有一半停留在大气中，而其余的CO_2被植被、海洋等储圈所吸收。海洋CO_2是全球碳循环至关重要的纽带，它在大气圈、水圈、生物圈和岩石圈之间碳的交换、流动过程中占主导地位，其含碳量为大气圈的50倍和生物圈的20倍。海洋与大气CO_2通常并不处于平衡状态，穿越海-气界面的CO_2通量大小和方向是由海气间CO_2分压差决定的。当海水CO_2分压大于大气CO_2分压，海洋成为大气CO_2的源，反之，海洋为大气CO_2的汇。

全球变暖对海洋碳循环有重要影响。全球变暖通过影响与海洋碳循环相关的物理、化学及生物过程，进而影响海洋对大气CO_2的吸收能力。海洋吸收CO_2可以减缓全球变暖的速度和趋势，然而 CO_2 与海水反应，降低了其 pH 值，这一过程称之为海洋酸化。随着海洋 pH 值的下降，其吸收大气中 CO_2 的能力降低，削弱了海洋减缓气候变化的能力。

图 3.19 总结了湖泊和海洋下垫面的主要环境气象特征。

3.3.6　沙漠环境气象

3.3.6.1　沙漠特点和概况

沙漠主要是指地面完全被沙所覆盖，植被、降水稀少，空气干燥的荒芜地区。沙漠约占地球陆地表面的 1/4，总面积近 $3.37\times10^7 km^2$，有 5 亿多人居住其中。沙漠通过其独特的气候或天气对全球产生了十分显著的影响，且呈进一步加剧的趋势。

世界上的沙漠包括热带沙漠和温带沙漠。热带沙漠主要分布于南北回归线附近的大陆西部和内陆地区，如亚洲西部、非洲北部、南北美洲西部和澳大利亚中西部地区。温带沙漠主要分布于温带内陆地区，包括亚欧大陆中部、北美洲中部，南美洲东南部因为地处背风坡，也有温带沙漠分布。

由气候因素而形成的沙漠集中分布在南北纬度 15°～35°之间。在南北回归线附近的区域，由于常年受到副热带高气压带的控制，盛行下沉气流，降水稀少，容易形成沙漠，多为热带沙漠，比如非洲北部的撒哈拉沙漠、阿拉伯半岛、智利北部、澳大利亚中西部地区多是此类成因。在大陆的内陆地区，由于深居内陆距海遥远，海洋水汽难以到达，从而降水稀少，容易形成沙漠，多为温带沙漠，比如亚欧大陆的内陆中亚地区、我国的新疆、内蒙古等地的沙漠成因大多如此。

受地形因素影响而形成的沙漠多分布于北半球北纬 35°～50°之间，集中分布于亚洲的中部和美国西部。南美洲南部安第斯山脉东侧的巴塔哥尼亚沙漠，是由于位于盛行西风的背风坡，由于焚风效应，降水稀少，气候干旱，从而形成沙漠。除了自然原因之外，沙漠的形成还和人类活动对于植被的大量破坏有一定的关系。

我国沙漠总面积约占全国陆地总面积的 13%。我国西北干旱区是我国沙漠最为集中的地区，约占全国沙漠总面积的 80%，主要沙漠自西向东有塔克拉玛干沙漠、古尔班通古特沙漠、库姆塔格沙漠、柴达木沙漠、巴丹吉林沙漠、腾格里沙漠、乌兰布和沙漠和库布齐沙漠等八大沙漠。

3.3.6.2　沙漠环境气象特征

沙漠下垫面除了有沙漠，还有绿洲和戈壁。沙漠是指覆盖着大量沙子的干旱地区，而绿洲是沙漠中的肥沃地带，通常位于水源附近，如河流、湖泊或地下水涌出的地方。戈壁是介于沙漠和绿洲之间的干旱区域，通常覆盖着砾石、沙砾和较少的沙子。沙漠、绿洲和戈壁三者共同形成了沙漠下垫面特殊的环境气象。

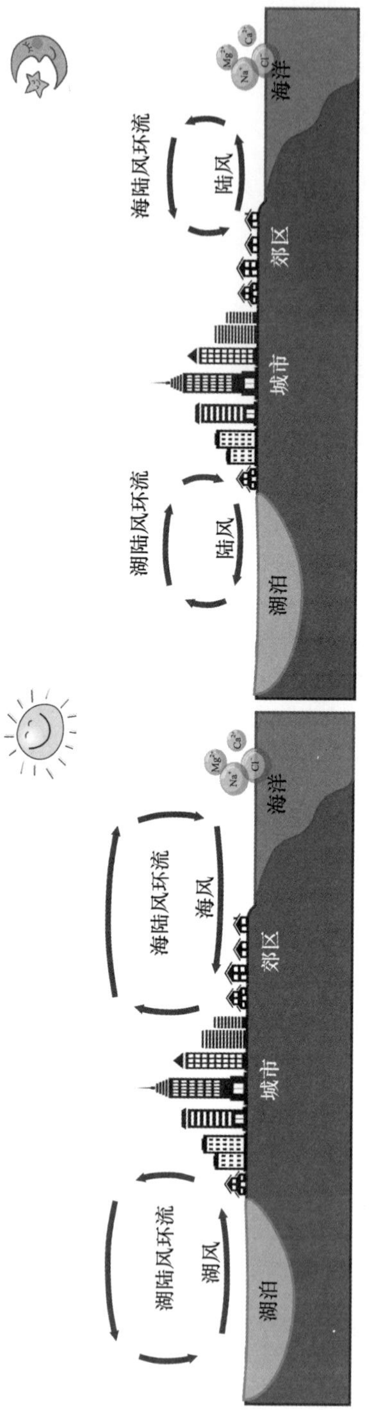

图 3.19　湖泊和海洋下垫面环境气象概念图

(1)沙漠

沙漠地区气候干燥,雨量稀少,年降水量在 250 mm 以下,有些沙漠地区的年降水量甚至在 10 mm 以下(如我国新疆的塔克拉玛干沙漠),但是偶然也有大雨。沙漠地区的蒸发量很大,远远超过当地的降水量;空气的湿度偏低,相对湿度可低至 5%。

沙漠下垫面比热容小,受太阳辐射影响较大,因此沙漠地区气候变化颇大,平均年温差一般超过 30 ℃;绝对温度的差异,往往在 50 ℃以上;日温差变化极为显著,夏秋午间近地表温度可达 60～80 ℃,夜间却可降至 10 ℃以下,比湿的变化一般与气温相反。沙漠地区经常晴空,万里无云,风力强劲。

沙漠通常具有深厚的边界层高度(3～4 km),由于少云、地表干燥,沙漠地表温度变率大,沙漠近地表空气温度变率小,引发沙漠垂直热对流加强,导致沙漠湍流混合层加深,沙漠边界层高度较高(张强 等,2019)。撒哈拉沙漠边界层高度可达到 5～6 km,是地球上最深厚的边界层。

(2)绿洲

绿洲是沙漠和戈壁地区中一片相对富含水源的地带,通常由一条河流、湖泊或地下水提供水源。绿洲的存在使得周围的地区相对较为宜居,支持着植物生长和人类定居。绿洲作为干旱荒漠背景基质上的异质,地表植被形态、温度、湿度、粗糙度等性质在空间上有系统性不均匀分布,它们能够在较小尺度上引起大气的响应和影响大气的运动过程,形成一些特殊的气候特征。

绿洲效应最显著的特征是“冷岛效应”。绿洲周围大尺度的热空气通过水平热平流和水平湍流运动会源源不断地自干旱荒漠向绿洲“冷岛”输送。在这种来自周围环境的热空气强迫下,白天会在绿洲上空 200 m 左右形成一个较强的、稳定维持的大气逆温层和向下输送的感热通量层;即使在地表加热较强时大气温度也仅在近地层靠近地表的薄层出现超绝热递减,维持不稳定层结和向上输送的感热通量。白天绿洲边界层下部大气的逆温结构,能够有效抑制绿洲近地层冷空气向高层大气扩散,从而反过来也使得绿洲大气的“冷岛”结构得以加强和维持。在边界层内绿洲比湿总体来说高于戈壁或沙漠环境,但也有部分水汽以平流形式输送到周围戈壁或沙漠环境中。图 3.20 为沙漠绿洲效应概念图。

(3)戈壁

作为介于沙漠和绿洲的干旱地带,戈壁的环境气象特征主要受其干燥、贫瘠的地表特性影响。戈壁地区地表温度的日较差很大,白天温度可以非常高,而夜间温度迅速下降。这是因为裸露的地表在白天快速吸热,而在夜间迅速散热。戈壁地区有着低潜热通量和高感热通量,潜热通量低是由于缺乏植被和水分,感热通量高与高日较差和地表裸露的特性有关。在风速方面,由于地表粗糙度较低,戈壁地区的风速可能更大,波动也更明显。

沙漠和戈壁都是干旱地区,具有高温和低湿的特点。不过,沙漠通常有更深的

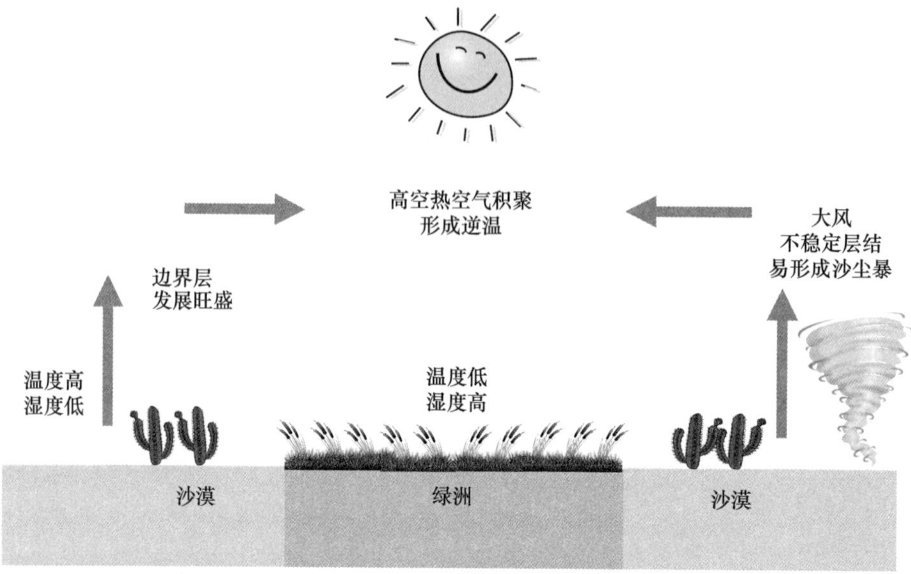

图 3.20　沙漠绿洲效应概念图

沙层，风力更强时会引起沙尘暴。而戈壁地区则常由石砾、岩石等构成，表面更加坚硬和稳定。沙漠的温度波动也很大，但由于沙漠的沙子可以储存更多热量，夜间的温度下降可能不如戈壁那么剧烈。

与绿洲相比，戈壁更干燥、温度更极端，植被稀疏，因此风速更大，温度日较差更大。夏季绿洲地表热量平衡以潜热为主，而感热很小，同湿润地区类似。这是绿洲有较大蒸散所致。但夏季戈壁热量输送却以感热为主，潜热很小，并在白天常出现逆湿造成的负水汽通量，负水汽通量是逆湿层造成的，是绿洲向戈壁水汽平流输送的结果。冬季，绿洲和戈壁热量平衡相似，热量输送都以感热为主，潜热很小。这主要是因为冬季绿洲植被枯萎，绿洲地表热力特性已接近戈壁，它们之间的相互作用也很小。这时冷岛效应或逆湿现象也相应减小或消失。

3.3.6.3　沙尘排放和沙尘暴

沙尘天气作为一种灾害现象严重地影响着人们的日常生活。从全球范围看，沙尘暴主要发生在干旱、半干旱地区。北非撒哈拉沙漠、我国西北部、澳大利亚西部、北美西南部是沙尘暴的 4 个主要源地。在我国，塔克拉玛干沙漠和内蒙古戈壁是两个主要的沙尘源。塔克拉玛干沙漠地处南疆无人区，南侧和北侧被昆仑山脉和天山山脉包围，尽管沙尘活动频繁，但对社会经济和人类生产、生活的影响很小。内蒙古戈壁地区（包括甘肃河西走廊、宁夏、内蒙古中-西部）的沙尘暴次数虽然少于塔克拉玛干沙漠地区，但该区域人口众多，工农业活动强度大，因此沙尘暴造成的影响远大于塔克拉玛干沙漠。不仅如此，内蒙古地区的沙尘暴除造成本地损失外，还波及其下游人口更稠密的华北(陕西、山西、京津冀)和东北地区(内蒙古东部)，甚至随着西风急流输送到东北亚和太平洋地区。1995—2008 年，内蒙古地区共发生沙尘暴 998 次，其中特强沙尘暴就有 59 次。2006 年 4 月 16 日这一天中，来自内蒙古的沙尘在北京的沉降量高达 33 万 t 左右。

强风、强热力不稳定和沙源分别作为动力因子和物质基础，是沙尘暴形成的三个重要条件，其中沙源主要决定了沙尘暴发生的区域。我国的沙尘暴主要发生在北方地区，其中南疆盆地、青海西南部、西藏西部及内蒙古中西部和甘肃中北部是沙尘暴的多发区，年沙尘暴日数在 10 d 以上，南疆盆地和内蒙古西部两地的部分地区超过 20 d；准噶尔盆地、河西走廊、内蒙古北部等地的部分地区 3～10 d；西北的东南部、华北的中南部和东部、黄淮、东北的中西部及新疆、青海、湖北等省(区)的部分地区在 3 d 以下。从季节来看，春季是我国沙尘暴多发季节。从我国各月沙尘暴的日数占全年的百分比来看，4 月最多，占全年的 22.7%；5 月次之，占全年的 16.8%；10 月最少，仅占全年的 1.8%。

一些沙尘暴天气可给能见度和空气质量造成重要影响，如 2021 年 3 月 14 日夜间，内蒙古中西部至河北西北部一带出现大范围沙尘暴、扬沙和浮尘天气，能见度在 1 km 左右，局地不足 300 m。受上游沙尘输送影响，2021 年 3 月 15 日早晨，北京市 PM_{10} 浓度显著升高，出现沙尘暴天气。根据北京市生态环境监测中心监测数据，大部分地区 PM_{10} 浓度超过 2000 $\mu g/m^3$，海淀四季青站达 3572 $\mu g/m^3$。大部分地区能见度 300～800 m。这次沙尘天气过程是近十年以来我国北方最强的一次沙尘暴天气过程(Yin et al.，2022)。

3.3.6.4 沙尘对全球环境变化的影响

沙尘在空气中的传输可将沙尘从干旱区传输到非沙漠区的海洋及大陆。这一物理过程不仅给沙漠附近地区的空气质量带来了负面的影响，而且还对全球气候和人们生活产生多种影响，主要包括以下几种：

(1)对大气环境的影响：沙尘不仅通过提供表面和媒介参与大气化学反应，影响大气中的化学物质浓度和分布，还可以作为凝结核影响云的形成和演变，改变天气和降水模式。此外，沙尘不仅能够大幅降低能见度，影响地面及空中运输，增加航空安全风险，磨损机身和损伤引擎，还通过悬浮和沉积改变地-气之间的反照率和辐射作用，影响能量平衡和大气的垂直温度结构，对气候和天气产生显著影响。

(2)对生态系统的影响：沙尘对生态系统的影响是双面的：一方面，地表尘土沉降物为大陆和海洋生态系统提供微量营养物，有助于养分循环；另一方面，对农业造成多种不利影响，包括埋秧、导致植物组织损失、降低光合作用活性以及加剧土壤侵蚀，降低作物产量。此外，间接尘土沉降还可能堵塞灌溉渠道、影响江河和溪流的水质，对更广泛的生态系统产生负面影响。

(3)对人类健康的影响：在炎热干燥天气条件下，尘粒的吸入可损伤鼻黏膜和喉黏膜，给细菌感染创造有利条件。在不同天气和气候条件下，沙尘暴可能悬浮于空气中长达几天，造成远距离之外地区过敏或传染性疾病的爆发。沙尘中携带有过敏原和微生物，可能导致远距离地区的过敏或传染性疾病爆发。

3.3.6.5 人工影响沙漠环境气象

荒漠化作为全球面临的重大环境问题之一，严重威胁着生态安全和可持续发展。近40多年来，我国启动了包括“三北”(西北、华北、东北)防护林体系建设工程、京津风沙源治理、天然林保护、退耕还林还草等16项投资巨大、影响深远的生态修复工程。

“三北”防护林体系东起黑龙江宾县，西至新疆的乌孜别里山口，北抵北部边境，南沿海河、永定河、汾河、渭河、洮河下游、喀喇昆仑山，包括新疆、青海、甘肃、宁夏、内蒙古、陕西、山西、河北、辽宁、吉林、黑龙江、北京、天津等13个省(区、市)的559个县(旗、区、市)，总面积406.9万km^2，占我国陆地面积的42.4%。“三北”工程大规模植树造林种草，持续修复自然生态，四大沙地(毛乌素沙地、浑善达克沙地、呼伦贝尔沙地和科尔沁沙地)的生态得到明显的改善，沙漠化程度持续减轻。

毛乌素沙漠变绿洲是我国防沙治沙的一个典范。毛乌素沙漠曾是我国四大沙地之一，位于陕西省榆林地区和内蒙古自治区鄂尔多斯市之间，面积约4.22万km^2，横跨宁夏、陕西、内蒙古三省(区)，以新月型沙丘和沙丘链为主。新中国成立70多年来，大力兴建防风林带，引水拉沙，引洪淤地，开展了改造沙漠的巨大工程，流动沙丘全部得到固定。经过几代治沙人的不懈努力，有着上千年历史的毛乌素沙漠在陕西被“赶走”，现已变成了“毛乌素绿洲”。陕北地区实现了从“生命禁区”到“塞上绿洲”的逆转，是人与自然和谐相处的生动典范。

3.3.7 雪盖冰川环境气象

3.3.7.1 雪盖冰川特点和概况

雪盖，亦称积雪或雪被，主要覆盖在陆地和海冰表面，尤其是在寒冷气候和高海拔地区如山顶、高原和北极圈等。雪盖的厚度和稳定性随地区和季节变化，分为永久积雪和季节性积雪，后者又可细分为稳定积雪和不稳定积雪。雪盖对地表水热平衡及生态环境产生影响，是重要的淡水资源。

冰川，由降雪和其他固态降水在极地气候与高山气候中积累、演化而成，处于流动状态的天然冰体。冰川分为大陆冰川和高山冰川两大类。大陆冰川，又称冰盖，指覆盖在陆地上并延伸超过5万km^2的巨大冰川冰块。地球上只有两个冰盖，分别是南极冰盖和格陵兰冰盖。南极冰盖的面积近 1400 万 km^2，大约相当于美国本土和墨西哥的总面积。格陵兰冰盖的面积约为 170 万 km^2，覆盖了格陵兰岛的 80%。冰盖覆盖广泛区域，储存大量淡水，对全球气候和海平面有显著影响。高山冰川，又称山岳冰川，规模较小，不仅存在于两极，而且存在于全球的高山地区。其主要分布在冬季降雪量高、夏季温度低的中低纬高山区，越接近赤道，越需要更高的海拔来获得所需的降雪和更低的温度，以确保冬季积累的雪不会在夏季融化。高山冰川的规模差异很大，小的不足 1 km^2，大的可达 1 万 km^2 以上。高山冰川规模较小但分布广泛，对地区水资源和生态系统至关重要。

我国的冰川都属于高山冰川。其总面积约 5.18 万 km^2，约占我国国土面积的 0.54%，新疆和西藏的冰川面积和冰储量约占全国冰川总面积的 9/10。从冰川海拔分布来看，海拔 4500～6500 m 之间是冰川集中发育区域，约占全国冰川总面积的 4/5 以上。

3.3.7.2　雪盖冰川环境气象特征

(1)极地地区

北极和南极都属于极地气候，其特点是常年低温，平均气温为－50～－30 ℃，且常有强风存在，风速可达 200 km/h。极地地区降水稀少，多以雪和霜的形式存在，云层的覆盖率较高，光照时间极端，夏季形成极昼，冬季形成极夜。然而，北极和南极环境气象特征也存在显著差异。

北极地区主要是被陆块包围的海洋，适宜储存夏季的热量，用以减弱冬季寒冷的程度，所以，北极地区的冰雪总量，只接近于南极的 1/10，且大部分永久性冰雪集中在格陵兰岛的冰盖中，其他地方的永久性冰雪量仅占很小部分。北冰洋对温度的调节作用使得其平均气温变化相对南极较小，北极的平均气温在冬季约为－29 ℃，夏季约为－10 ℃。

南极位于南极洲大陆的中部，以陆地为主，储存热量能力很差，因此该地区 95% 的地方，仍为厚厚的冰层所覆盖。南极的气候比北极的气候要寒冷和干燥得多。平均气温在冬季约为－49 ℃，夏季约为－28 ℃。南极也是地球上最干燥的大陆，降水极少，湿度极低。

(2)高山雪域

高山雪域具有低温干燥的特点。常年低温、日温差大，不同海拔的气温和气象条件差别很大。降水少，空气干燥，从而导致土地、草原、森林等生态系统环境干旱。高山雪域海拔较高，平均气压较低，空气稀薄。由于稀薄的空气，高山地区常有云雾盘旋于山峰间，高山地区的降水多数集中在山顶附近，表现为雪或冰雨。高山地区气流复杂多变，呈现山谷风、热气流、垂直气流等一系列风系统，风速可达数十米每秒，易形成雪崩、雪堆等现象。

3.3.7.3 极地边界层特征

边界层逆温是极地大气边界层的主要现象之一。以冰、雪为主要下垫面的区域存在一个重要特性就是其较高的地表反照率,高达90%的太阳辐射被雪面和冰面反射,从而导致逆温。在南极地区,低空对流边界层中逆温现象普遍存在,这主要与该地区近地面层的辐射冷却有关。在极地,地表由于长时间的辐射冷却,地面温度低于上层大气,形成逆温层结。同时,南极近地层大气中的暖湿混合过程显著,利于凝结潜热的释放,这种增温作用有利于逆温和逆湿层结的维持。

在南极高原上空,在900 m以下存在一个稳定边界层,具有逆温和逆湿层结特征。900～3400 m存在显著的埃克曼层结构和深厚的行星边界层。埃克曼层中,风速随高度增加较快,风向发生左转,层结稳定。

在北极,近地层同样存在逆温结构,且高空急流特征比较显著,而低空急流较弱,大部分的低空急流发生在逆温层以下。北极边界层逆温具有较强的年际变化和空间变化,高纬度密集冰区观测到更多的强逆温现象,这主要是由于海冰分布的差异导致的。冰表面融化、辐射冷却、多层云的结构和暖平流对边界层逆温有着程度不同的贡献,其中表面融化和空气平流对冰区边界层逆温的形成起着非常重要的作用,而辐射冷却是开阔水域边界层逆温的主要成因之一。

图3.21给出极地边界层概念模型。

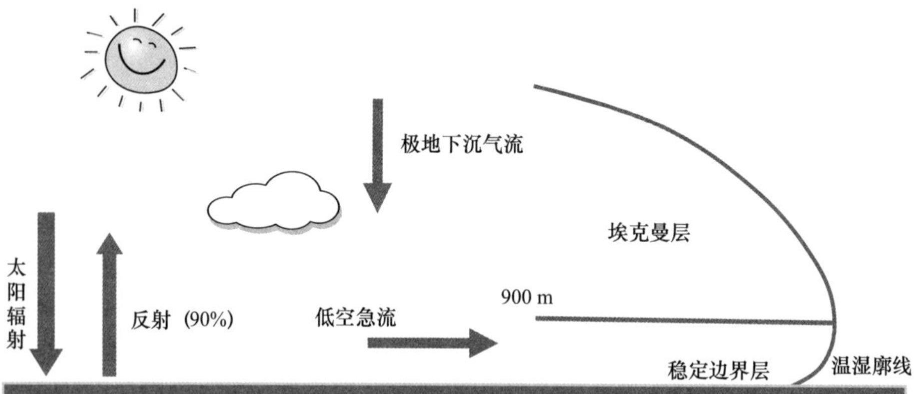

图3.21 极地边界层概念模型

3.3.7.4 气候变暖的影响

积雪是冰冻圈的重要组成部分之一,雪盖对气候变化具有高度敏感性和重要反馈作用。气候变暖对冰冻圈的影响,除了雪盖的减少以外,还体现在山地冰川量的缩减、多年冻土层和冻土的变化、北冰洋海冰面积的缩减、格陵兰冰盖沿海部分变薄的速度超过内陆因降雪增加而变厚的速度、季节性冻土的减少和江河湖泊冰盖的减少。近百年来，冰冻圈的元素处于不断撤退的状态，威胁着水资源的安全，导致了海平面上升、突发性洪涝灾害等一系列重大生态环境问题。

以冰、雪为主要下垫面的区域，存在一个重要特性就是其较高的地表反照率，高达 90%的太阳辐射被雪面和冰面反射。冰雪与气温之间容易形成正反馈，即气温升高导致冰雪消融增多，而冰雪消融后使没有冰雪覆盖的裸地能吸收更多的太阳辐射，加热大气，进一步加剧冰雪消融。在当前全球变暖的背景下，这种正反馈效应进一步加剧了气候变暖。

3.4 不同人为下垫面的环境气象特征

人为下垫面是指由人类活动所引起的地表特征和覆盖，与自然地表形成的自然下垫面相对。人为下垫面按照人口聚集规模可分为乡村，城市和城市群。本节将分别介绍乡村、城市、城市群、湾区城市群不同下垫面的环境气象特征。

3.4.1 乡村环境气象

3.4.1.1 乡村特点和概述

乡村是指乡村地区人类各种形式的居住场所(即村落或乡村聚落)。乡村又称非城市化地区，相对城市来说，乡村是以从事农业为主要生活来源、人口较分散的地方。在我国，乡村通常指县城以下的广大地区。

3.4.1.2 乡村环境气象

乡村人工建筑物相对较少，而且分布稀疏，对自然环境的破坏较少。乡村的环境气象更多受到自然下垫面的影响，因此其环境气象特征与自然下垫面相似。通常乡村下垫面环境气象有如下特点：

(1)在气温方面，乡村地区的气温特征主要受地理位置、海拔、植被覆盖和人类活动的影响。与城市相比，乡村地区往往有更大的日夜温差，原因在于缺少城市的热岛效应。城市中的建筑物和道路吸收白天的热量并在夜间缓慢释放，而乡村地区的自然植被和开阔地形使得热量快速散失，导致夜间更凉爽。类似地，季节变化在乡村地区通常比邻近城市地区明显，尤其是在内陆地区。乡村地区的微气候效应也不容忽视，例如山谷可能利于储藏冷空气，形成冷池效应。

(2)在湿度方面，乡村地区的湿度更容易受到植被和降水的影响。乡村自然植被通常更多，通过蒸腾作用释放大量水分到大气中，使空气的湿度增大。

(3)在风场方面，乡村地区的风特征受地形和植被覆盖的显著影响。由于缺少高楼大厦的阻挡，风在乡村地区通常更为强劲且方向更一致。这种开阔空间的风对农业有直接影响，例如它可以减少霜冻的风险，但同时也可能导致土壤侵蚀。山脉和谷地等地形可以产生山谷风等局地环流，这些自然风可以帮助调节温度，分散种子和花粉，并促进生态系统的多样性。

(4)在降水方面，乡村地区的降水量通常反映了该地区的自然气候特征。相比城市地区，乡村的降水更少受到人为因素的影响，降水模式和降水量更遵循自然气候节律。植被的类型和分布，以及地形的差异(如山脉和平原)，都会影响降水的分布和量。例如，山区的迎风坡通常比背风坡接收到更多的降水。

(5)在空气质量方面，乡村地区的空气质量通常比城市更好。这主要是因为缺乏大规模的工业活动和较低的交通密度。

每个乡村地区的具体气象特征，可能会根据其具体地理位置、海拔、植被类型和其他环境因素而有所不同。我国不同区域的气候和环境气象差异很大，乡村传统房屋建筑形式和住宅选址都与当地环境气象条件有关，需要因地制宜建设。我国位于地球北半球、欧亚大陆东部，大部分位于北回归线以北，一年四季阳光都从南方射入，乡村住宅选址通常遵循“坐北朝南”的原则，这是因为朝南的房屋便于采光，在冬季还可以避寒风。

3.4.1.3 乡村人为活动排放

乡村一般工业生产较少，人为活动排放主要包括生活垃圾焚烧、秸秆焚烧、畜牧业排放和施肥氨气排放等。

(1)生活垃圾焚烧：乡村生活垃圾传统处理方式为堆放、填埋和焚烧，焚烧多为直接焚烧或收集成堆后露天焚烧。现代乡村已开始集中收集高温焚烧，即将垃圾收集后投入特制的焚烧炉中，在高温条件下将其燃烧掉，同时通过净化处理将烟气中的有害物质去除，最终将产生的灰渣进行处置。垃圾焚烧烟气中含有多种污染物，包括有害气体、颗粒物和重金属等。

(2)秸秆焚烧：秸秆焚烧是乡村处理农作物秸秆的主要方式之一。焚烧后，秸秆中的有机物质被氧化分解，释放出二氧化碳等，同时也产生一定量的灰渣和烟气。

(3)畜牧业排放：畜牧业排放指的是畜禽养殖和相关加工业产生的废水、废气、废渣等有害物质和臭味等污染物排放。废水排放是指畜禽养殖中，动物排泄物、饮水、清洗饮水设备等会产生大量的废水，其中含有大量的有机物质、氮、磷等营养元素和细菌病毒等有害物质。废气排放是指动物的排泄物和粪便等在储存和处理过程中会产生大量氨气、甲醛、挥发性有机物等物质和一氧化碳、二氧化碳等温室气体等。废渣排放是指畜牧业相关加工业中，动物饲料残渣、生产废水中的污泥、粪便等固体废弃物。

(4)施肥氨气排放：在农田施用化肥时，肥料中的氨气会挥发到空气中。氨气是化肥中常见的挥发性气体，其挥发会导致肥效降低，并通过形成细颗粒物等对空气质量和生态环境产生一些负面效应。

3.4.1.4　乡村建设对改善乡村人居环境的影响

根据国家统计局发布的数据，2022 年末我国还有近 5 亿人在农村，占全国人口比重的 34.78%。乡村建设是我国实施乡村振兴战略的重要任务，也是国家现代化建设的重要内容。我国非常重视“美丽乡村”建设。党的十八大以来，开展农村人居环境整治，村庄基础设施显著改善，乡村面貌发生巨大变化。随着村庄基础设施的改善，乡村农业和生活可以通过应用先进科技适应乡村气候、气象特点，同时也有效地控制了乡村污染物的排放。2022 年国家出台《乡村建设行动实施方案》，对扎实推进乡村建设行动、进一步提升乡村宜居宜业水平具有重要指导意义。

3.4.2　城市环境气象

3.4.2.1　城市下垫面特点

城市是人口相对稠密、社会经济文化较为发达、具有相对完善的基础设施和服务设施，以及相对集中的行政管理体系的居住区域。近几个世纪以来，全球人口急剧膨胀，而且有越来越向城市集中的趋势。据统计，世界人口密度平均为 28 人/km^2，而城市人口每平方千米却有数百人乃至数万人。城市通常以建筑物和街道网络为特征，提供各种公共服务、文化和商业设施，同时具有较高的人口流动性。城市环境有下垫面复杂多样、排放多源多样两个主要特点。

(1)下垫面复杂多样：城市下垫面复杂多样。在城市中，道路和建筑物形成了特殊性质的下垫面。城市中人工建筑物、构筑物高度集中，以坚硬密实、干燥而不透水的建筑材料代替了原来疏松和植物覆盖的土壤或空旷的荒地。道路纵横交错、建筑物参差不齐，使城市的轮廓忽升忽降。这样的下垫面，无论在物质构成上，还是几何形状上，都与郊区及乡村大不相同。下垫面的复杂多样对城市空气的温度、湿度、风速、风向等都有很大的影响，这是导致城市气候与郊区不同的重要原因之一。同时城市用地由于使用目的不同，又可分为不同的类型，各种用地的功能不同，其下垫面性质也相应地有很大差异，这是造成城市内部气候区域差异的主要原因之一。由城市的特殊下垫面特征，决定了其地面动力学粗糙度增大，地面热容量和热释放量也都比非城区条件下明显增加。

(2)排放多源多样：城市是污染物、人为热、人为水汽的大量释放区。城市人口密集，工业发达，交通繁忙，造成城市空气污染排放具有多源、多样性和密集型的特点，污染影响程度较深，危害较大。

城市边界层微气象学特性的形成，是人为局地气象学变性的一个典型例子。由城市下垫面特征决定，其变性的支配因子和物理机制主要有 4 方面特点：①下垫面性质的改变影响了自然的辐射平衡。例如，大面积的水泥和砖石替代了乡间平坦地面上的植被，改变了辐射状况；②城市建筑物成为气流流动的障碍物，改变风和湍流特性，而汽车交通又构成流动的局地扰动源；③由湿润下垫面改变成干燥地面，从而改变了原来的水汽平衡；④城市向大气层不断释放热量、水蒸气和污染物，影响环境气象特征（蒋维楣 等，2004）。

3.4.2.2 城市风场和湍流特征

城市下垫面对低层气流和湍流特征产生显著的影响。城市下垫面具有较大的粗糙度，会影响风速及湍流特征，而热力因素也会激发局地环流。因此，城市边界层内的风场结构是极为复杂的。城市风场的研究已成为城市环境气象的重要组成部分，而城市风场特征也是城市规划、工业布局、城市建筑和环境保护等工作的重要依据。

(1)城市边界层流场的垂直结构

城区下垫面远比乡间粗糙，当气流自乡间平坦地面吹向城市区时，风场结构会发生变化。首先，城区很大的粗糙度使得市区上空的平均风速大约比乡间上空的风速小30%～40%，10 m高度上的平均风速则更可小50%以上，这种风速减弱现象，还随着大气层结稳定度增加而更加显著。另一方面，城市的存在会使来流弯曲，改变方向可达±30°，即使是在200 m的高空，风向改变亦可达6°～10°。城市下垫面较大的粗糙度会减小平均风速、降低风速梯度，使风向摆动增大、湍流强度增强。

结合在第2章学习的近地面风廓线变化特征，通过图3.22我们可以看到从城市到郊区、乡间，随着粗糙度的减小，影响层的厚度变浅，而廓线变陡。

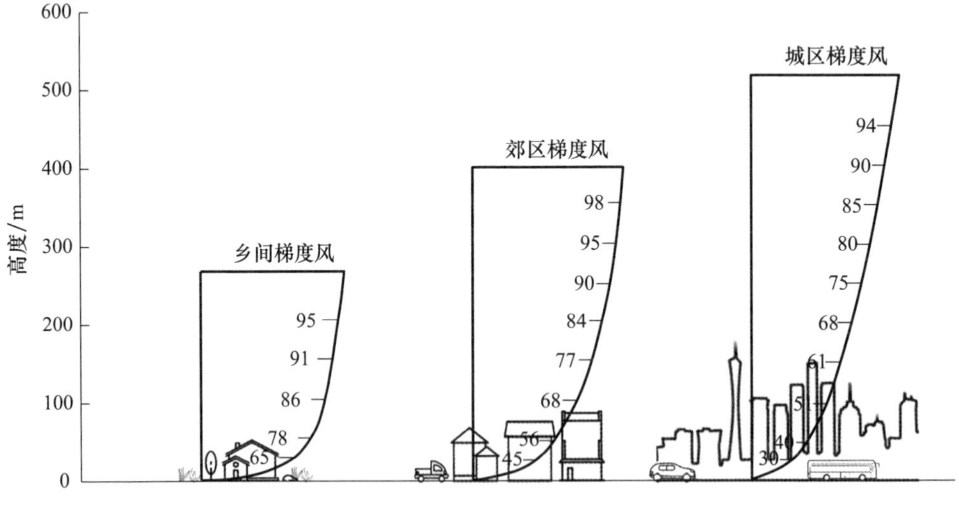

图3.22 城市、郊区和乡间的风廓线

（图中数值表示不同高度梯度风相比于地转风的大小，%）

(2)建筑物对风的影响

城市的建筑物对城市风场的影响主要分为热力和动力作用。一方面是由于街道的走向、宽度、两侧建筑物的高度、形式和朝向不同,各地所获得的太阳辐射能就有明显的差异。这种局地差异,在盛行风速微弱或无风时会导致局地热力环流,使城市内部不同地方的风向风速不一致。另一方面是由于盛行风吹过城市中鳞次栉比、参差不齐的建筑物时,因阻障摩擦效应产生不同的升降气流、涡动和绕流等,使风的局地变化更为复杂。

图 3.23 给出系统风为静止风时街道(包括庭院)和建筑物周围典型的空气环流情况。以东西向街道为例,白天屋顶受热最强,热空气从屋顶上升,与屋顶同一高度街道上空的空气便流向屋顶以补充其位置,街道上空又被下沉的气流所代替,这样在屋顶上空就形成一个小规模的空气环流。在街道上从背阴的一面到向阳的一面也产生环流,向阳的一面空气上升,背阴的一面空气下沉,其间有水平的气流来贯通。高层空气环流只是以支流形式从上面给予补偿。夜间屋顶急剧冷却,冷空气从屋顶降至街道,排挤地面上的热空气,使之上升,这样又形成与白天不同的街道空气环流。在宽广的庭院中也会产生与上述类似的现象。

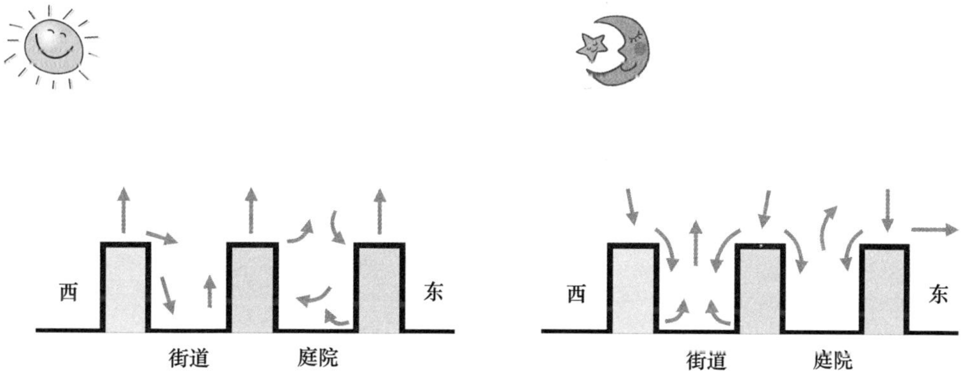

图 3.23　街道(庭院)和建筑物周围典型的空气环流

(箭头为气流)

当盛行气流遇到建筑物阻挡时,也要考虑其动力效应。就单一建筑物而言,在迎风面上一部分气流上升越过屋顶,一部分气流下沉降至地面,另一部分则绕过建筑物两侧向屋后流去。图 3.24 给出风洞实验的烟气流经过长方形立方柱体的情况。气流经过此障碍物前后受干扰的情况,可以分成四个区域:图 3.24a 中 a 为未受干扰区,b 为气流变形区,c 为背风涡旋区,d 为尾流区。当盛行风向与建筑物迎面垂直时,而建筑物又有尖锐的棱角,气流受阻后,其流型的平面图如图 3.24c 所示;在垂直受风面上不同地区风速的垂直变化是各不相同的,如图 3.24b 所示。

除了建筑物之外,街道走向和高宽比的不同,使风与街道的交角发生变化,导致

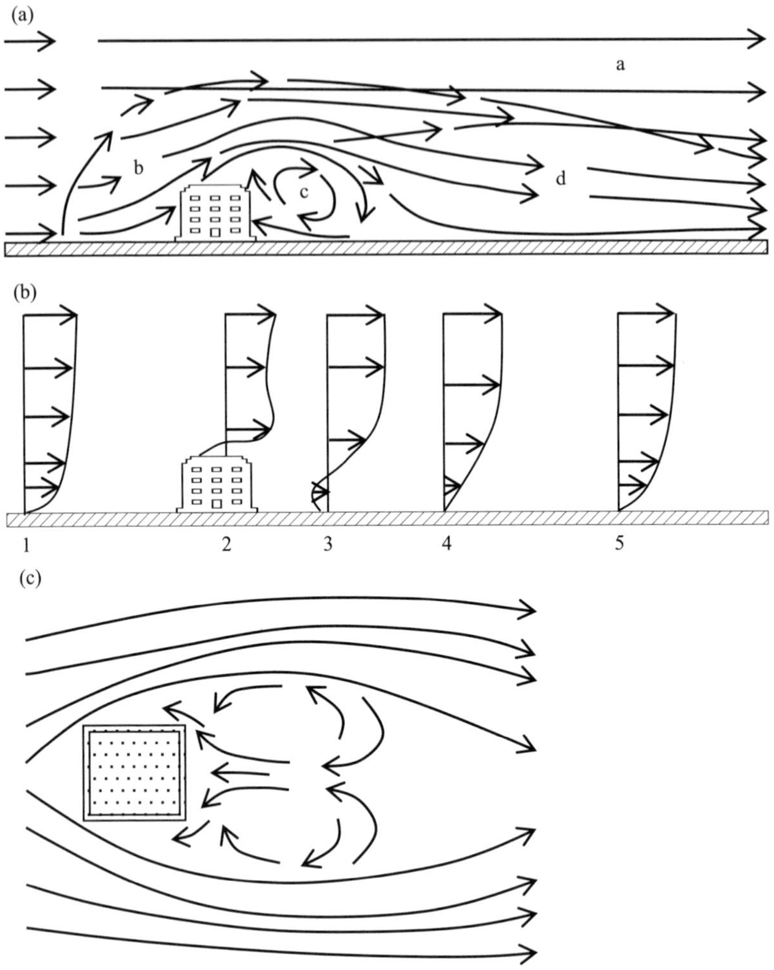

图 3.24　风洞实验给出烟气流经过长方形立方柱体的情况

气流方向的改变。此外，车辆在街道行驶所产生的气流，也会影响周围的风向和风速。街谷的结构和走向，有时会对盛行风向产生偏转，在风速微弱的条件下表现得更为突出。车辆开过后带来的气流与街道走向基本平行，称为“汽车风”。

近地面街道风速的大小，受以下因素的影响：①盛行风的风速和盛行风与街道交角的大小。盛行风越大，街道对风速的影响越小；盛行风与街道的夹角越大，街道风速相比于开阔地带的风速减少得越多。②街道的位置（处于迎风一侧还是背风一侧）以及街道高宽比值的大小。③盛行风向与车流风向是否一致。当盛行风与“汽车风”同向时，街道风速增大，反之则街道风速减小，在背景风速很弱的情况下，街道风速主要决定于“汽车风”风速。

(3)城市下垫面对湍流强度的影响

城市复杂下垫面的动力因素和热力因素共同作用,可使城市湍流强度平均比郊区高 30%～50%。从动力的角度,城市地面的粗糙度远大于郊区,导致机械湍流显著增强。即使城区风速较乡村减小约 30%,粗糙的下垫面使风速分量的脉动量维持不变,最终导致城市湍流强度净增约 40%。这种增强的机械湍流有利于污染物的稀释和扩散,特别是当城市中低层风速增大时。相反,风速减小时湍流变弱,可能导致污染累积。从热力的角度,城市地区的热容量和热释放量增大,尤其由于人为热源和热岛效应,城市通常比乡村更热。这些热力因素增加了热力湍流的强度。增强的热力湍流促进了垂直混合,提高了城区的扩散速率,尤其是在垂直方向上,导致稳定度分类体系需朝不稳定方向偏移。

(4)城市发展对盛行风速的影响

城市发展对盛行风的影响,已被大量的实验观测结果所证实,结果表明,由于城市发展速度快,建筑群增多、增密、增高,导致下垫面粗糙度增大,其阻障效应消耗了空气水平运动的动能,因而使城区年平均风速和月平均风速减小。城市的风速相对郊区要更小。有研究指出,由于城市的发展,粤港澳大湾区地面风速近几十年来呈现明显的下降趋势(图 3.25)。

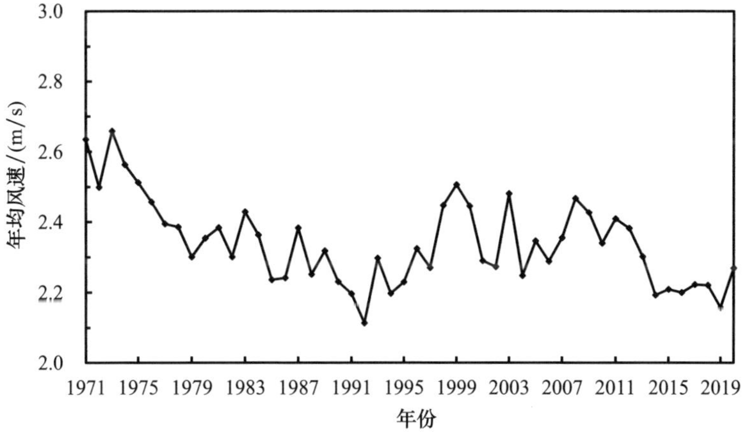

图 3.25　粤港澳大湾区 1971—2019 年地面风速变化

3.4.2.3　城市热岛效应和热岛环流

城市下垫面带来的城郊热力状况差异会产生热岛效应和热岛环流。

(1)热岛效应

热岛效应是指城市发展到一定规模时,使城市地区温度明显高于邻近乡村地区的现象。热岛效应的强度与城市规模、城市类型和人为排放有关。热岛效应最早在

19 世纪初期在伦敦附近发现，通过对伦敦地区和郊区的气温进行同时间的对比观测，科学家发现城区气温比其四周郊区气温高。随后各国学者对不同纬度、不同类型的城市陆续做了大量的城、郊气温对比观测，也发现类似现象。

城市热岛效应可以从两方面进行分析研究，一是通过同一时间城市与其附近郊区气温的对比研究，二是同一城市在其城市发展不同阶段气温的前后对比。为了突出“城市”这个因素的影响，在进行城、郊气温对比时，在观测站点的选择上，要注意其代表性和典型性。在进行城市发展过程中气温前后对比时，要滤去区域气候变化的影响。

(2)热岛效应的变化特征

热岛效应有明显的周期性变化和非周期性变化。周期性变化有日变化和季节变化，非周期性变化主要受天气气象条件影响。

1)热岛效应的日变化

国内外许多城市及其附近郊区观测资料表明，在晴朗稳定天气条件下，城市热岛强度大都是夜晚强、白昼午间弱。在午间，城市和郊区气温差别不大。但在午后，随着太阳高度角的减小，郊区空旷、有效辐射强、大气热量损失快，特别是在日落前后，空气层结趋于稳定，降温率更大。城区因下垫面温度高，白天蓄积的热量多，地面长波辐射和湍流显热提供给城区大气的热量较多，因此城区气温下降缓慢，相对于快速降温的郊区大气来说，形成夜间城市热岛。

城市热岛强度以日落后 3～5 h 为最强，子夜以后，城、郊气温冷却率相近，热岛强度逐渐减小。日出以后郊区气温增温率大于城区。到了近中午的时候，一般风速比夜间大，湍流增强，城区与郊区间的水平和垂直方向混合增强，城、郊气温差别更小，热岛消失。在有些地区，会出现郊区气温高于城区的城市“凉岛”。

因此，城市热岛强度日变化的主要特点是“夜强午弱”，但在地形条件、风向、风速、稳定度和人为热等日变化的共同作用下，也会出现不同的热岛强度日变化类型。

2)热岛效应的季节变化

热岛强度的季节变化十分复杂，它主要因区域气候条件和城市人为因素而异，没有一定的模式。在赤道湿润气候区全年湿热，热带沙漠气候区全年高温干旱，它们的气温和降水的季节变化都很小，城市热岛强度的季节变化也小。在热带干、湿季气候区，一年中气温的振幅虽不大，但降水的季节变化却十分显著。城市热岛主要出现在相对较干燥但较为凉爽的季节的夜间，在湿季和白昼并无热岛现象，城市气温反而比郊区低。在暖湿季节和白昼午间，大气层结较不稳定，云量多，城郊之间混合作用较强，气温差异减小。在副热带和温带季风气候区，城市热岛强度以冬季和秋季最强，夏季和晚春最弱，这种变化和云量、降水和风速的关系密切。

西欧和北美中纬度城市的热岛强度大都是夏秋强冬季弱，与季风气候区完全不同。这是因为在欧美中纬度城市气候湿润，冬季云量和降水偏多，而夏季云量少。

在寒温带气候区，因冬季太阳辐射微弱，城区为了人工取暖，大量使用能源、人为热的排放量在隆冬 12 月和 1 月远比郊区多，这就导致其城市热岛强度的季节变化以冬季最强。

(3)城市热岛的形成原因

城市热岛是在城市化人为因素和局地天气气象条件共同作用下形成的。在人为因素中，以下垫面性质的改变、人为热和过量温室气体的排放以及大气污染等为最重要。在局地天气气象条件中，则以天气形势、风、云量等关系最大。

1)城市下垫面因素

在城市化过程中，下垫面性质的改变最为突出。城市下垫面的不透水面积、热性质和几何形状，对城市热岛形成有重要影响。

在不透水面积方面，城市下垫面的不透水面积远比郊区农田绿野大。降雨后，雨水很快从排水管道流失，因此在城市中可供蒸发蒸腾的水分比郊区少。城市植被、绿地和水面等自然下垫面少，蒸发、蒸腾作用比郊外少，因此相变的潜热损耗小。

在热性质方面，城市区域通常由混凝土、沥青、砖块等人造材料构成，这些材料比自然材料(如水和土壤)具有较低的比热容，在吸收相同数量的热量时温度升高更快。在日间，城市下垫面迅速吸收太阳辐射并加热，温度升高速度比周围的乡村地区快。夜间，当环境开始冷却时，这些具有低比热容的材料也会开始释放热量。然而，由于城市结构的密集和复杂，这些材料释放热量的速度要慢于它们吸收热量的速度。这导致了城市区域在夜间保持更温暖，而周围乡村地区则相对更快冷却。

在几何形状方面，城市复杂的下垫面上其天穹可见度要比平坦空旷的郊区小得多。这种几何形状的差异和热岛的形成有关。在白天，由于天穹可见度较小，到达地表的太阳辐射在城市能够得到更多的吸收和储存，不容易损失。在夜间，城市的长波辐射的热能损失就比郊区旷野小。再加上城市街谷中风速又比较小，热量不易外散，这些都导致其气温高于郊区。而且相对粗糙的城市下垫面使气流阻力增大，城市风速减少，热量不易散失。

2)人为热、温室气体和大气污染

城市中由于人口密度和能源消耗量都比郊区大，其排放至大气中的人为热、温室气体以及污染物都比郊区多，它们对热岛形成有重要作用。

(a)人为热：在中高纬度城市，特别是在冬季，城市中排放大量的人为热是热岛形成的一个重要因素。在季节变化中，以冬季 12 月和 1 月为最高峰，也与人为热排放量的峰值相一致。这些都证明人为热是热岛形成的一个重要因子。

(b)温室气体：城市中化石燃料的消耗量比郊区多，在人为热排放的同时还伴有大量 CO_2 等温室气体的排放。不少学者认为近年来许多大城市热岛强度的增大与 CO_2 浓度增加、温室效应增强密切相关。

(c)大气污染:城市大气中悬浮的颗粒状污染物,在白天,能吸收一定波长的太阳辐射,粒径小的浮尘对太阳辐射有散射作用,使到达地面的太阳直接辐射减弱,这对城市覆盖层白昼的增温是不利的。但在夜晚,这些颗粒状污染物往往笼罩在城区上空,增加长波逆辐射,使城市覆盖层内的长波逆辐射减少,对加强夜间城市热岛强度是有利的。

3)天气形势与气象条件

在同一时期,同一城市中,其下垫面因子及人为热、温室气体和大气污染物的排放源地和源强基本上是相似的,但其热岛现象却时有时无,时强时弱,这就取决于当时的天气形势和气象条件。稳定的、气压梯度小的天气形势有利于城市热岛的形成。城市热岛的形成与风速和气温层结的关系十分密切,当风速达到一定临界值时即无热岛现象出现。此外,云量的多少亦是影响城市热岛能否形成的一个重要因子。当出现阴天时,没有太阳直接辐射到达地表,难以形成较强的城市热岛。

综上所述,城市热岛的形成,既受人为因子的作用,又受天气形势和气象条件的制约。在不同纬度、不同区域气候条件下,不同的城市、不同季节、一天中不同的时段,各因子在热岛形成中所起作用的程度是不同的。因此,在讨论不同城市的热岛成因时,应对其具体情况进行分析,不能一概而论。

(4)城市热岛环流

城市和周围乡村的水平温差,导致热力环流产生,称为城市热岛环流。图3.26为城市热岛环流示意图。

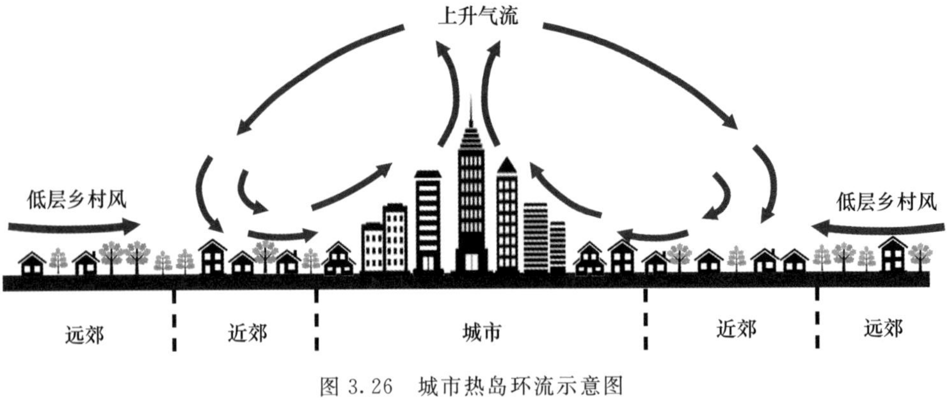

图 3.26　城市热岛环流示意图

一般认为,当天气尺度的风速较小时,边界层大气由于城市热岛的存在,可以在城市形成一个低压中心并产生指向城市的气压梯度力,在低层产生向内的辐合流场和上升气流。在几百米的高度上,空气又以相反的方向从城市向郊外流出并下沉,形成缓慢的热岛环流,其夜间的强度明显大于白天。

城市热岛环流并不是一种稳定连续的过程,存在着准周期性的振荡。向中心辐合的乡村风，往往具有间歇性，这种准周期性振荡在夜间尤为明显。对于热岛环流周期性的成因可作如下解释，即垂直上升运动产生之前，地面空气需要增温到某个临界温度，来自热岛边缘的较冷空气并不会很快升温到足以激发垂直向上的浮力作用，需要有一加热的过程，破坏了空气层结的稳定度才能有上升运动，气流上升后在上空向外辐散，同时郊区冷空气向城市辐合。其结果形成辐合上升、暂停、再辐合上升的准周期性振荡运动。

(5)城市热岛效应对城市边界层的影响

城市热岛效应会影响城市边界层特征，包括边界层高度、温度梯度、摩擦速度和空气污染等。城市热岛效应会使得城市表面温度升高，增加边界层高度，进而使得城市空气混合程度加强，热量更容易向上散发。城市热岛效应还会改变城市边界层温度垂直梯度，使得温度随高度的变化更加平缓，从而使得城市表面与较高空层之间的热量交换更加复杂。城市热岛效应会导致边界层内的气流速度降低，从而增加了空气和建筑物的摩擦。

(6)热岛效应的影响

城市热岛效应对当地气候要素、居民生活和城市经济有直接或间接的多种影响。在增温影响方面，热岛效应会使低纬度和中纬度地区的城市夏季经历更频繁的高温和相关灾害，这加剧了经济损失。同时，在冬季，中高纬度城市的热岛效应减少了积雪频率、时间和深度，使城区冬季积雪比郊区更快融化，这对交通有利。在城市气象方面，热岛效应导致城区气象要素变化，如凝露量和结霜量均小于郊区。当热岛效应明显时，会产生热岛环流和影响城市风场，同时促进对流性云和降水的形成。在物候影响方面，热岛效应导致的城郊气温差异显著影响植物开花时间，例如华盛顿市中心的木兰树比郊区早开花两个星期，而在慕尼黑，接近建筑物的栗树和樱树开花时间要比空旷地区早 15～30 d。在大气污染方面，热岛环流使城区上空的污染物向郊区扩散并在那里下沉，随后随地面空气向城市中心辐合。这种环流不利于污染物的输送和扩散，导致城市大气污染加剧。夏季，热岛效应加剧的高温还可能增加光化学烟雾的浓度。在冬季，热岛区的低空悬浮逆温层阻碍大气污染物的扩散。

现有大量研究表明，城市热岛效应可以通过人为作用得到缓解，可行的措施包括：①选择高效美观的绿化形式，获得清新宜人的室内外环境。②保证绿化用地，要建立居住区绿化与环境绿化相结合的管理机制并建立相关的地方性行政法规。③改善小气候，统筹规划公路、高空走廊和街道这些温室气体排放较为密集地区的绿化。④加大裸地、扬尘管理，增加草坪面积，以提高地表的比热容。⑤建设若干条林荫大道，使其构成城区的带状绿色通道，逐步形成以绿色为隔离带的城区组团布局。

3.4.2.4 城市“干岛效应”和“湿岛效应”

城市建筑物和人工铺砌的坚实路面大多数为不透水层，降雨后雨水很快流失，地面比较干燥，再加上植物覆盖面积小，因此其自然蒸发蒸腾量比较小。下垫面粗糙度大，白天空气层结较不稳定，其机械湍流和热力湍流都比较强，通过湍流向上输送的水汽量较多。这些因子导致城区的绝对湿度往往小于附近的郊区，形成“城市干岛”，这种现象在夏季的白天尤为明显。

和白天不同的是，夜晚郊区下垫面温度和近地面气温的下降速度比城区快，在风速小，空气层结稳定的情况下，有大量露水凝结，致使其近地面空气层中的水汽压锐减。城区因热岛效应，凝露量远比郊区小，且有人为水汽量的补充，夜晚湍流强度又比白天弱，由下向上输送的水汽量少，因此这时城市近地面空气层的水汽压反而比郊区大，形成“城市湿岛”。但是由于城市热岛效应的存在，城市气温比郊区高，从相对湿度的角度来看城郊湿度差异不明显。

上海市区和近郊 26 个测点的逐时气温和湿度观测资料显示，城区白天水汽压比郊区小得多，夜间因城区凝露量少于郊区，水汽压高于郊区，出现干岛、湿岛昼夜交替的现象。而且湿岛效应出现时均伴有城市热岛，且都在风速微弱时存在。

3.4.2.5 城市云和降水及“雨岛效应”

(1)城市的云量

研究表明，城市中的云量特别是低云量比郊区多，主要有以下几个原因：①城市的热岛效应减弱了城市低空的大气稳定度，有利于垂直湍流的发展；城乡之间产生的局部热岛环流，在城区有垂直上升气流，更有利于对流云的形成。②城市空气中污染物质往往比郊区多，这些污染物可提供大量的云凝结核，为云的形成提供了有利的条件。在城市工厂密集区既是大气的污染源，又有一定量人为水汽的排放，对局地低云的形成起着重要的作用。③城市中建筑物鳞次栉比，参差错落，下垫面的粗糙度比附近郊区大，容易产生机械湍流；摩擦阻滞效应又能使移动滞缓的多云天气系统如静止锋、静止切变等在城区移动的速度减慢，云层在城区滞留的时间比郊区长。因热岛效应、凝结核效应和摩擦阻障效应所及的高度不大，所以城市低云量与郊区的差异特别显著。

(2)城市对降水量的影响及“雨岛效应”

城市对局地降水量的影响及其物理机制，在城市气候学界存在争论。1971—1975 年在美国中部平原圣路易斯进行的大城市气象观测试验计划，设立了稠密的气象观测网。经过大量观测、试验和研究，证实了城市对降水量分布是有影响的，在城区及其下风方向有降水增多的现象。城市比周围郊区降水多，即城市有降水增多的现象，这种现象被称之为“雨岛效应”。其原因有以下三个方面。

① 城市热岛效应

城市热岛所产生的局地气流的上升，有利于对流性降水的发生、发展。城市由于热岛效应，使空气层结不稳定，有利于产生热力对流。当城市中水汽充足，凝结核丰富或者在有利于对流性天气发生发展的天气系统制约下，容易形成对流云和对流性降水，如有其他系统叠加在城市热岛上空，可能产生大暴雨。

② 城市阻障效应

城市的下垫面粗糙度大，不仅能引起机械湍流，而且对移动滞缓的降水系统有阻障效应，使其移动速度减慢，在城区的滞留时间加长，因而导致城区的降水强度增大，降水的时间延长。

③ 城市凝结核效应

凝结核和冰核对降水形成的作用是一个有争议而迄今尚未解决的问题。从冷云降水机制来说，云中有大量过冷却水滴，如果缺乏冰核，不易形成降水。城市颗粒物排放至大气后，可形成冰核，促进过冷却云滴中的水分转移凝华到冰核上，冰粒逐渐增大，可以促进降水的形成。而在暖云中降水的形成，主要依靠大小云滴的碰并作用，使大云滴逐渐增大，直至以降水形式降落。如果城市中排放的颗粒物过多，使云滴变小，这些凝结核反而不利于降水的形成。

随着城市化的发展，城市规模不断扩大、人口不断增长、人类活动加剧，城市的生产活动和特殊地面结构共同作用于大气，使大气边界层的特性发生变化，雨岛效应加剧、城市降水量增大。暴雨导致洪水机会增加，加剧了城市的防洪压力。因此，研究城市雨岛，对于气候变化研究、城市规划建设和城市防洪等方面，具有重要意义。

3.4.2.6　城市通风廊道

城市通风廊道是以提升城市的空气流动性、缓解热岛效应和改善人体舒适度为目的，为城区引入新鲜冷湿空气而构建的通道。通风廊道相当于城市的风道，对局地气候环境的改善起着重要作用。

城市通风廊道的构建主要基于城市风环境特征、城市热岛分布以及其他现实条件。廊道可以由自然地势如山谷、河流，也可以由人工构建的绿地、高层建筑等组成。通过形成有效的空气流通通道，城市通风廊道可以减缓城市热岛效应的影响，改善空气质量，优化城市生态环境，提高城市居民的舒适度和健康水平。城市通风廊道有一级和二级廊道之分。一级廊道是主通风廊道，相当于“主干道”，二级廊道是为了尽量弥补一级廊道无法抵达的区域。

城市通风廊道通常具有如下特点：①空间上具有一定的长度、宽度和高度，具有容纳较为稳定的大尺度流场的能力。②顺应城市主导风向，在一定范围内具有明显的风向风速，可以加速城市对流并减轻城市热岛现象。③应具有较好的过渡性和灵活性，可以适应城市形态和环境的变化。图 3.27 为城市通风廊道示意图。

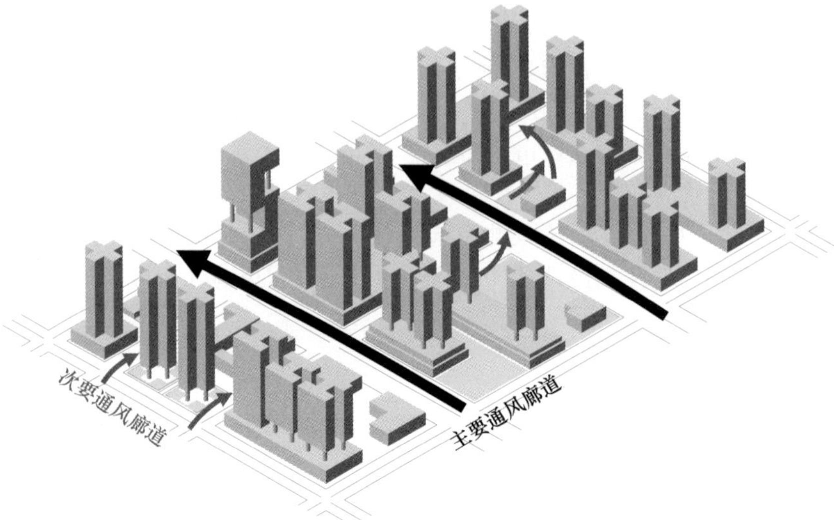

图 3.27 城市通风廊道示意图

3.4.2.7 城市人为活动排放

城市人为活动排放，是指城市居民日常生活和生产活动过程中产生的有害物质排放，主要包括废气、废水、固体垃圾等。这些有害物质排放会对城市环境造成严重的污染，并对城市居民的健康产生不利影响。城市人为活动排放主要来源包括交通工具尾气排放、工业生产的废气排放、居民日常生活废气排放以及垃圾处理排放等。

3.4.3 城市群环境气象

3.4.3.1 城市群的特点和概述

城市群是若干特大城市和大城市集聚而成的庞大的、多核心、多层次城市集团，是大都市区的联合体。城市群能使资源在更大范围内实现优化配置，让地理位置、经济实力及结构不同的城市承担不同功能，实现城市间的分工合作，使城市群获得比单个城市更大的分工收益和规模效益，因而城市群越来越成为区域经济增长的重要源泉。

我国目前有京津冀、长三角、珠三角（粤港澳大湾区）三大世界级城市群。根据2021年发布的《中华人民共和国国民经济和社会发展第十四个五年规划和2035年远景目标纲要》，我国将建设19个国家级城市群，其中“优化提升”京津冀、长三角、珠三角、成渝、长江中游等 5 个城市群,“发展壮大”山东半岛、粤闽浙沿海、中原、关中平原、北部湾等 5 个城市群,“培育发展”哈长、辽中南、山西中部、黔中、滇中、呼包鄂榆、兰州—西宁、宁夏沿黄、天山北坡等 9 个城市群,形成“两横三纵”城镇化战略格局。

3.4.3.2　城市与城市群的环境气象主要差别

城市与城市群的环境气象主要差别,体现在城市群内部存在链流和相互输送。城市群内的不同城市之间存在着不同的温度差、湿度差、气压差等因素,以及不同城市受到热岛环流、海陆风等局地环流的影响,导致空气在城市之间的流动,这种空气流动被称为“链流”。同时,由于城市群内城市紧邻,地势及气象条件的影响,城市群内可能存在跨城市的大气污染传输,即存在污染物在城市间的相互输送。图 3.28 综合给出城市与城市群环境气象主要差别。

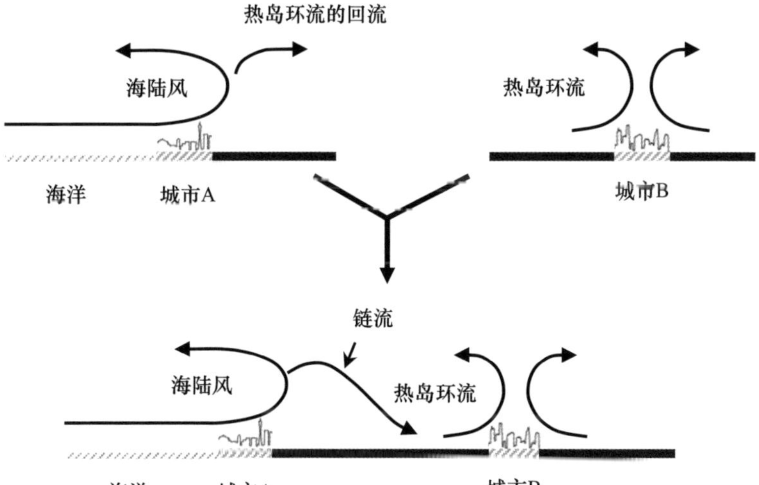

图 3.28　城市与城市群的环境气象主要差别

城市群内链流效应的强弱与城市群内各城市的地形、地貌、建筑密度、人口分布、地理位置、气象条件等因素有关,它对城市群内部和周边环境的影响非常广泛。一方面,链流效应可能会导致城市群内空气污染物的扩散受到限制,增加城市群内大气污染物的密度和浓度。大量的一次污染物跨界传输不仅加重了受体城市的一次污染,也为二次污染的形成与加重提供了潜在条件;另一方面,城市群内部存在污染源的城市可能会产生大量的污染物,如臭氧、二氧化氮、颗粒物、挥发性有机物等,由于链流效应的存在,这些污染物可能会随着气流传输到周边地区,从而影响周边城市和农村地区的空气质量。

对城市群环境气象研究和规划，需要充分考虑到链流效应和相互输送的影响，并采取相应的管理措施；需要在区域甚至更大范围尺度上，开展区域联防联控等大气污染控制工作。

3.4.4 湾区城市群环境气象

3.4.4.1 湾区的特点和概述

湾区是由海洋移动而形成的向内陆凹陷的海洋入口，通常呈"U"形。湾区的母体是海洋，产生在沿海地区，但与陆地融合并延伸到内陆。海湾地区既是国家的领土，又是国家直接面向海洋的边缘，是沿海地区连接世界的最重要海上通道。湾区具备了海洋的地理位置优势，并且具有陆域资源优势。海湾地区兼有海陆空综合资源优势，是发展经济的最佳之地。

从全球来看，世界顶级城市群大多分布在湾区。湾区从出现到成形大致要经历港口经济、工业经济、服务经济和创新经济四个阶段，这四个阶段也是人口、产业、贸易、金融、信息等资源不断汇集的过程。美国的旧金山湾、纽约湾，日本的东京湾和我国的粤港澳大湾区并称为世界四大湾区。

世界四大湾区都是城市化水平非常高的地区，人口密度高、土地利用高效，集聚了大批的高科技公司、大学、研究机构以及艺术文化产业，对当地经济和全球经济都有很大的影响。世界四大湾区都拥有先进的基础设施、完善的产业链和高端的人才资源，是全球经济竞争中最有竞争力和生命力的区域之一。

旧金山湾区位于美国加利福尼亚州北部，毗邻太平洋、地形多变，以山丘和谷地为主，属于太平洋温带海洋性气候，四季分明，夏季凉爽，冬季温和多雨。

纽约湾区包括美国东部的纽约市和新泽西州等地区，地形以平原和山地为主，属于温带大陆性气候，四季分明，夏季炎热潮湿，冬季寒冷。

东京湾区位于日本本州岛东部的太平洋沿岸，地形以低海拔山地和平原为主。气候上，属于暖温带湿润气候，夏季多雨高温，梅雨和台风较多，冬季相对寒冷。

粤港澳大湾区位于我国南方的珠江三角洲地区，地形以平原为主，属于亚热带季风气候，夏季比较潮湿、炎热，冬季相对较温和、干燥。

3.4.4.2 粤港澳大湾区的环境气象特征

粤港澳大湾区包括香港特别行政区、澳门特别行政区和广东省广州市、深圳市、珠海市、佛山市、惠州市、东莞市、中山市、江门市、肇庆市等 9 个珠三角地区发展最具活力和潜力的城市。统计显示，粤港澳大湾区总面积 5.6 万 km^2，2017 年末总人口约 7000 万人。与世界其他三大湾区相比，粤港澳大湾区无论在面积还是人口上都相当有优势。

粤港澳大湾区位于广东省中南部，背靠南岭山脉，东、北、西三面环山，南临南海。三面环山的地理环境不利于空气污染物的输送和扩散，该区域内不同城市、不同污染源排放的空气污染物对整个地区的环境空气质量都有影响。春季来自北方的干冷空气和来自海洋的暖湿气流相互交替，形成弱变性冷高压脊、静止锋、低压槽等天气系统，多阴雨天气。夏季受海洋气团控制，盛行偏南风，带来丰沛的雨水，对流强烈，各地易出现暴雨，为热带气旋影响或袭击的盛期。秋季来自北方的冷空气开始影响粤港澳大湾区，多受冷高压控制，天晴少雨，开始进入干季，中等强度的冷空气可达粤港澳大湾区南部和南海北部；冬季盛行偏北风，多受强冷高压脊控制，冷空气活动频繁，降水稀少。

图 3.29 为粤港澳大湾区城市群大气边界层概念模型（范绍佳 等，2005；Fan et al.，2011；吴蒙 等，2015），可揭示区域空气质量变化与粤港澳大湾区边界层气象条件的关系：粤港澳大湾区的空气质量主要受粤港澳大湾区污染物排放，偏北干冷空气和偏南暖湿气流强弱，海陆风环流、山谷风环流、城市热岛环流以及粤港澳大湾区上空逆温强度或高层系统性下沉气流的综合影响，以及城市群内部各城市之间链流等作用。

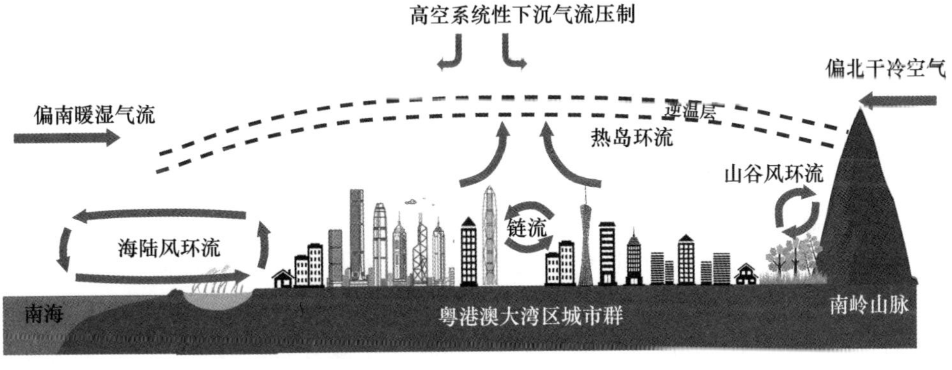

图 3.29　粤港澳大湾区城市群大气边界层概念模型

总而言之，湾区城市群从本质上来说是城市群和其他下垫面耦合的复杂下垫面，其环境气象特征较均一下垫面的环境气象条件更为复杂和特殊，未来还需要进一步开展研究。

第4章 大气复合污染气象成因与应对

大气复合污染成因解析和污染应对是环境气象学理论的重要应用和实践之一。我国是世界上第一个全面治理 $PM_{2.5}$ 污染的发展中国家，在经济高速增长的同时，环境空气质量显著改善，但空气质量改善的成果还不够稳固，由量变到质变的拐点尚未出现，整体仍未摆脱气象条件影响。当遇到不利的气象条件时，重污染天气仍然多发频发。

本章从我国大气复合污染现状出发，系统分析我国21世纪面临的大气复合污染问题，剖析大气细颗粒物 $PM_{2.5}$ 污染和臭氧污染过程中的气象成因。在此基础上，针对我国主要城市群地区面临的大气复合污染共性问题，阐述在空气质量保障过程中的环境气象分析研判和应对策略，并以2020年初大气污染过程为例，分析新冠肺炎疫情期间排放大幅减少背景下气象条件对空气质量的影响。

4.1 我国大气复合污染现状

21世纪以来我国大气污染问题严重，主要表现为细颗粒物 $PM_{2.5}$ 和臭氧污染。随着我国工业化、城镇化的深入推进，能源资源消耗持续增加，大气污染防治压力继续加大。为切实改善空气质量，国务院2013年9月印发《大气污染防治行动计划》(国发〔2013〕37号)，目标是经过五年努力，全国空气质量总体改善，重污染天气较大幅度减少，京津冀、长三角、珠三角等区域空气质量明显好转。力争再用五年或更长时间，逐步消除重污染天气，全国空气质量明显改善。本节梳理2013年以来，我国细颗粒物 $PM_{2.5}$ 和臭氧污染的基本态势和变化特征。

4.1.1 我国细颗粒物 $PM_{2.5}$ 污染现状

2012年初，我国颁布了新修订的《环境空气质量标准》(GB3095—2012)，该标准增加了 $PM_{2.5}$ 作为大气污染监测项目指标，并将世界卫生组织(WHO)过渡时期第一阶段的年均值目标设定为我国 $PM_{2.5}$ 国家年均二级质量标准，即35 $\mu g/m^3$。2013年后我国环境质量监测部门建立了 $PM_{2.5}$ 空气质量监测网络，开展我国 $PM_{2.5}$ 浓度网格化实时监测。

4.1.1.1　空间分布特征

2013 年前后，我国大气污染形势严峻，以可吸入颗粒物（PM_{10}）、细颗粒物（$PM_{2.5}$）为特征污染物的区域性大气环境问题突出。根据环境保护部发布的《2013 年京津冀、长三角、珠三角等重点区域及直辖市和省会城市空气质量报告》，2013 年全国 74 个城市空气质量监测结果表明：京津冀、长三角、珠三角区域是空气污染相对较重的区域。尤以京津冀区域污染最重。京津冀区域城市 $PM_{2.5}$ 超标倍数为 0.14～3.6 倍，长三角区域城市 $PM_{2.5}$ 超标倍数为 0.4～1.3 倍，珠三角区域城市 $PM_{2.5}$ 超标倍数为 0.09～0.54 倍。从监测结果来看，京津冀区域空气质量与达标目标尚有较大差距，长三角区域空气质量达标有相当的难度，珠三角区域空气质量达标具有较大希望。图 4.1 为 2013—2022 年我国重点城市 $PM_{2.5}$ 年平均浓度的空间分布。

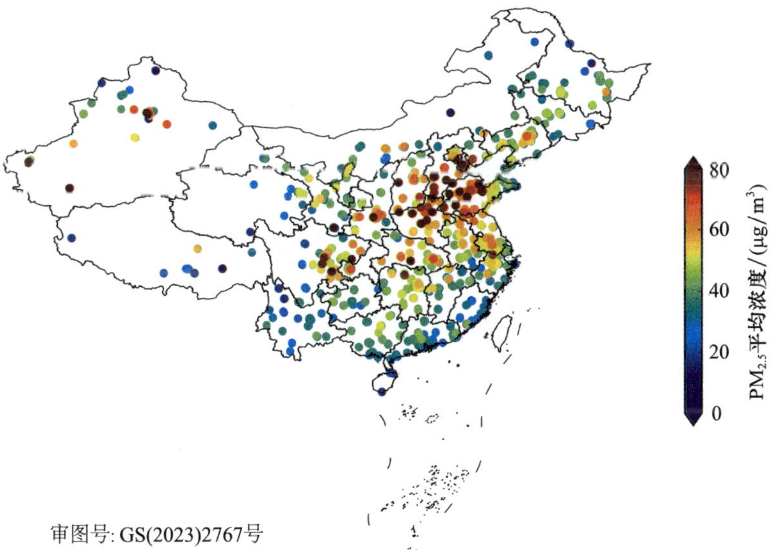

图 4.1　2013—2022 年我国重点城市 $PM_{2.5}$ 年平均浓度空间分布

4.1.1.2　年变化特征和日变化特征

我国大气污染有明显的季节变化特征。$PM_{2.5}$ 浓度在冬季显著高于其他季节，尤其在我国北方地区，$PM_{2.5}$ 浓度远高于其他季节。这一方面与北方地区冬季采暖有关，另一方面，北方冬季易出现贴地逆温等不利气象条件，会阻碍污染物的扩散，而在我国东南沿海一带，整体扩散条件优于北方，颗粒物污染较轻。春秋季节

$PM_{2.5}$浓度较冬季要低，但是春季北方容易出现沙尘天气和秸秆燃烧，也会导致污染加重。夏季的颗粒物污染程度在一年四季里最轻，一方面是由于大气扩散条件好，不利于颗粒物积累，另一方面由于夏季降水丰富，颗粒物被快速清除。2013 年 74 个城市空气质量监测结果表明：城市空气重污染主要集中在第一、四季度，74 个城市 $PM_{2.5}$季均浓度分别为 96 $\mu g/m^3$、93 $\mu g/m^3$。第二、三季度 $PM_{2.5}$季均浓度分别为 56.7 $\mu g/m^3$、44.7 $\mu g/m^3$。图 4.2 和图 4.3 分别为 2013—2022 年我国典型区域代表城市 $PM_{2.5}$浓度的季节分布特征和日变化特征。

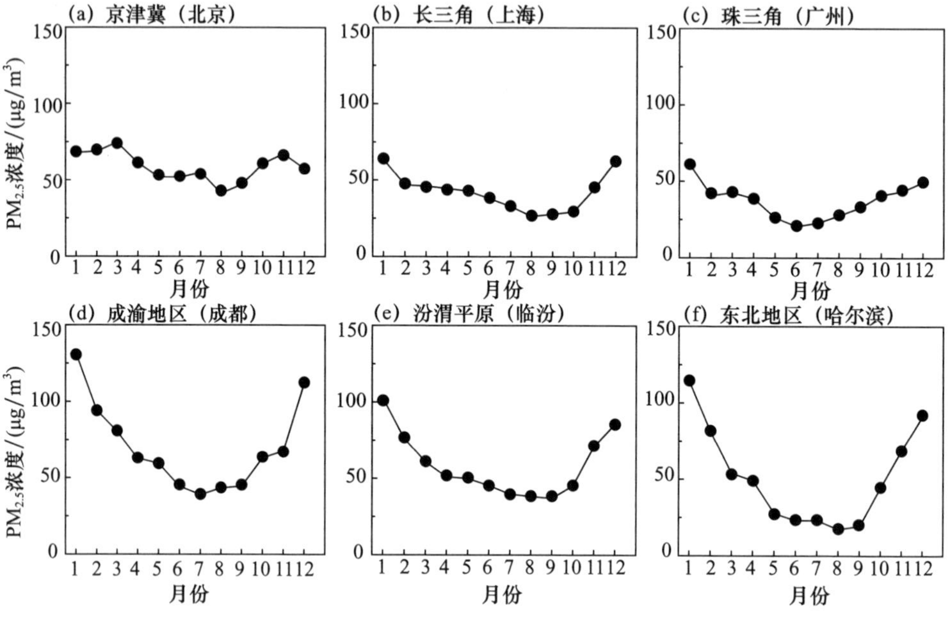

图 4.2　2013—2022 年我国典型区域代表城市 $PM_{2.5}$浓度的年变化趋势

从图 4.2 和图 4.3 可见：2013—2022 年我国不同区域代表城市 $PM_{2.5}$浓度的年变化特征和日变化特征类似，但变化幅度有较大差异。我国主要城市地区冬季 $PM_{2.5}$浓度显著高于其他季节，总体为非单峰的日变化，$PM_{2.5}$浓度峰值一般出现在夜间和早、晚高峰，谷值出现在午后。

4.1.1.3　年际变化特征

遥感监测发现，1999—2011 年期间，我国中东部地区颗粒物浓度快速上升，峰值出现在 2007 年，特别是在河南和山东一带。2008 年北京奥运会筹备和举行期间，严格的减排措施使颗粒物浓度出现了显著下降，这也从侧面反映出污染物减排对空气质量改善的重要作用。在随后的几年时间里，颗粒物浓度保持基本稳定的状态。但 2013 年初，我国城市地区接连爆发了严重的灰霾事件，引发广泛关注。

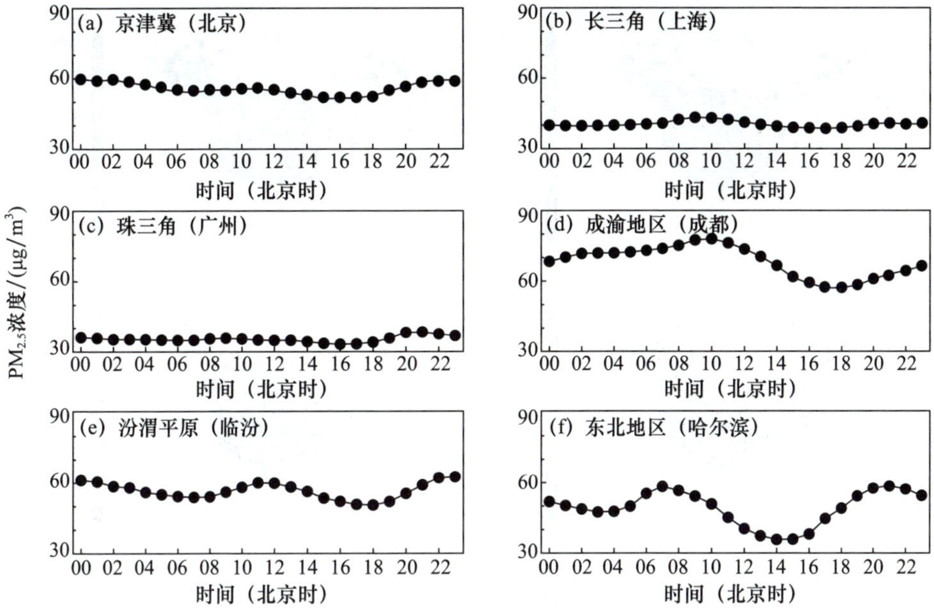

图 4.3　2013—2022 年我国不同区域 $PM_{2.5}$ 浓度的日变化趋势

自 2013 年开始，我国大力开展大气污染防治工作，国务院出台《大气污染防治行动计划》并实施了一系列严格的污染控制措施，标志着我国空气质量改善进入了一个新的阶段。2013—2022 年，$PM_{2.5}$ 浓度大幅下降（图 4.4），实现十连降。10 a 间，我国重污染天数减少了 92%，全国的二氧化硫排放量和氮氧化物排放量分别下降到 300 万 t、900 万 t，分别下降了 85%和 60%。SO_2 浓度达到了个位数。

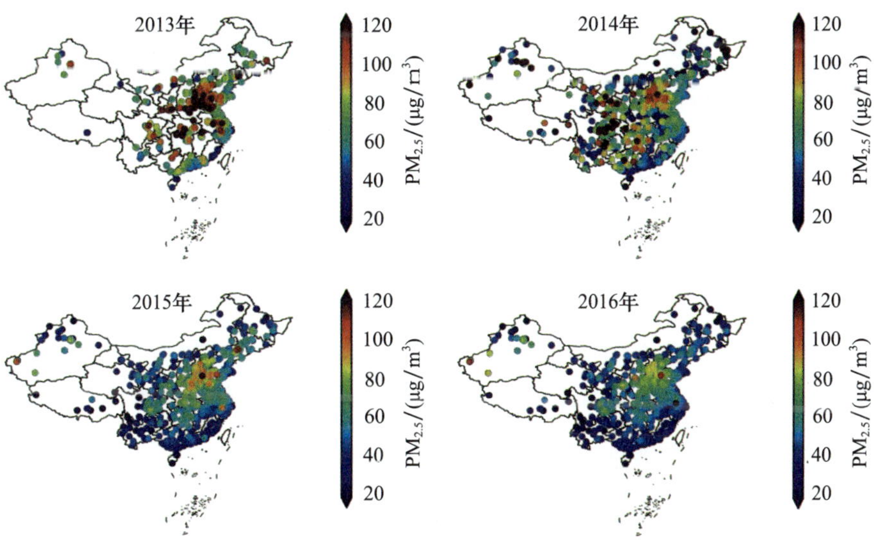

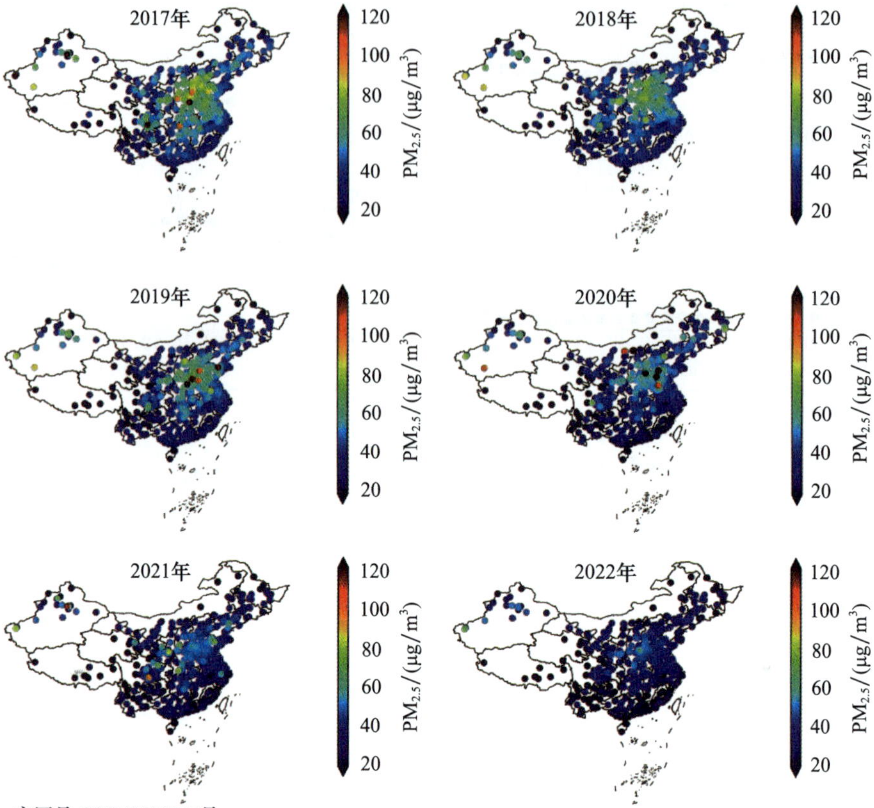

审图号:GS(2023)2767号

图 4.4　2013—2022 年我国重点城市 $PM_{2.5}$ 年平均浓度的空间分布

特别是北京市，$PM_{2.5}$ 浓度从 2013 年的 89.5 $\mu g/m^3$ 下降到 2022 年的 30 $\mu g/m^3$，重污染天数从 58 d 降到了 3 d。图 4.5 为北京市生态环境局公布的 2013—2022 年北京市地区生产总值、常住人口、能源消费总量、机动车保有量增长率与 2013—2022 年 $PM_{2.5}$、PM_{10}、SO_2、NO_2 浓度年际变化趋势。图 4.6 为北京市 2013—2022 年 $PM_{2.5}$ 年均浓度及累计变化情况。

从图 4.6 可见：2022 年与 2013 年相比，北京市 $PM_{2.5}$ 年均浓度累计下降了近 60 $\mu g/m^3$，相当于平均每年下降 6 $\mu g/m^3$。北京大气环境治理被联合国环境规划署评价为“北京奇迹”。联合国环境规划署表示，北京市在大气环境质量改善方面所做的努力，为全球其他城市，尤其是发展中国家城市提供了值得借鉴的经验。

4.1.2　我国臭氧污染现状

自 2013 年以来，我国环境空气质量得到显著改善，但臭氧污染形势严峻，我国近

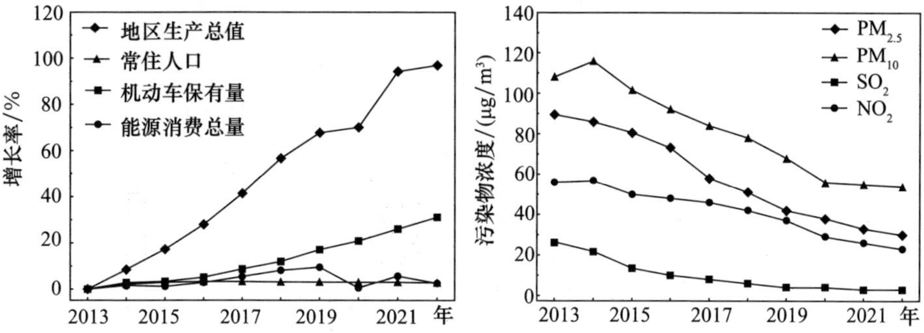

图 4.5　2013 年以来北京市地区生产总值、常住人口、机动车保有量、能源消费总量增长率与 $PM_{2.5}$、PM_{10}、SO_2、NO_2 浓度年际变化趋势

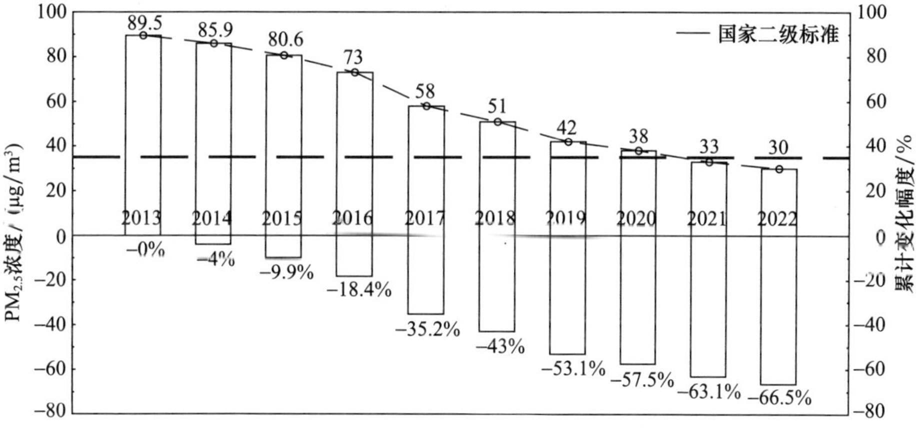

图 4.6　北京市 2013—2022 年 $PM_{2.5}$ 年均浓度及累计变化情况

地面大气臭氧浓度呈现逐年上升的趋势，臭氧浓度超国家二级标准天数、臭氧作为首要污染物占比，以及受臭氧污染影响城市数目均逐年上升，长时间、大范围的区域臭氧污染过程时有发生，臭氧成为影响我国环境空气质量的重要因素。

4.1.2.1　空间分布特征

根据《2022 中国生态环境状况公报》，2022 年我国 339 个城市臭氧日最大 8 h 平均浓度（$MDA8O_3$）值第 90 百分位数浓度为 90～194 μg/m³，平均为 145 μg/m³，比 2021 年上升 5.8%。京津冀及周边地区“2＋26”城市的臭氧平均浓度为 179 μg/m³。长三角地区 41 个城市的臭氧平均浓度为 162 μg/m³。汾渭平原 11 个城市的臭氧平均浓度为 167 μg/m³。珠三角地区 9 个城市的臭氧平均浓度为 174 μg/m³。成都平原地区 8 个城市的臭氧平均浓度为 160 μg/m³。图 4.7 显示华北平原、长江三角洲、珠江三角洲、成渝地区、汾渭平原是我国臭氧污染较为严重的区域。

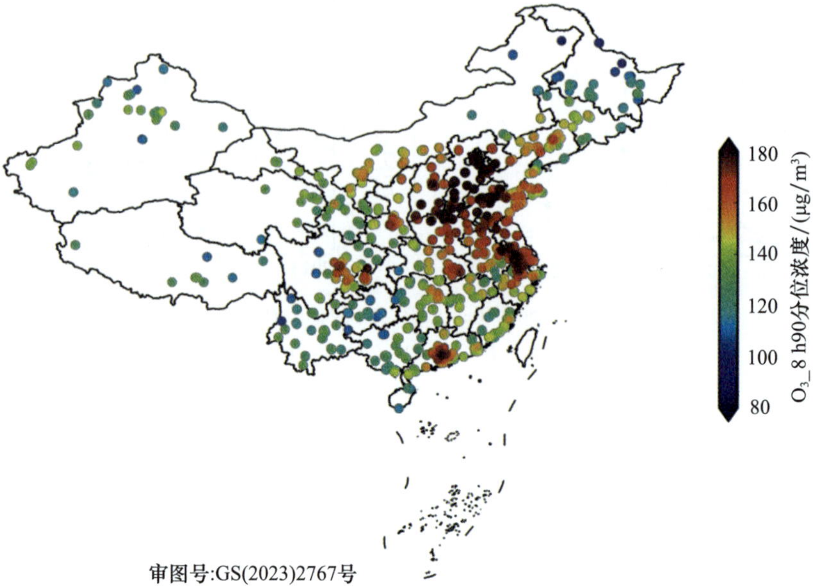

图 4.7　2013—2022 年全国 MDA8O_3 第 90 分位数浓度分布

4.1.2.2　季节分布和日变化特征

我国各主要城市群区域的臭氧污染季节分布特征不同。如图 4.8 所示，京津冀和汾渭平原城市群臭氧浓度高值主要出现在 5—9 月，长三角城市群臭氧浓度在 4 月开始即出现高值、一直持续到 10 月，长三角、珠三角和成渝地区因天气影响，在 6—7 月期间臭氧浓度会略有降低，珠三角城市群臭氧浓度高值主要出现在 7—10 月，成渝地区臭氧浓度在 4 月开始出现高值，一直持续到 8 月，且近年来月均最大值常出现在 8 月。

图 4.9 给出 2013—2022 年我国典型区域代表城市臭氧浓度的日变化。从日变化来看，我国城市地区臭氧浓度峰值一般出现在午后，出现时间大多为 15—16 时，成渝地区城市群峰值出现时间为 16—17 时。

4.1.2.3　年际变化特征

近年来我国臭氧浓度依然呈现高位振荡，与其他污染物的下降形成鲜明对比。《中国大气臭氧污染防治蓝皮书(2023 年)》给出 2015—2022 年我国 339 城市臭氧浓度年际变化特征表明，2015—2019 年全国臭氧浓度年评价值(一个年内日臭氧最大 8 h 值第 90 百分位数)逐年上升，上升幅度为每年 6.3 μg/m³，2019—2021 年臭氧浓

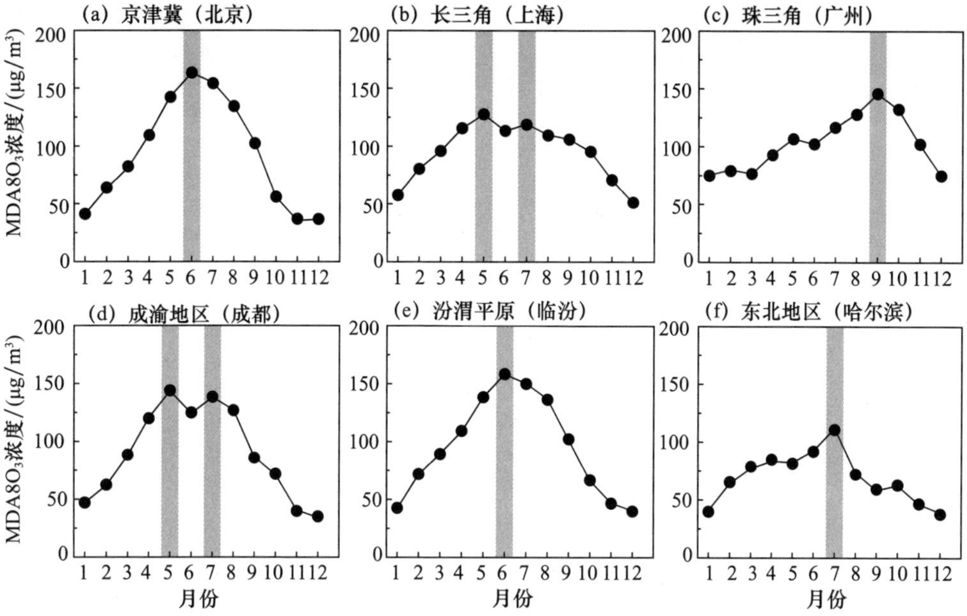

图 4.8　2013—2022 年我国典型区域代表城市 $MDA8O_3$ 浓度的年变化特征

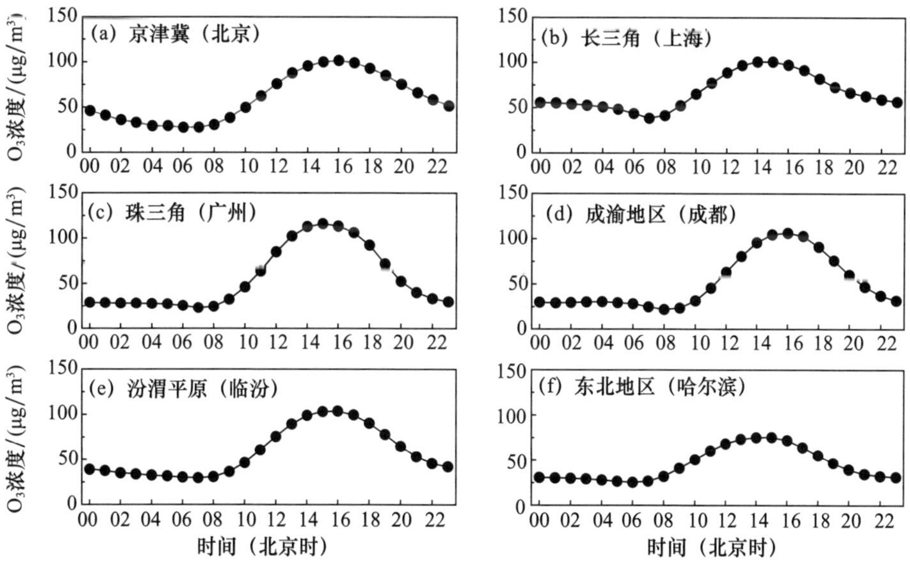

图 4.9　2013—2022 年我国不同区域臭氧浓度的日变化

度年评价值逐年下降至 2017—2018 年水平，而 2022 年臭氧浓度年评价值呈现反弹上升趋势。整体来看，2019—2022 年，全国臭氧浓度年评价值呈高位振荡变化趋势。

其中 2019 年和 2022 年臭氧浓度显著高于其他年份，同时气象资料显示这两年高温、干旱等气象条件发生频率明显增加。2015—2022 年，京津冀及周边、长三角、珠三角、川渝、汾渭平原和长江中游六大城市群重点区域的臭氧年评价值上升幅度分别为 16.9%、25.6%、24.6%、20.0%、28.2%和 22.6%。

观测发现，2013 年以来我国受臭氧污染影响的区域在逐年扩大，大范围臭氧污染出现的频率在增加。图 4.10 为 2013—2022 年我国重点城市 MDA8O_3 年评价浓度的空间分布。2015 年我国 338 个城市臭氧年评价浓度的平均值超过标准二级限值的城市数为 55 个，2019 年增加到 161 个。2017 年，首次出现臭氧中度污染城市，2019 年臭氧中度污染城市增加至 18 个。2013—2017 年，我国臭氧污染在各重点城市群区域同时爆发的频率较低。然而，2017 年至今，臭氧污染的区域分布逐渐由点状向片状发展，在 2019 年 9 月甚至出现了由北至南的连片污染，影响范围超百万平方千米、持续时间超过 1 周。

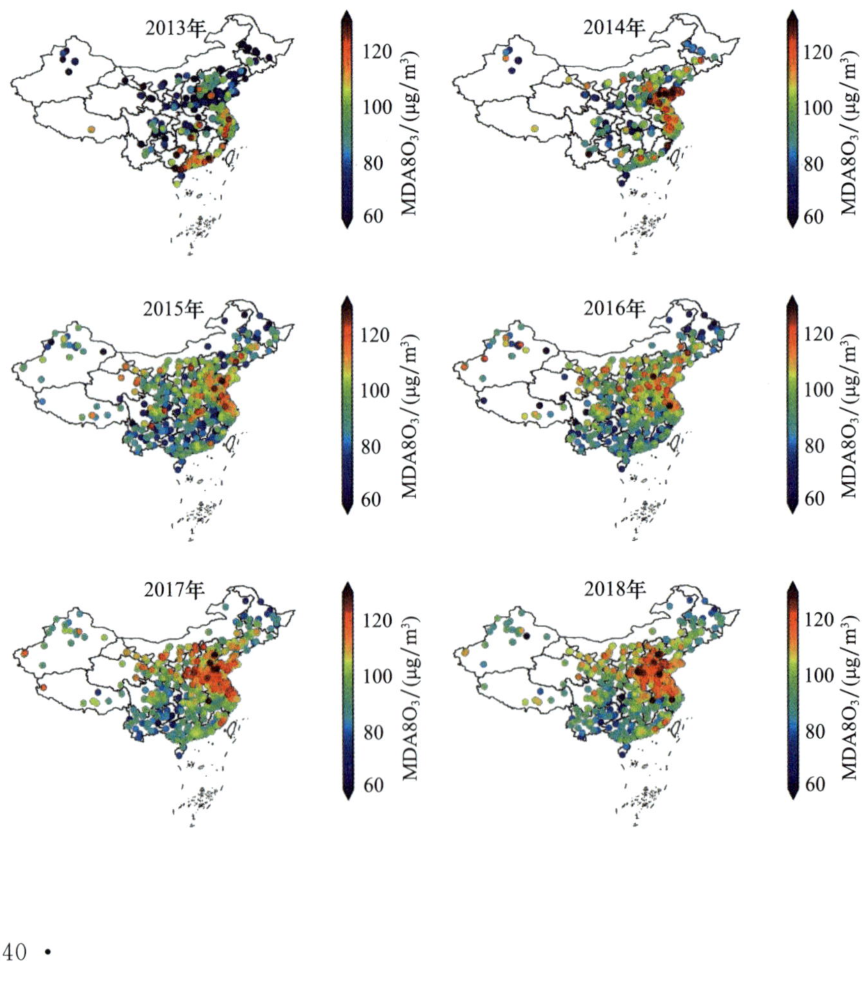

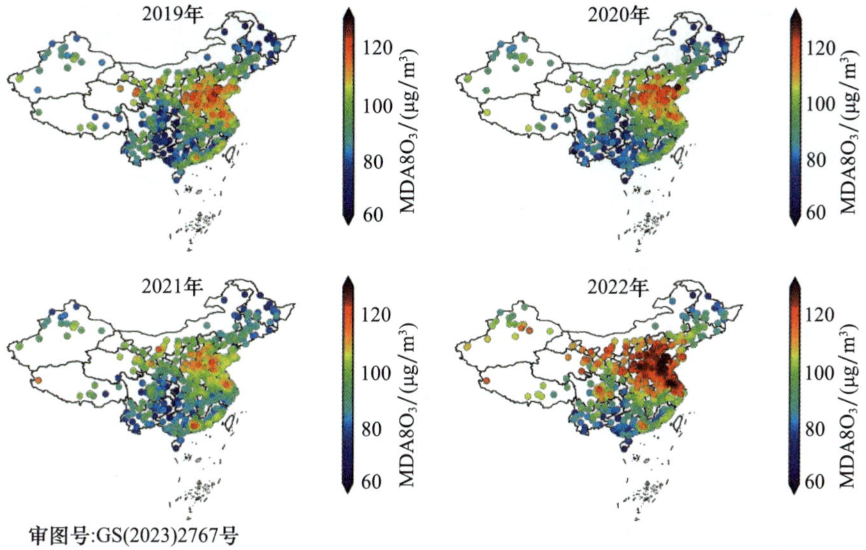

图 4.10　2013—2022 年我国重点城市 $MDA8O_3$ 年评价浓度的空间分布

近年来，研究发现，我国臭氧污染在不断加剧的同时，臭氧污染时间范围也从典型的夏季污染往春冬季蔓延。以我国华北地区 3 月为例，最大 $MDA8O_3$ 浓度水平在逐年上升。这种春冬季臭氧污染成因以及危害值得进一步关注。

4.2　大气复合污染气象成因

现有研究认为，大气复合污染的成因主要有三个方面，即气象成因、化学成因及排放成因，人为排放处于高位、特殊地形和不利气象条件三个过程共同主导（图 4.11），三个过程的相对重要性在不同的时空条件下存在差异。其中人为排放处于高位是大气污染形成的根本原因，在大气强氧化性的背景下，一次污染物被快速通过化学转化成二次污染物。此外，污染过程往往发生在某些特定的地形条件和不利气象条件下。因此，可以说气象和地形条件，是大气污染发生的外因。在相对较短的时间尺度上，人为排放基本稳定，因此污染发生通常是特殊地形背景下的不利气象条件造成。由于颗粒物和臭氧的生成方式不一样，不同的气象条件在上述两种污染物质积累的过程中扮演的角色不同。

4.2.1　颗粒物污染的气象影响机制

4.2.1.1　气象要素的影响

气象要素影响颗粒物污染的方式，主要包括物理过程和化学过程，其中物理过

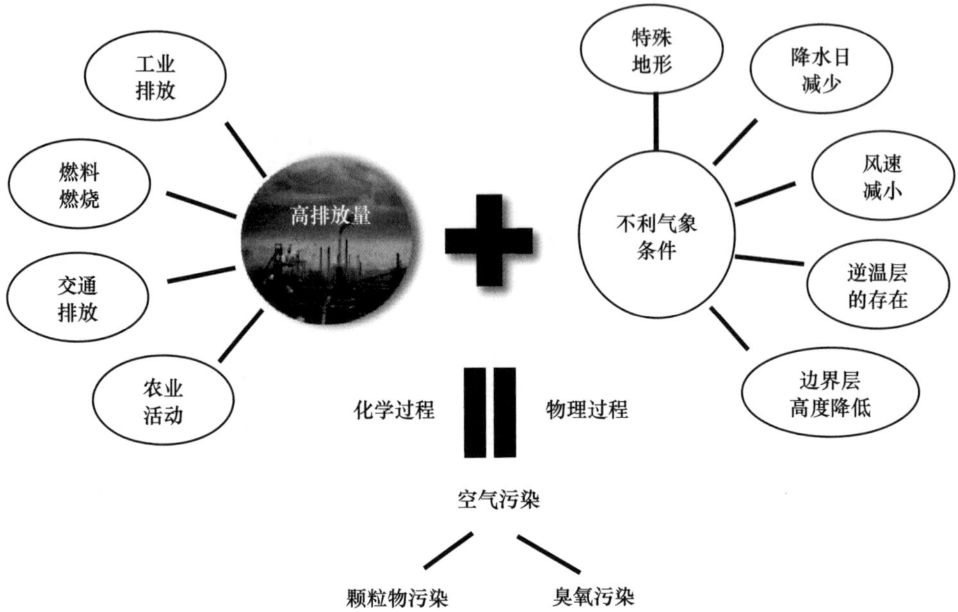

图 4.11 大气复合污染成因概念模型

程是指气象要素对污染物的积累、稀释扩散以及传输过程，而化学过程包括影响颗粒物吸湿性、气粒分配以及二次生成过程（如气溶胶的液相和非均相反应过程）。由于同一气象要素可能同时影响颗粒物的物理化学过程，所以在不同时空条件下对颗粒物浓度的表观贡献并不一致。

以温度为例，一方面，高温会导致湍流加强，使 $PM_{2.5}$ 的扩散能力加强，而低温会使对流减弱，导致 $PM_{2.5}$ 容易形成积累。从化学转化的角度来看，高温导致污染物气粒分配平衡偏向于气态，包括颗粒物含水量、硝酸盐以及一些挥发性有机组分等更多地从颗粒相释放到大气当中去，从而缓解颗粒物污染，但是另一方面，高温能够增加一些化学反应的速率，如加速硫酸盐等污染物生成。因此，在不同地区，温度对颗粒物生成的贡献，主要取决于哪些物理化学因素和过程起到主导作用。在实际观测资料中分析、解释温度和 $PM_{2.5}$ 相关关系时，还要考虑温度和其他气象条件的相关性。

风速也是影响 $PM_{2.5}$ 的一个重要因素。普遍认为风速增加有利于气团流动，利于颗粒物输送扩散，导致颗粒物浓度稀释甚至被清除。但是在某些特定条件和特定区域，风速的增加也可能导致 $PM_{2.5}$ 浓度增加。比如在北京地区盛行南风时，污染物被西北方向的山脉阻挡，导致更多的污染物从南部城市传输至北京，造成颗粒物污染，除此之外，风速增加还可能会导致扬尘或者沙尘暴增加，导致颗粒物污染持续加重，这也在一定程度上体现了气象和地形在污染形成中的重要作用。有研究表明，近50 a来，我国平均风速呈现出一定程度下降(任国玉 等，2005)，这一变化导致我国容易出现大尺度范围颗粒物污染。

湿度方面，一般来说，湿度越大，颗粒物污染越容易加剧。一方面，较高的湿度会增加颗粒物的吸湿增长能力，使得颗粒物含水量增加，从而增加颗粒物的质量；另一方面，颗粒物含水量增加会显著增加颗粒物的表面积和其他痕量气体在颗粒物表面的非均相转化能力，从而促进颗粒物浓度的增长。另外，高湿度还会改变污染物的气体颗粒物分配能力，促进更多的污染物质从气相进入到颗粒相。相对湿度对于颗粒物增加存在阈值效应。研究表明，当相对湿度超过80%时，颗粒物的沉降能力也会增加，导致颗粒物的去除速率增加，如在降雨这种高湿度极端案例中，颗粒物可以被快速清除，因此高湿度也可能导致颗粒物浓度降低。

在低层大气中，边界层高度是影响颗粒物扩散和输送的关键参数。在边界层内，湍流作用会增加颗粒物的混合均匀度。边界层的高度越高，$PM_{2.5}$稀释扩散的空间就越大，越有利于颗粒物浓度的降低，而在低边界层高度条件下，$PM_{2.5}$的环境容量显著下降，导致在同等排放和转化的前提下，颗粒物的污染更严重。大量研究表明，$PM_{2.5}$的浓度和边界层高度呈现显著的负相关关系，边界层高度低是严重灰霾事件的主要气象驱动因素之一。在冬季静小风逆温条件下，边界层高度显著降低，导致环境容量下降，从而导致颗粒物污染。

除了上述气象要素之外，气压、云量、太阳辐射等气象要素也会对颗粒物的生成有影响(Wu et al.，2013)。另外，不同气象要素对$PM_{2.5}$的生成影响机制，呈现出协同或者拮抗的作用，且并不线性叠加。在实际大气中，往往存在复杂的非线性影响机制，甚至存在气象要素与颗粒物之间双向反馈的相互作用机制，如边界层高度和$PM_{2.5}$浓度相互作用等，体现出了这种影响机制的复杂性和不确定性。例如，颗粒物积累到一定程度，会显著改变边界层的气象条件，导致逆温、低温增湿、边界层高度显著下降、大气稳定度持续增加，这种不利气象条件又会显著增加气溶胶污染，从而出现双向反馈(Miao et al.，2018；Zhong et al.，2018)。

4.2.1.2　颗粒物区域污染输送

污染物的长距离输送、局地积累及化学生成，被认为是影响重霾污染的关键因素。

大量研究指出，某一城市的颗粒物污染往往会受到周边城市污染物输送的影响。从区域尺度来看，冬季华东地区大范围重霾事件一定程度受到了华北区域性污染长距离输送的影响，华北地区的沙尘污染也会来源于长距离传输。一些研究探讨了华北地区和华东地区的颗粒物污染相互影响机制，指出长三角和山东等地区有较强太阳辐射吸收特性的黑碳气溶胶的区域性排放，可被输送传至京津冀的边界层上层，通过气溶胶-边界层的相互作用，改变京津冀地区的气象条件，加剧所在地区静稳天气的形成(即边界层上层增暖、下层降温的“穹顶效应”)(Wang et al.,2018)。同时,边界层内因降温所导致的相对湿度增加,又显著促进二次颗粒物的生成,从而加剧了华北的 $PM_{2.5}$ 污染。在随后的冷锋作用下,区域性重霾又可南下影响包括长三角在内的整个东部地区(Huang et al.,2006;王丽娟 等,2021)。

探究和量化区域输送对污染的影响,对于减排应对策略的制定有非常重要的价值。有研究指出,同样的减排强度,如能根据输送形势的科学研判,将长三角地区的减排时间点提前,不但可以减轻华北地区的污染,也有助于对随后长距离传输的重污染过程进行削峰(Huang et al.,2020)。

4.2.1.3 天气形势的影响

天气形势和环流背景,是影响我国颗粒物污染程度的重要因素,其影响方式包括对局地气象要素(温度、风速、湿度)等的影响,也包括对大尺度环流和区域输送的影响。以我国东部的颗粒物污染为例,冬季青藏高原的背风坡和弱风区下沉气流效应,阻碍了我国东部城市群区域的颗粒物污染扩散,尤其抑制了颗粒物的高空输送过程(徐祥德 等,2015)。平直西风和高压脊线两种类型的环流背景场,使大范围均压场下容易出现近地层小尺度局地环流群体,会形成颗粒物的汇聚带(任阵海 等,2005)。此外,东亚季风的异常减弱、500 hPa 高压异常等各种因素,都与大气颗粒物重污染形成有关(张人禾 等,2014)。

4.2.2 臭氧污染的气象影响机制

臭氧浓度变化与温度、湿度、风速、边界层高度、辐射等气象要素相关。不同尺度天气和气候变化对臭氧影响程度不同,短期臭氧污染过程受气象因素诱导,长期臭氧污染变化趋势受天气系统和气候变化的影响。气象条件主要通过以下 3 种途径影响臭氧浓度:(1)气象条件的变化影响臭氧及前体物的输送和扩散过程;(2)气象条件(如辐射和气温等)的变化,影响光化学反应速率,导致大气氧化性发生变化,进而影响光化学过程;(3)气象条件的变化影响污染物排放(如汽油挥发,土壤 NO_x 排放、植被 VOCs 排放等)发生变化,间接影响臭氧浓度。基于气象影响臭氧具有较强的时空尺度特征,本节将从局地气象要素、大尺度天气系统和长期气候变化的影响几个方面进行阐述。

4.2.2.1 气象要素影响

臭氧浓度与气象要素(如温度、湿度、风速、云量、降水、辐射、边界层高度等)有不同程度的相关性,且气象要素对臭氧浓度的影响,存在区域和季节的差异。一般而言,晴空、高温、低湿的气象条件利于形成臭氧污染。臭氧变化与太阳辐射强度存在较强正相关,气温一方面反映太阳辐射强度,另一方面直接与臭氧形成的光化学过程相联系，气温的上升会导致生成臭氧的光化学反应速率加快；同时也促进部分臭氧前体物的排放过程（如通常植被 VOCs 排放随温度增加而增加），进而促进臭氧的形成。

风场的变化能够驱动臭氧及其前体物的区域传输。近地面臭氧及其前体物的水平输送，受控于盛行风向和局地大气边界层环流的共同作用。通常在城市地区的下风向，由于同时受到了臭氧以及前体物输送的贡献，更加容易出现臭氧污染。

城市大气边界层变化，是影响地面臭氧浓度的关键外部因素，臭氧的垂直输送是多尺度大气垂直运动的结果。对于臭氧局地变化，边界层的垂直结构影响较大。垂直运动明显的对流边界层，能使臭氧在边界层内强烈混合，对地表臭氧的影响取决于边界层内的臭氧垂直分布和混合的强度。

气象要素对臭氧的影响具有明显的区域特征。我国东部地区（京津冀、长三角、珠三角地区）2013—2018 年夏季日地表臭氧与选定的气象要素之间的相关性表明，在所有的气象变量中，我国东部地区地表臭氧与相对湿度的相关最高（Han et al.，2020）。臭氧与云量的相关性分布情况类似于与相对湿度的相关性。地表臭氧与 850 hPa 的经向风在北部地区呈正相关，而在南部呈负相关，这反映较大的经向风（南风）将清洁湿润的空气从海洋带到南部，造成南方区域臭氧减少，同时又将臭氧及其前体物从南部输送到北部，造成北方区域臭氧增加。需要指出的是，气象要素对臭氧的影响并不是相互独立的。例如，较低的相对湿度通常与较高的温度、较强的太阳辐射、较低的云量等相联系，对臭氧的促进作用是多方面的影响。

4.2.2.2　天气形势影响

不同尺度天气系统发展及演变会影响臭氧输送。在对流层顶附近，与极锋急流相联系的平流层空气侵入，会导致对流层臭氧增加，副热带急流也能够导致平流层的空气进入对流层、导致对流层中上层臭氧浓度升高，热带气旋驱动对流层-平流层相互交换作用，也会引起对流层臭氧浓度升高。天气形势的周期性变化，也导致臭氧浓度周期性变化。此外，一些局地系统日变化，如城市热岛、山谷风、海陆风、边界层日变化等，也是导致臭氧浓度日变化的重要原因。

热带气旋环流是影响我国东南沿海地区臭氧变化的重要天气系统，其外围大范围的下沉气流，会在陆地形成高压均压场，容易引起高臭氧浓度事件（Wang et al.，2022）。研究指出，粤港澳大湾区由于热带气旋造成的臭氧污染过程，占所有臭氧超标过程的 1/3 左右，通过分析台风和非台风日香港的臭氧浓度，发现台风日臭氧浓度通常会异常偏高 10～15 $\mu g/m^3$。与热带气旋相关的臭氧污染过程持续时间，一般为 1～2 d，出现在热带气旋登陆或者转向之前。随着热带气旋的靠近，风力加大伴随着来自海洋清洁空气的影响下，臭氧浓度一般不会太高。并不是所有的热带气旋都会造成近地面臭氧污染，这与热带气旋的位置、距离等因素有关。热带气旋外围大尺度环流圈下沉气流，甚至可能会引起近地面夜间臭氧污染。

热带气旋外围偏北气流的局地积聚作用，易造成粤港澳大湾区臭氧浓度增加（范绍佳 等，2023）。研究指出，由于西太平洋海温分布的变化和副热带高压脊造成的流场变化，过去十年从西太平洋进入巴士海峡并在台湾一带北上的热带气旋数目增多，西行进入南海的数目减少。热带气旋在台湾附近北上的路径，最有利于珠三角地区臭氧浓度升高，该路径下城市站点的臭氧浓度，显著高于夏季季节平均浓度。热带气旋除了直接影响臭氧的变化，还可以通过对臭氧前体物输送和沉降等再分布的作用，进而影响臭氧的变化。

此外，海陆风是影响沿海地区臭氧污染的重要大气边界层尺度环流，它通常发生在系统风风速较小的时候。模拟结果表明，从午夜到第二天的中午，陆风和离岸风将臭氧前体物从内陆和沿海城市吹到海洋上空。由于混合高度低和静风的环境，空气污染物在此聚集。下午，海风将含有臭氧的气团带回到海岸上，大多数站点在地方时 13:00—14:00 之间监测到的臭氧浓度达到最高。

4.2.2.3 气候变化的影响

部分研究认为全球变暖会导致陆地上近地面臭氧浓度升高，这很大程度反映了温度对臭氧的影响。由于气候变化，臭氧的天然前体物——植被排放的异戊二烯将会增加。但极端高温热浪也可能会导致植被呼吸系统受损，导致排放和沉降共同减弱。此外，气候异常通过影响大气扩散条件，进而影响大气环境。不同气候系统（如厄尔尼诺、南方涛动等）的周期性变化，会导致扩散条件等周期性变化，可能导致臭氧浓度周期性变化。我国大部分地区地处典型的东亚季风气候区，臭氧变化与东亚季风的年际变化有较好的相关性。

综上所述，气象要素中的温度、云量、辐射、水汽、风场特征及边界层高度，是影响臭氧的主要因素。气候变化以及极端天气（气候）也是通过上述气象要素来影响臭氧的浓度水平。需要指出的是，这些要素对我国臭氧的影响，具有较大的空间异质性，具体的量化和分析，要考虑区域的气象特征和当地的排放特征。

4.3 我国大气污染的应对

4.3.1 我国空气质量改善应对的政策和历史

1972 年 6 月 5 日，联合国人类环境会议在瑞典斯德哥尔摩举行。这是世界各国政府代表团及政府首脑、联合国机构和国际组织代表共同讨论面临环境问题，探讨保护全球环境战略的第一次国际会议。我国代表团参加了这次里程碑式的会议，也从此开启了我国生态环境保护征程(柴发合,2020)。

4.3.1.1　1973—1990 年消烟除尘

1973 年我国召开了第一次全国环境保护会议,确定了“全面规划、合理布局、综合利用、化害为利、依靠群众、大家动手、保护环境、造福人民”的环境保护 32 字方针,通过了《关于保护和改善环境的若干规定》。随后国务院成立了国务院环境保护领导小组(下设环境保护办公室,后升级为国家环境保护局),为我国重大大气污染问题的调查和决策起到了重要的领导、支撑和推动作用。1973—1990 年期间,我国面临的主要大气环境问题是烟粉尘污染。大气污染防治的重点是消烟除尘,着力解决悬浮颗粒物污染和“黑龙与灰龙”。与此同时,城市环境空气质量问题日益受到关注。在此期间,我国大气污染防治取得成效,全国环境保护重点城市空气中总悬浮颗粒物(TSP)平均浓度从 1986 年的 560 $\mu g/m^3$ 下降到 1990 年的 387 $\mu g/m^3$,降低了 30.9%。

4.3.1.2　1991—2000 年酸雨污染防控

这一阶段的大气污染主要防治对象为二氧化硫和悬浮颗粒物。空气污染的范围由城市局地污染向区域性污染发展,出现了大面积的酸雨污染,控制重点为燃煤锅炉与工业排放。随着经济社会的高速发展和人民生活水平的不断提高,我国煤炭消费量和机动车保有量快速上升。1990 年全国煤炭消耗量 10.52 亿 t,到 1995 年煤炭消耗量增至 12.8 亿 t,二氧化硫排放量达 2370 万 t,居世界首位。由于我国部分地区燃用高硫煤,燃煤设备未能采取脱硫措施,致使二氧化硫排放量不断增加,造成严重的环境污染。在总悬浮颗粒物污染仍然居于高位的同时,部分城市二氧化硫污染十分严重,氮氧化物污染持续增加,酸雨污染面积不断扩大,长江以南的广大地区降水酸度迅速升高,酸雨面积高达 300 万 km^2,使我国继欧洲、北美之后成为世界第三大酸雨区。1995 年,经国务院批准后,划定了酸雨控制区或者二氧化硫污染控制区(简称“两控区”),随后提出实施污染物排放总量控制,建立全国主要污染物排放总量指标体系和定期公布制度。在继续加大二氧化硫控制的基础上,进一步要求对燃料燃烧过程中产生的氮氧化物采取控制措施。

4.3.1.3　2001—2010 年污染排放实行总量控制

2006 年《国民经济和社会发展第十一个五年规划纲要》提出,要以科学发展观统领经济社会发展全局,促进国民经济持续快速协调健康发展和社会全面进步。将二氧化硫排放量在 2005 年基础上削减 10%作为国民经济和社会发展的约束性指标之一,要求坚持预防为主、综合治理,强化从源头防治污染,坚决改变先污染后治理、边治理边污染的状况,以解决影响经济社会发展特别是严重危害人民健康的突出问题为重点,有效控制污染物排放,尽快改善重点区域和重点城市的环境质量。2008年北京奥运会空气质量保障要求,促进了北京市空气质量的快速改善,同时也是京津冀联防联控解决区域性大气环境问题的成功探索。从1998年起北京市大气污染防治就被列为国家环境保护重点治理工程。北京市先后实施了十二个阶段近200项的控制大气污染措施,大气环境质量有了较为明显的改善。党中央、国务院非常关心北京奥运筹办工作,批准成立了由北京市、国家环境保护总局牵头,天津、河北、山西、内蒙古、山东参与的2008年奥运会空气质量保障工作协调小组。2007年10月,国务院批准了《第29届奥运会北京空气质量保障措施》,主要以扬尘污染、机动车污染、工业污染、燃煤污染为控制对象,通过区域联动,在奥运会前实施环境综合治理,在奥运会举办期间采取临时污染减排措施。在北京市及周边省区市共同努力下,奥运会空气质量保障取得完满成功,也成为大气污染治理模式从城市单打独斗到区域联防联控方式转变的里程碑。总的来说,“十一五”通过工程减排、结构减排和管理减排全面发挥效益。到2010年,全国二氧化硫排放量相比2005年下降了14.29%,超额完成了“十一五”的约束性指标,特别是全国二氧化硫排放量从2006年开始步入单调下降态势。城市空气质量也显著改善。

4.3.1.4 2011—2020年蓝天保卫战

2012年2月经过国务院常务会议审议,新修订的《环境空气质量标准:GB 3095—2012》开始实施。新标准增加了$PM_{2.5}$和臭氧8 h指标,$PM_{2.5}$标准限值与世界卫生组织《环境空气质量导则》第一阶段目标值一致。2013年9月,国务院出台了《大气污染防治行动计划》(简称“大气十条”),要求到2017年,全国地级及以上城市PM_{10}浓度比2012年下降10%以上,优良天数逐年提高;京津冀、长三角、珠三角等区域$PM_{2.5}$浓度分别下降25%、20%、15%左右,其中北京市$PM_{2.5}$年均浓度控制在60 $\mu g/m^3$左右。为了实现以上目标,“大气十条”提出加大综合治理力度,减少多污染物排放;调整优化产业结构,推动产业转型升级;加快企业技术改造,提高科技创新能力;加快调整能源结构,增加清洁能源供应;严格节能环保准入,优化产业空间布局;发挥市场机制作用,完善环境经济政策;健全法律法规体系,严格依法监督管理;建立监测预警应急体系,妥善应对重污染天气;明确政府、企业和社会的责任,动员全民参与环境保护等十大措施。2015年8月29日十二届全国人大常委会第十六次会议表决通过修订后的《大气污染防治法》(2016年1月1日实施)。新修订的《大气污染防治法》有机衔接《环境保护法》,适应区域性复合型大气污染防治的需要,将“大气十条”实施以来行之有效的措施法制化,以改善环境空气质量为核心,明确了政府、监管者、排污者和公众的大气污染防治责任与义务。

“大气十条”的实施使我国环境空气质量显著改善。2017年,全国338个地级及以上城市PM_{10}平均浓度比2013年下降22.7%,京津冀、长三角、珠三角区域

$PM_{2.5}$ 平均浓度比 2013 年分别下降 39.6%、34.3%、27.7%，北京市 $PM_{2.5}$ 平均浓度从 2013 年的 89.5 $\mu g/m^3$ 降至 58 $\mu g/m^3$，超额完成了“大气十条”提出的阶段性目标，有力推动了产业、能源和交通运输等重点领域结构优化，大气污染防治的新机制基本形成，创造了大气污染防治的中国模式。

2018 年 6 月中共中央、国务院发布《关于全面加强生态环境保护坚决打好污染防治攻坚战的意见》，要求编制实施打赢蓝天保卫战三年行动计划，以京津冀及周边、长三角、汾渭平原等重点区域为主战场，调整优化产业结构、能源结构、运输结构、用地结构，强化区域联防联控和重污染天气应对，进一步明显降低 $PM_{2.5}$ 浓度，明显减少重污染天数，明显改善大气环境质量，明显增强人民的蓝天幸福感。

2018 年 7 月国务院印发了《打赢蓝天保卫战三年行动计划》，要求经过 3 年努力，到 2020 年，二氧化硫、氮氧化物排放总量分别比 2015 年下降 15%以上；$PM_{2.5}$ 未达标地级及以上城市浓度比 2015 年下降 18%以上，地级及以上城市空气质量优良天数比率达到 80%，重度及以上污染天数比率比 2015 年下降 25%以上。

《打赢蓝天保卫战三年行动计划》提出了六方面措施，分解落实到国家相关部门，并明确量化指标和完成时限。一是调整优化产业结构，推进产业绿色发展。优化产业布局，严控“两高”行业产能，强化“散乱污”企业综合整治，深化工业污染治理，大力培育绿色环保产业。二是加快调整能源结构，构建清洁低碳高效能源体系。有效推进北方地区清洁取暖，重点区域继续实施煤炭消费总量控制，开展燃煤锅炉综合整治，提高能源利用效率，加快发展清洁能源和新能源。三是积极调整运输结构，发展绿色交通体系。大幅提升铁路货运比例，加快车船结构升级，加快油品质量升级，强化移动源污染防治。四是优化调整用地结构，推进面源污染治理。实施防风固沙绿化工程，推进露天矿山综合整治，加强扬尘综合治理，加强秸秆综合利用和氨排放控制。五是实施重大专项行动，大幅降低污染物排放。开展重点区域秋冬季攻坚行动，打好柴油货车污染治理攻坚战，开展工业炉窑治理专项行动，实施挥发性有机物专项整治。六是强化区域联防联控，有效应对重污染天气。建立完善区域大气污染防治协作机制，加强重污染天气应急联动，夯实应急减排措施。

与此同时，从 2017 年开始，环境保护部已连续发布了京津冀及周边、长三角和汾渭平原三个秋冬季（10 月—翌年 3 月）大气污染综合治理攻坚方案，以秋冬季 $PM_{2.5}$ 下降和重污染天数减少为目标，长效措施、季节性错峰和重污染天气应对相结合，强化监督、帮扶和量化问责，着力改善秋冬季环境空气质量，千方百计降低重污染程度和天数。创建的排查、交办、核查、约谈、专项督察“五步法”工作模式被写入中共中央办公厅、国务院办公厅印发的《关于构建现代环境治理体系的指导意见》中。

2017 年，国务院第 170 次常务会议决定，由环境保护部牵头，科技部、农业农村部、卫生健康委、中国气象局、中国科学院和高校等多部门和单位协作，针对京津冀及周边地区秋冬季大气重污染成因和来源、重点行业和污染物排放管控技术、大气污染综合决策支撑、大气污染对人群的健康影响及公众健康防护等难题开展攻坚，实现重大突破，推动区域空气质量持续改善。生态环境部(2018 年在环境保护部基础上组建)牵头成立了多部门协作的大气攻关领导小组，以“1＋X”模式组建国家大气污染防治攻关联合中心，聚集 200 多家科研院所和单位协同攻关，建设国内最大的综合立体观测网和数据采集与共享平台，摸清了京津冀及周边地区秋冬季大气重污染成因和来源，建立了区域高时空分辨率动态排放清单，查明了区域重点行业和领域大气污染防治存在的问题，提出了区域空气质量持续改善的时间表与路线图。同时，建立“一市一策”跟踪研究机制，对“2＋26”城市进行科技帮扶，解决了地方政府在大气污染防治方面“有想法，没办法”的难题，实现了科学研究与业务化应用高度融合，全面支撑了“大气十条”的收官、蓝天保卫战三年行动计划的实施，推动了国家和区域科学决策和精准治污，为其他地区大气污染治理提供了引领和示范。经过两年多努力，打赢蓝天保卫战取得重要的阶段性进展，全国和重点区域环境进一步改善，重污染天数持续下降。

4.3.1.5 新时期空气质量持续改善行动

2023 年 12 月，国务院印发《空气质量持续改善行动计划》(以下简称《行动计划》)，明确了今后一段时间大气污染治理的工作重点和行动举措，到 2025 年，全国地级及以上城市 $PM_{2.5}$ 浓度比 2020 年下降 10％，重度及以上污染天数比率控制在 1％以内；氮氧化物和挥发性有机物排放总量比 2020 年分别下降 10％以上。

《行动计划》部署了 9 项重点工作任务，一是优化产业结构，促进产业产品绿色升级，包括坚决遏制高耗能、高排放、低水平项目盲目上马，加快退出重点行业落后产能，全面开展传统产业集群升级改造，优化含 VOCs 原辅材料和产品结构，推动绿色环保产业健康发展；二是优化能源结构，加速能源清洁低碳高效发展，包括大力发展新能源和清洁能源，严格合理控制煤炭消费总量，积极开展燃煤锅炉关停整合，实施工业炉窑清洁能源替代，持续推进北方地区清洁取暖；三是优化交通结构，大力发展绿色运输体系，包括持续优化调整货物运输结构，加快提升机动车清洁化水平，强化非道路移动源综合治理，全面保障成品油质量；四是强化面源污染治理，提升精细化管理水平，包括深化扬尘污染综合治理，推进矿山生态环境综合整治，加强秸秆综合利用和禁烧；五是强化多污染物减排，切实降低排放强度，包括强化 VOCs 全流程、全环节综合治理，推进重点行业污染深度治理，开展餐饮油烟、恶臭异味专项治理，稳步推进大气氨污染防控；六是加强机制建设，完善大气环境管理体系，包括实施城市空气质量达标管理，完善区域大气污染防治协作机制，完善重污染天气应对机制；七是加强能力建设，严格执法监督，包括提升大气环境监测监控能力，强化大气环境监管执法，加强决策科技支撑。八是健全法律法规标准体系，完善环境经济政策，包括推动法律法规制修订，完善环境标准和技术规范体系，完善价格税费激励约束机制，积极发挥财政金融引导作用。九是落实各方责任，开展全民行动，包括加强组织领导，严格监督考核，推进信息公开，加强宣传引导和国际合作，实施全民行动。

4.3.2　一次污染物减排成效评估

图 4.12 给出我国 2010—2020 年期间各种污染物的排放量和构成。2010 年 SO_2 和 CO_2 主要来源是工业和燃煤电厂。NO_x 的主要来源除了工业和燃煤电厂之外，交通源也是十分重要的组成部分，占总排放近 30%。挥发性有机物的排放主要包括了溶剂使用、交通源、工业以及生活源。氨气则主要来自农业排放。CO 主要来自生活源和工业。一次颗粒物和 CO 具有较好的同源性。

人为排放控制是近年来污染物排放下降的主要驱动因素。我国 2010—2020 年人为排放的变化趋势表明(Zheng et al.，2018)，我国 SO_2 人为排放的相对变化为 −72%，NO_x 为 −25%，$PM_{2.5}$ 为 −46%，CO_2 为 +25%。特别地，在 2013—2017 年期间，我国的人为 SO_2 排放量的相对变化为 +56%，NO_x 为 −21%，$PM_{2.5}$ 为 −33%，CO_2 为 +2%。2010—2020 年，NMVOC 排放量增加，NH_3 排放量保持稳定。

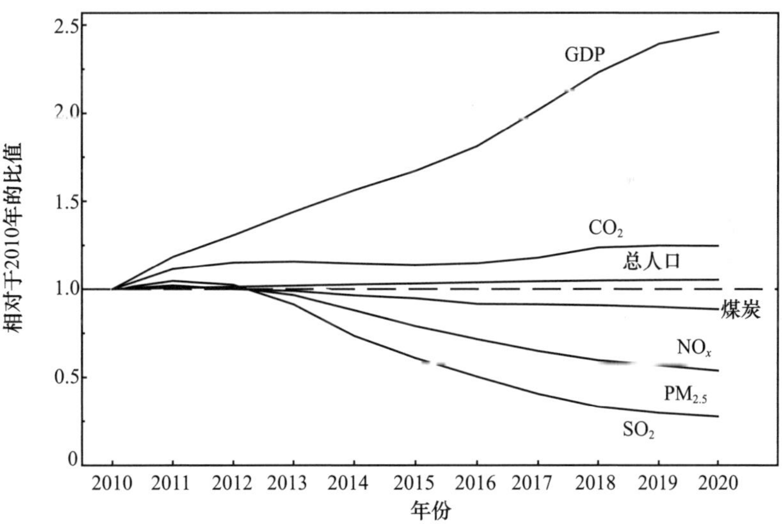

图 4.12　2010—2020 年期间各种污染物和经济社会数据相对 2010 年的变化量(Zheng et al.，2018)

这表明，“大气十条”推行的一系列针对工业部门的控制措施，包括加强工业排放标准实施、淘汰落后产能、升级清洁燃烧技术、关停燃煤小锅炉等，已经使得污染物总体的排放格局及各个行业的排放发生了显著的变化。分析评估结果显示，整治燃煤工业小锅炉和推进大锅炉脱硫是对 SO_2 排放下降贡献最大的措施。NO_x 排放的下降主要受电力部门主导，主要体现在脱硝设备的大幅推广，我国许多电厂已达到超低排放标准。NO_x 排放的另一个主要贡献源为机动车，但该部门的排放下降较为有限，主要是因为机动车保有量的快速增长抵消了排放控制的效果。

4.3.3 空气质量改善的成效评估

就颗粒物而言，研究表明2013—2017年期间我国东部重污染地区 $PM_{2.5}$ 浓度呈显著下降趋势，我国华北地区的颗粒物浓度从90.6 μg/m³ 下降至56.3 μg/m³，长三角地区从65.8 μg/m³ 下降至48.0 μg/m³，珠三角地区从35.3 μg/m³ 下降至27.9 μg/m³，全国从61.8 μg/m³ 下降至42.0 μg/m³。估算结果表明2013—2017年期间，华北地区气象条件的变化导致 $PM_{2.5}$ 浓度降低了5.6 μg/m³，贡献了 $PM_{2.5}$ 浓度下降的16%。在全国范围内，气象条件能解释 $PM_{2.5}$ 浓度总下降的9%。因此，改善 $PM_{2.5}$ 空气质量的变化主要是人为排放的减少，而不是气象条件的年际变化(Zhang et al.，2019)。

就臭氧而言，2013年以来，大部分城市监测站的地表臭氧浓度呈上升趋势。研究表明，我国臭氧的近年来上升的原因比较复杂，气象和排放都起到了一些作用。从排放和化学的角度看，细颗粒物浓度的减少以及挥发性有机化合物的排放持续保持在高位可能是臭氧污染的重要原因(Li et al.，2019)。一些研究利用统计方法、大气化学数值模拟、机器学习等方法，指出近年来气象因素变化，如华北平原高温现象的增加等因素，也对臭氧上升有重要的影响。如一项对2015—2019年我国地表臭氧变化的评估分析显示，2015—2019年我国近一半的臭氧趋势可能由气象变化引起的(Weng et al.，2022)。在未来气候变化下，热浪等极端天气的频率和强度增加，可能导致臭氧污染进一步加剧。

4.3.4 短期污染天气应对案例分析

短期大气重污染现象，是指由于不利的气象条件或者人为因素造成的大气污染物浓度在短时间内超过平均水平1倍以上的污染过程。2000年以来随着工业化的快速发展，我国的环境污染问题日益严峻，京津冀、长三角、成渝和东北地区等主要城市群，2013年以来均发生了短期持续性的重污染天气过程，甚至出现了 $PM_{2.5}$ 峰值“爆表”的极端情景，对人体健康和社会经济活动都带来负面影响。而且在重污染天气下，主要污染物的浓度值会明显拉高其年均值，从而影响全年空气质量改善任务的实现。因此，建立一套应对短期污染天气方案对于我国环境污染的防治至关重要。

重污染天气是由于静稳、小风、高湿以及逆温等不利气象条件，造成污染物无法有效扩散，短时间内快速累积的大气污染过程。其主要特征包括大气环境容量大幅降低及容易生成二次污染物。在重污染天气发生时，气象条件会阻碍大气污染物扩散，在垂直方向，混合层高度会显著降低，且常有逆温现象，导致一次污染物难扩散、相互接触机会增加，在水汽、光照等气象条件下，容易生成大量二次污染物。

2018年以来生态环境部和各地政府部门都加强了对重污染天气的应急管理，采取相应的措施来应对重污染天气带来的环境健康风险。我国已形成国家—区域—省级—城市四级城市环境空气质量预报体系，但是从长远来看我国的短期污染天气的应急管理还存在一定的问题，包括预警管控提前时间不足；应急措施落实不到位；应急预案的针对性和可操作性偏弱；污染来源解析和预测预报能力有待提升。

区别于产业和能源结构调整、空气质量标准和污染物排放标准提升等中长期大气污染治理措施，重污染天气应急、错峰生产等措施属于大气污染的短期控制措施，其主要包括工业企业的限产停产、机动车限行以及供暖期燃料替代等，这些措施与人民的生产生活联系紧密，因此也受到社会的广泛关注。目前，减排效果评估工作主要基于过程观测和模型两种方法，观测法通过观测措施实施前后污染物浓度数据进行效果评估，多用于重大活动的空气质量保障，观测方法提供了宝贵的污染物浓度数据，但是存在一些短板，如数据的时空分辨率低、无法排除气象因素和污染物本底浓度变化的影响；而空气质量模型可以将天气系统中、小尺度气象过程对污染物的输送、扩散、转化和迁移过程的影响融为一体考虑，获得高时空分辨率的污染物浓度数据，可与观测数据结合，在评估工作中得到广泛应用。目前我国城市环境空气质量预报的主要模型包括：多元线性回归、人工神经网络、NAQPMS、CMAQ、CAMx、WRF-Chem及多模式集合预报体系等。

案例：2016年京津冀地区红色预警时段$PM_{2.5}$污染应对

(1)2016年京津冀红色预警时段污染物浓度背景

京津冀地区区位特殊，地形复杂，大气污染问题较为严重。京津冀区域的产业以火电、钢铁和建材为主且沿太行山布局，能源结构以煤为主，交通运输以公路为主，污染物排放强度仍处于高位。研究表明，京津冀区域国土面积虽然只占全国的2%，但2014年常住人口占全国的8%，煤炭消费占全国的9.2%，单位面积SO_2、NO_x、烟粉尘排放量分别是全国平均水平的3倍、4倍和5倍。研究结果也表明，京津冀主要城市在冬季采暖期间的一次$PM_{2.5}$增加50%左右。冬季污染物排放强度大，是导致京津冀区域重污染天气高发的根本原因。

2016年12月京津冀地区发生一次重污染过程，北京和天津分别于12月16日20:00至12月21日24:00、河北省(除张家口、承德和秦皇岛)于12月16日00:00至12月22日18:00发布了重污染红色预警。12月8—26日期间的观测数据显示，在预警期间，各地区$PM_{2.5}$平均浓度超过200 μg/m³，污染最严重的邯郸和石家庄$PM_{2.5}$平均浓度超过400 μg/m³，北京市的SO_2在10个城市中最低，为20.0 μg/m³，从北京向西南方向各城市呈现出上升趋势，保定、石家庄、邢台和邯郸平均SO_2浓度为77.9 μg/m³。中东部城市SO_2浓度较低，天津、廊坊、沧州和衡水平均SO_2浓度为

38.4 μg/m³。NO_2 浓度几个城市相差不大，中部城市相对较低。CO 浓度唐山最高，为 9.1 mg/m³，其他城市水平较为接近。

气象条件和天气形势的演变对本次大气重污染过程的产生和变化有重要影响，红色预警时段的天气形势（图 4.13）和后向轨迹模型结果（图 4.14）显示：12 月 16—17 日华中地区存在一个向东移动的高压中心，12 月 16 日京津冀地区气压梯度不明显，高压位于西南部，存在微弱的南风与西南风，后向轨迹模型选取的 4 个城市均有西南来向的气团，受天气形势的影响，位于西南传输通道的石家庄与北京气团来向偏西，而衡水与唐山气团来向偏南。到 12 月 17 日高压中心已从华中地区移动至长江入海口，京津冀地区出现大范围静稳天气，北京以静风为主，石家庄有微弱的北风与东北风，天气形势十分不利于污染物扩散。

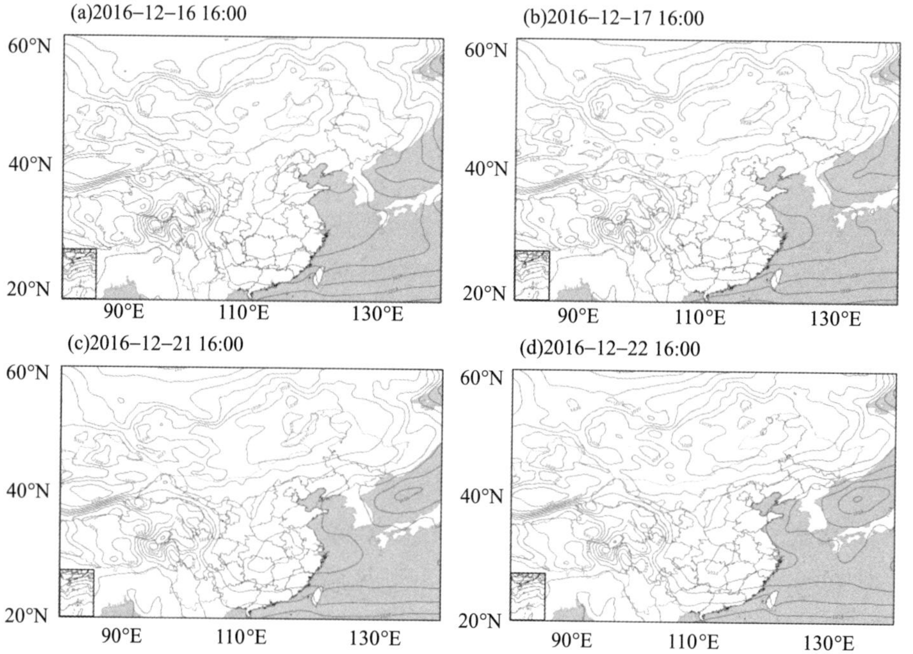

审图号:GS(2023)2767号

图 4.13　2016 年 12 月典型时段的天气形势

综上所述，区域传输在重污染过程中起到一定程度的影响，是形成重污染过程的主要原因之一，为有效改善空气质量，区域联防联控具有重要意义。

（2）紧急应对过程

2016 年 12 月 14 日，中国环境监测总站会商京津冀及周边地区省级空气质量预测预报部门，预计 12 月 16—21 日，受不利气象条件影响，京津冀及周边地区将有持续 5 d 以上、影响范围不少于 6 个省（市）的重污染过程，且 20 多个城市将可能出现

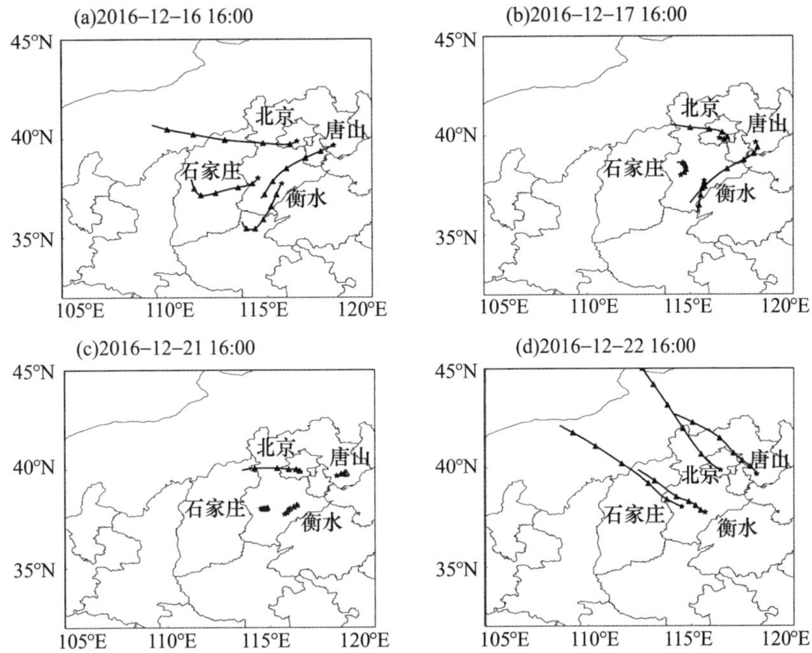

审图号:GS(2023)2767号

图 4.14　2016 年 12 月京津冀重污染过程气团后向轨迹(张冲 等,2019)

2 d 以上严重污染，大范围的逆温、静稳和高湿气象条件以及大气边界层高度大幅降低，污染累积过程可能很快，是 2016 年秋冬季以来持续时间最长、污染程度最重、影响范围最大的一次污染过程。12 月 14 日晚，环境保护部第一时间向各相关省(市)人民政府通报空气重污染预测预报信息，提示各地及时采取应急响应，最大限度减轻空气重污染影响，保障公众健康。同时，环境保护部派出 4 个督查组，分赴河北、山东省等地开展督查，重点督查地方政府应急预案启动和落实情况、地方“土小”企业排查情况、重点企业达标排放及应急减排措施落实情况。预警发出后，各省(市)人民政府高度重视，立即部署重污染天气应对工作。河北省印发《关于区域一启动Ⅰ级应急响应、区域二启动Ⅱ级应急响应的通知》，重点加强重污染行业的管控。山东省印发通知，要求各地提前预警、提前应对，严格落实应急措施。山西省印发实施应对重污染天气调度令，确保有效降低区域性大气污染传输的影响。河南省发布《关于启动重污染天气预警响应的紧急通知》，要求各地进一步加强、加严重污染天气应急响应管控措施。

各地根据预警情况，对工业企业采取强化污染监控、降低生产负荷或停产等措施，加强机动车污染排放管控，加大公共交通运力。北京市加大对固定污染源、移动污染源排放执法检查，检查包括施工工地、企业排放、机动车尾气排放等；天津市滨海新区、南开、河北、武清等区负责同志部署并带队检查重污染天气应急措施落实情况;市环保局针对污染传输通道上风向区域重点进行执法检查;市公安交管局投入警力加强道路巡查管控和限行车辆拦检处罚。河北省廊坊市印发《廊坊市大气污染防治十条严控措施》,要求12月份全市所有水泥(保障居民供暖除外)、铸造行业全部实行错峰停产,全市没有排污许可证的涉气工业企业全部依法停产整治,市建成区限时施行机动车单双号限行。

(3)减排效果分析

一些研究针对这次污染红色预警应急事件,对红色预警时间段的实际减排效果及减排时间对减排效果的影响进行了定量评估,采用模型设置了3种减排情景,包括基准情景,即不考虑任何应急控制措施的情景;控制情景,即考虑京津冀地区发布的红色预警应急措施的控制情景;提前减排情景,即在控制情景的基础上将减排时间提前1～5 d。表4.1是CAMx模式模拟得到的基准情景和控制情景下$PM_{2.5}$浓度,通过将两种情景对比,得出各城市的$PM_{2.5}$浓度在红色预警期间全时段平均下降比例、小时均值最大下降比例和小时均值峰值浓度下降比例。从表中可以看出红色预警紧急措施启动期间,$PM_{2.5}$浓度有明显的下降,下降比例均值为27.6%,其中唐山减排效果最好,为30.6%,沧州、衡水与廊坊$PM_{2.5}$浓度下降相对较低。从京津冀地区整体地形方面来看,西南传输通道城市减排效果较好,中部地区相对较差。唐山由于其本身工业密集,减排力度大,$PM_{2.5}$浓度削减效果最为明显。北京$PM_{2.5}$减排效果存在一定的空间性差异,南部市区减排效果好,北部郊区相对较弱,且北部相对于南部有近10 h的滞后,这与南部市区人口、机动车、产业相对密集,减排力度更大有关。

表4.1　各城市$PM_{2.5}$减排效果(张冲 等,2019)

%

城市	全时段平均下降比例	小时均值最大下降比例	小时均值峰值浓度下降比例
保定	27.3	32.4	29.1
北京	26.7	32.2	25.5
沧州	25.0	30.7	28.0
邯郸	29.5	38.1	30.9
衡水	25.7	30.9	26.2
廊坊	25.8	31.7	27.1
石家庄	28.2	31.2	30.4
天津	27.2	31.9	31.9
唐山	30.6	34.9	27.4
邢台	29.7	37.6	29.6

4.3.5 重大活动空气质量保障案例分析

空气质量保障是指在重大国际会议、重大体育赛事等特定活动期间，为保证活动期间具有良好的空气质量，采取的系统性的污染源排放削减以及控制措施。在我国多次重大活动期间，如 2008 年北京奥运会(第二十九届奥运会)、2010 年广州亚运会、2014 年南京青奥会、2014 年北京 APEC 会议、2015 年大阅兵、2022 年冬奥会等，在活动开始前以及期间采取高强度、大范围的减排措施，能够在短期内快速降低污染物浓度，环境空气质量得到明显改善。本节以 2008 年北京奥运会和 2014 年北京 APEC 会议为例，分别介绍空气质量保障的保障政策及其应对的最终成效评估。

4.3.5.1 案例一:2008 年北京奥运会期间空气质量保障(马宁 等,2010)

2008 年北京奥运会包括 2008 年 8 月 8 日至 24 日，第二十九届奥运会在北京举行，9 月 6 日至 17 日，第十三届残奥会在北京举行。

(1)夏季北京市地区空气污染背景

许多针对北京市大气污染的研究指出，区域输送对北京大气污染有显著影响。因此为保障 2008 年北京奥运会期间的空气质量，仅在北京实施控制措施无法将空气污染浓度大幅降低，需要考虑邻近省份排放污染物传输以及气象条件等问题。考虑到北京周边，天津、河北、山西、山东都是人口密集，城市化和工业化的典型省市，排放控制不如北京严格，排放量相对较高，且夏季期间，北京市的主导风向为偏南风，上述省(市)均处于北京市的上风向地区，其污染物的传输对北京地区也会产生一定的影响。

(2)保障政策及其应对

1)《第二十九届奥运会北京质量保障措施》

“绿色奥运”是 2008 年北京奥运会的三大理念之首，北京申奥成功之后，北京市政府向国际奥委会承诺 SO_2、NO_2 和 O_3 的地面浓度要达到世界卫生组织建议的标准，颗粒物要基本符合发达国家城市的标准。为保证北京奥运会期间的空气质量，并考虑到北京市地区空气质量受本地排放、其他区域传输和气象要素的共同影响，环境保护部与北京、天津、河北、山西、内蒙古和山东 6 省(区)联合制定了《第二十九届奥运会北京质量保障措施》，主要通过“控制施工扬尘”“控制燃煤污染”“控制工业污染”和“控制机动车污染和有机气排放”四个方面来确保奥运会期间的北京空气质量。以下是《第二十九届奥运会北京质量保障措施》中为保障北京奥运会期间空气质量的具体举措，其他省(市)的举措类似：

① 控制施工扬尘，主要包括停止工地部分作业并强化道路清扫保洁。

② 控制燃煤污染，对于北京市夏季运行的燃煤锅炉采取有效措施，实现污染物稳定达标排放。对于不能稳定达标排放的燃煤锅炉，原则上停止运行。

③ 控制工业污染，针对重点污染企业停产限产。

④ 控制机动车污染及有机废气排放，这里主要包括两部分，第一，加强对机动车的管理，倡导绿色出行。第二，减少有机废气的排放，加油站、油罐车和储油库，未完成油气回收治理改造或改造后不能达标排放的，停止使用。全市禁止露天喷漆，暂停含有挥发性有机溶剂的建筑喷涂和粉刷作业等。

2)《北京奥运会残奥会期间极端不利气象条件下空气污染控制应急措施》

为保障奥运会顺利进行，环境保护部与北京市、天津市、河北省政府共同制定了《北京奥运会残奥会期间极端不利气象条件下空气污染控制应急措施》。

相较于《第二十九届奥运会北京质量保障措施》，该应急措施更加严格。具体的措施内容如下：

① 在实行重点污染企业停产和限产的基础上，北京市再暂停 105 家机电、化工、家具和建材企业生产或产生挥发性有机物和颗粒物等污染物的生产工序，天津市再暂停 56 家燃煤电力、燃煤供热、建材、化工、机电企业生产或产生挥发性有机物和颗粒物等污染物的生产工序，河北省石家庄、保定、廊坊、唐山市再暂停 61 家企业生产排放挥发性有机物、颗粒物和恶臭的生产工序。张家口、承德、石家庄、唐山等小钢铁企业大幅度减产，大型钢铁企业酌情限产。

② 进一步限制机动车行驶，北京市在实行机动车单号单日行驶、双号双日行驶等措施的基础上，再暂停行驶部分机动车。凡机动车号牌尾号与应急措施当日日期尾号相同的，暂停行驶。天津市机动车在全市范围内全天单号单日行驶、双号双日行驶。河北省石家庄、保定、廊坊、唐山地区每日 07 时至 22 时，实施机动车单号单日行驶，双号双日行驶。

③ 施工工地停止作业，北京市在停止施工工地土石方工程、混凝土浇注等作业的基础上，全市施工工地停止作业。

(3)空气质量保障和成效评估

1)排放减少

在北京奥运会申办、筹办以及举办期间，随着不同保障措施的实施，北京市大气污染物排放总量明显下降。从图 4.15 中可以看出，申办前北京市大气污染物排放总量迅速上升，从 1995 年的 41.01 万 t 上升至 1997 年的 71.25 万 t，增加了 30.24 万 t，增幅为 73.74%。申办阶段，随着《北京市人民政府关于采取紧急措施控制北京大气污染措施的通告》发布后，大气污染物排放总量明显下降，到 2000 年下降到 41.79 万 t，与申办前相比，降幅为 41.35%。筹办奥运会阶段，排放总量继续下降，但下降速度较为缓慢，降幅为 47.48%。在举办北京奥运会阶段，由于发布了《北京市人民政府关于发布 2008 年北京奥运会残奥会期间本市空气质量保障措施的通告》，实施了一系列空气污染临时控制措施，举办阶段大气污染物排放总量又下降了 18.68 万 t，与筹办阶段相比下降了 34.98%。排放量为自 1995 年以来最低的水平。

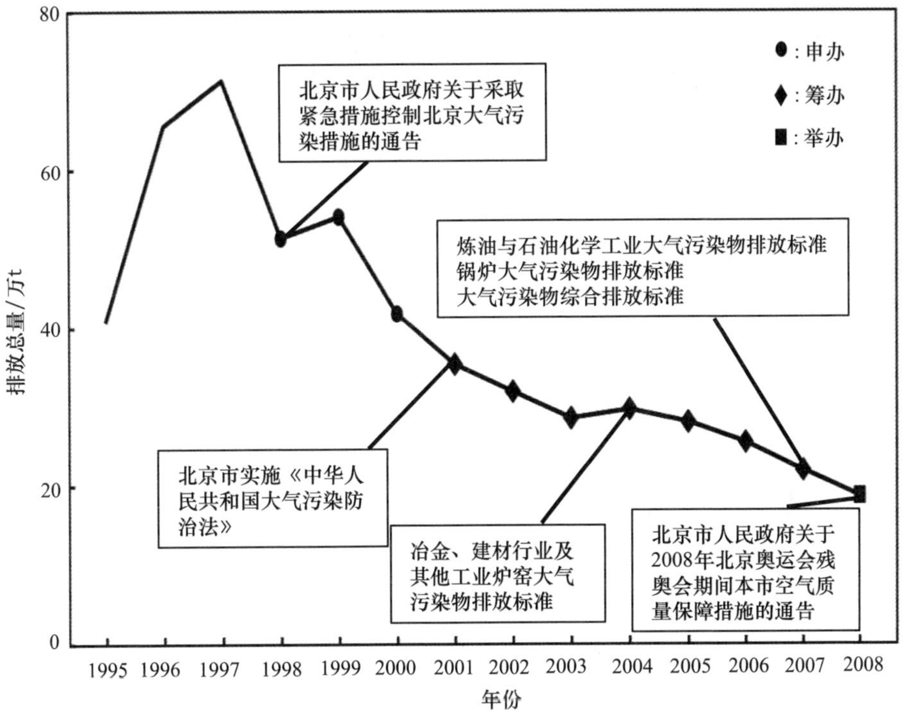

图 4.15　1995—2008 年改善空气质量相关法规与北京大气污染物排放总量的关系(马宁 等,2010)

2)污染物浓度下降

表 4.2 显示 2008 年 6 月 1 日—10 月 10 日北京奥运村站的污染物浓度逐日变化情况。在奥运会举办之前,各种污染物浓度(NO_2、O_3、$PM_{2.5}$ 和 PM_{10})的日均浓度都相对较高。奥运会举办期间,浓度迅速下降,之后又有所增加。由此可见,北京奥运会期间严格的保障措施取得了明显的成效,北京市空气质量得到有效改善。

表 4.2　奥运村站各时段污染物浓度日均值统计(汪伟峰 等,2010)

时段	浓度/ppbv				浓度/(μg/m³)	
	NO_2	O_3	CO	SO_2	$PM_{2.5}$	PM_{10}
6 月 1—30 日(未限行)	67.1	155.3	—	31.7	131.3	206.1
7 月 1 日—8 月 7 日(限行)	42.1	181.3	678.5	13.7	105.3	125.2
8 月 8—24 日(奥运会时段)	37.4	140.4	897.1	7.3	45.3	63.2
9 月 6—17 日(残奥会时段)	55.1	141.6	1736.5	10.4	60.8	90.3
9 月 20—30 日(取消限行)	64.2	83.6	1184.5	10.7	57.8	88.5

3)模式模拟成效评估

模式模拟与观测的 O_3 变化趋势基本一致,相较于 2006 年和 2007 年,2008 年在奥运会举办之前(8 月 8 日之前)均呈现出正异常,即 2008 年相较于前两年 O_3 浓度有所增加。随着奥运会举办开始,臭氧距平迅速变为负值,2008 年臭氧浓度明显下降。对于排放来说,8 月期间北京及其周围地区的减排对臭氧呈现出负异常,即减排降低了臭氧的浓度。但对于气象要素来说,对臭氧呈现出的既有正异常也有负异常。由此可见,臭氧浓度的变化趋势主要是由气象条件所控制的。对于北京奥运会期间来说(8 月 8—24 日),整体上臭氧的异常为-22 ppb,气象和排放驱动的异常分别为-12 ppb 和-10 ppb,气象驱动的异常(55%)比排放驱动的异常(45%)略大。但对于整个 8 月份来说,整体上臭氧的异常为-11.2 ppb,其中排放导致的臭氧异常为-8.9 ppb,占 80%。由此可见,虽然臭氧的日常变化主要是由气象驱动,但减少与奥运会相关的臭氧前体物的排放量,可以很大程度上缓减气象导致的臭氧浓度增加(Wang et al.,2000)。

4.3.5.2 案例二:2014 年亚太经合组织会议(APEC)期间空气质量保障(贾佳 等,2016)

2014 年亚太经合组织会议于 2014 年 11 月 10—11 日在北京市召开,这是党的十八来以来在我国举办的规模最大的、级别最高的国际会议。由于召开时间在 11 月,北方城市将开始燃煤供暖,且处于秋冬转换季节,风速小、降水少、静稳逆温现象多发,不利于污染物的扩散,因此此次会议期间的空气质量保障难度较大。

(1)秋冬季北京市地区空气污染背景

北京市空气污染存在明显的季节变化,秋冬季节颗粒物污染明显高于春夏季节,产生原因之一是冬季燃煤供暖增加污染源排放。此外,北京地区受西、北环山的特殊地势和静稳天气的影响,容易在秋冬季节发生大范围持续性的重污染事件。重污染过程的形成除了受排放和天气的影响,跨区域传输同样也是重污染天气发生的关键因素。对于非污染阶段来说,北京市的气团主要来自西北方向。但对于重污染累积阶段来说,多增加了偏西和西南经过山西、河北地区气团。偏西气团在平直西风带的系统引导下移动速度缓慢,对污染物清除能力较差,并且途径密集工业区,携带大量污染物进入北京市。此外,还有来自东南地区始于河北东部、经过渤海到达山东,在经过河北等高排放负荷区域传输至北京。

(2)保障政策及其应对

为保障 APEC 会议期间的空气质量,北京市委、市政府先后制定了《2014 年亚太经合组织会议北京市空气质量保障方案》和“停车”“停限产”“停工”等 10 个分方案。“两圈、两阶段”是本次保障 APEC 会议期间空气质量工作的总体思路,“两圈”是指:北京市为第一圈,天津、河北、山西、内蒙古、山东等周边五省(区、市)为第二圈。“两阶段”是指：会前、会期两个阶段。周边地区五省（区、市）的空气质量保障措施，在中央统一领导下，按照京津冀及周边地区大气污染防治协作机制会议部署实施。由于污染控制措施的环境效应发挥需要一定实施，因此保障措施应提前实施才有效果。APEC 领导人会议周的时间为 11 月 5—11 日，市政府在充分考虑社会生产生活和公众承受能力的基础上，将 APEC 会议期间的空气保障措施实施的时间提前 2 天，从 11 月 3 日开始实施。具体的保障措施如下：

1）跨区域进行空气质量滚动预测预报，北京市气象局和环保局对加强空气质量监测和实施中长期和会期滚动预测预报进行了安排。同时联合周边省区市在会议期间共同做好空气质量的滚动预测预报。如预测会期发生空气重污染，各有关部门、各区（县）将按照全市统一部署，及时、妥善做好各项应急工作。

2）本市和外埠进京机动车采取临时交通管理，主要包括全市机动车单双号行驶，机关和市属企事业单位停驶 70%公车、对渣土运输、货运车辆以及外埠进京车辆实施管控等措施。环保、交管和各区县政府将加强对机动车限行管理和尾气排放的监管执法工作，狠抓进京路口、重型车辆等监管的重点部位、重点环节，加大处罚力度，确保措施落实。

3）大气污染物排放重点企业停产或限产，明确了全市 69 家停产和 72 家限产企业的名单及要求。各区县政府将按照全市的统一部署，组织有关企业切实落实停限产要求，真正做到“停得下来、限得到位”。与此同时，各区县还将针对辖区污染实际情况，进一步扩大停限产范围，提出辖区停限产企业补充名单并组织落实，确保会议空气质量得到有效保障。

4）加强会期施工现场扬尘管理工作，全市所有施工工地停止土石方、拆除、石材切割、渣土运输、喷涂粉刷等扬尘作业工序，五环路内和怀柔区还将进一步停止所有混凝土振捣及搅拌、结构浇筑等作业。各区县将按照有关要求，组织辖区施工工地有效落实，杜绝各类施工扬尘问题的出现。与此同时，交通、水务、园林绿化等部门还将组织区县有效落实行业工地的扬尘污染控制，工作的标准和要求与建筑工地一致。城管执法部门将加强对工地施工扬尘控制情况的执法检查，对扬尘污染违法行为予以严厉打击。

5）加强城市道路清扫保洁和冲洗，明确了全市各级城市道路、高速公路清扫保洁和冲洗的频次要求和标准。各区县和环卫单位将按照标准要求开展环卫作业，确保道路干净整洁，与此同时，还将坚持文明规范作业，做到环卫车辆尾气达标上路、降低车速、充分保洁。

6）按国际惯例全市调休放假，北京市政府制定发布了“APEC 会议期间调休放假的通告”。在京中央和国家以及北京市机关、事业单位和社会团体在会议期间调休，其他企业等根据情况自行安排。会议期间调休放假有利于配合交通限行措施，减少市民上下班或社会活动的不便，同时调休放假形成 6 天小长假，促进了市民外出旅游，可降低本市社会活动强度，有利于改善空气质量。

此外，在APEC会议空气质量保障工作期间，先后遇到了两次极端不利的气象过程，11月4日空气质量预测会商结果显示，未来几天可能会受到静稳天气和高空偏南风的影响，北京市很可能出现中度甚至重度污染。河北省政府7日发布紧急通知，要求全省所有电力企业实施50%限产；所有钢铁、焦化、水泥、玻璃等行业全部暂时停产；所有工业企业涉VOC排放工序在保证生产安全情况下进行停产。天津市除提前关停计划内的6套机组外，额外关停1套30万kW机组，在运行的18套机组全面加大喷氨量和燃用低硫煤，其中9套机组实现超低排放；21家VOC排放重点企业关停或加强治理。山东、河南等省发布紧急通知，加大电力、钢铁"高架源"和VOCs排放企业的减排力度。11月8—10日，不利气象过程开始显现并且加剧，山东、河北等城市先后出现中度污染，并向北京地区扩散，空气质量保障形势十分严峻。各级环保部门加大夜查、巡查和突击检查工作力度，增加环保督查人员和检查频次，除重点企业外，对其他排放量较大的企业也安排人员驻厂监管。由于各地、各部门采取强有力的果断措施，确保了北京市空气质量依然良好。

(3)空气质量保障和成效评估

1)排放减少

表4.3为APEC会议空气质量保障期间采取控制措施之后京津冀地区污染物减排比例。从表中可以看出，在此期间各地区的污染物都呈现了大幅度的削减，整体上来看北京地区各污染物的减排比例最大，天津、河北次之，但减排比例仍然较高。

表4.3　采取控制措施后的减排比例(贾佳 等,2016)

地区	减排比例/%				
	SO_2	NO_x	PM_{10}	$PM_{2.5}$	VOCs
北京	56.2	44.0	65.4	63.7	35.1
天津	40.8	45.2	51.9	48.1	36.7
河北	37.9	45.8	30.8	35.9	46.3

2)污染物浓度下降

表4.4显示，相较于APEC前期和后期，APEC控制期的各污染物浓度明显下降。除了保障措施的实施外，气象因素在APEC前期、控制期和后期也存在有明显的差异，北京市地区有利于污染物扩散和不利于污染物扩散的天气条件交替出现。

表4.4　APEC不同时间段污染物浓度(李颖若 等,2019)

项目	观测期间	APEC前期	APEC控制期	APEC后期	C1/%	C2/%
$SO_2/(\mu g/m^3)$	13.8±9.6	15±5.9	7.5±6.4	16±12.4	−50	−53.1
$NO/(\mu g/m^3)$	121±130.7	113.1±109.4	56.4±58.3	165.2±160.6	−50.1	−65.9

续表

项目	观测期间	APEC 前期	APEC 控制期	APEC 后期	C1/%	C2/%
NO_2/(μg/m³)	68.9±35.9	72.4±28	45.3±27.3	78.2±41.4	−37.4	−42.1
NO_x/(μg/m³)	189.9±154.6	185.5±120.7	101.8±75.7	243.5±191.6	−45.1	−58.2
CO/(mg/m³)	2175±1720	1769±916	1349±937	3068±2240	−22.2	−53.3
$PM_{2.5}$/(μg/m³)	93.6±84.5	97.6±69	36.8±27.1	120.8±103.2	−62.3	−69.5
PM_1/(μg/m³)	80.6±75.3	85.3±64.7	34.6±27.4	101.3±91.3	−59.4	−65.8
PM_{10}/(μg/m³)	158.1±145.3	144.5±91.3	48.9±29.5	233.1±182.9	−66.2	−79
风速/(m/s)	1.8±1.3	1.7±1.3	2±1.6	1.7±1.2	17.6	17.6
温度/℃	8.9±5.4	13.2±3.8	8.1±4.8	4.9±3.5	−38.6	65.3
露点温度/℃	−1.6±5.5	3.5±7.5	−5.2±5.9	−5±6.6	−248.6	4
相对湿度/%	54.9±27	58.2±25.4	45.8±26.3	56.4±27.9	−21.3	−18.8
气压/ hPa	1022.4±5.4	1020±5.6	1023.6±5.5	1024.2±4.1	0.4	−0.1
边界层高度/m	329.4±414.7	352.4±417	397.9±459.9	267.1±376.6	12.9	49

注：C1＝(APEC 控制期－APEC 前期)/APEC 前期；
C2＝(APEC 控制期－APEC 后期)/APEC 后期。

3)模式模拟成效评估

为评估 APEC 会议期间减排对空气质量产生的效应，模式模拟了两组对比实验，分别为情景一利用实施保障措施后的排放清单，情景二利用未实施保障措施的排放清单。对比两个情景模拟得到的 $PM_{2.5}$ 的浓度可以明显看出，实施保障措施之后，$PM_{2.5}$ 浓度明显降低。由此可见，在 APEC 会议期间减排的措施是能够在短期内起到改善空气质量的作用(贾佳 等，2016)。

除了减排的效应外，气象因素也会对污染物浓度造成影响。通过利用多元线性回归的方法对气象因素和控制措施的影响进行分离和定量，评估 APEC 期间气象和减排对污染物浓度的影响。表 4.5 表明，在 APEC 会议期间气象和减排都有利于污染物浓度的降低。其中二者对 $PM_{2.5}$ 的贡献相差不大，分别为－27.5%和－34.8%。SO_2 和 NO_x 则受减排影响较大，CO 则相反，受到气象影响较大。

表 4.5　APEC 期间气象因子和减排对污染物浓度的影响(李颖若 等，2019)

污染物	$PM_{2.5}$	SO_2	NO_x	CO
气象贡献/%	−27.5	−1.7	−4.5	−8.6
减排贡献/%	−34.8	−48.3	−40.6	−3.6

4.3.6　新冠肺炎疫情期间我国大气污染成因解析

2019 年底新冠肺炎疫情(COVID-19)爆发以来，为了全面遏制病毒扩散，我国各级政府采取了全面、严格、彻底的防控措施。全国社会经济活动急剧下降,化石燃料使用、工业生产和交通量等人为源排放迅速减少。研究表明,2020 年前 3 个月的环境空气污染浓度远低于 2019 年,在 4 月份有所回升,此后在 2020 年下半年恢复到 2019 年的可比水平。疫情期间我国部分一次污染物的排放有较大程度减少,但是污染物对不同行业的响应差异较大。电力、工业、住宅和交通对疫情期间排放量下降的贡献结果表明,在 2020 年 1—3 月期间,工业和交通部门主导了污染物排放量下降,在 2 月对 SO_2、NO_x、CO、NMVOC、$PM_{2.5}$ 和 BC 排放减少贡献分别为 66%、88%、70%、90%、62%和 59%。工业部门作为我国大部分污染物的最大来源,主导了 SO_2 和 $PM_{2.5}$ 排放减少,而在减少 NO_x、CO、NMVOC 和 BC 排放方面与交通部门相当。

排放源大幅减少导致大气污染物浓度的显著变化。观测资料显示(Zheng et al.,2021),自疫情爆发后的第一个月(2020/1/26/—2020/2/25),相较于历史均值,全国 $PM_{2.5}$、PM_{10}、SO_2、CO 和 NO_2 浓度分别降低了 27%、36%、52%、27%和 40%,而 O_3 浓度却升高了 15%。特别是在武汉市,颗粒物和 NO_2 浓度降幅超过 50%,而 O_3 浓度上升了 30%。新冠肺炎疫情比较严重的地区,如浙江、江西、湖北和湖南,疫情后第一个月 $PM_{2.5}$ 浓度降低量均超过 45%,北京、天津和河南地区 SO_2 浓度也显著降低。受交通源和工业源排放的明显影响,NO_2 浓度在所有省份均呈现下降趋势,最低降幅为 18%,78%的省份降幅超过 30%。但是,在多个地区颗粒物浓度显著下降的背景下,北京、天津及其周边地区 $PM_{2.5}$ 浓度却与历史同期水平持平。

然而,需要注意的是,在人为源总排放大幅降低的情况下,O_3 和 $PM_{2.5}$,SOA 等二次污染物浓度却不降反升。表 4.6 显示了在疫情爆发初期气象条件和排放对 $PM_{2.5}$ 的影响,在大部分城市中,气象条件导致 $PM_{2.5}$ 的增加显著抵消了排放减少所带来的 $PM_{2.5}$ 降低效果。大气污染物受到气象要素的综合影响,各气象要素之间相互耦合,共同影响大气污染物的化学转化、扩散传输和沉降过程等,同时它们会改变了大气环境容量和大气氧化性,进一步影响大气污染情况。不利的气象条件甚至可能带来更严重的污染。

表 4.6　气象条件和人为排放变化对选定城市平均 $PM_{2.5}$ 浓度的贡献估计(Wang et al.,2020)

单位:$\mu g/m^3$

城市	武汉	北京	天津	石家庄	上海	太原	郑州	西安	济南
人为排放对 $PM_{2.5}$ 的贡献	−22.1	−13.4	−14.4	−11.4	−7.8	−13.6	−17	−15.2	−9.5
气象条件对 $PM_{2.5}$ 的贡献	3.9	44.2	69.4	33.2	23.2	32.9	41.8	14.2	0.1

疫情初期,我国北方地区 $PM_{2.5}$ 浓度显著增加。相较于 2015—2019 年同期平均情况,北方地区气象条件有显著变化,相对湿度增加 30%～50%,促进了气溶胶生成

和吸湿性增长。同时，通常来自河北省污染工业区的风向转为偏南，平均风速下降 20%，高相对湿度和低风速使得边界层处于稳定状态，有利于 $PM_{2.5}$ 积累。此外，气象变量间的正反馈作用也起到了重要作用，如气溶胶可以通过辐射效应降低边界层高度并稳定低层大气，不利于污染物稀释和扩散去除；还会通过其微物理效应抑制降水，不利于颗粒物湿沉降去除，这些因素均有利于气溶胶的进一步生成和积累。不利的扩散条件和较高的相对湿度可使 $PM_{2.5}$ 浓度增加，高相对湿度条件下的非均相化学过程也对气溶胶生成有明显贡献。而中部地区如武汉，相对湿度较低，大气稳定性较弱，$PM_{2.5}$ 浓度显著下降。

排放减少对一次有机气溶胶（primary organic aerosol，POA）和二次有机气溶胶（secondary organic aerosol，SOA）生成均有降低作用，但不利气象条件对 POA 和 SOA 的生成均有促进作用（Huang et al.，2021）。气象条件变化和减排都会导致大气氧化性增加，提高前体物被氧化生成 SOA 的速率（OH 和 HO_2 自由基浓度升高、NO∶HO_2 比例增大），抵消了减排对 SOA 降低的效果。此外，疫情期间更高的相对湿度和气溶胶含水量促进液相反应生成 SOA。然而不同地区气象条件差异较大，疫情期间仅有少数地区如北京周边、河北东北部等出现 SOA 浓度的升高，而河北中南部、山东、河南大部分地区 SOA 浓度均有所降低。

总的来说，气象条件的影响是导致大气污染的重要因素，前体物排放减少的效果可能被不利气象条件所抵消，天气条件对于短期的污染控制策略也很重要，需要全面深入的认识。除了需要进一步加强污染排放的控制力度外，氮氧化物有效控制条件下 O_3 浓度的反升，意味着实现 $PM_{2.5}$ 和 O_3 污染的协同治理将是当前空气质量改善过程中所面临的新挑战。为有效控制污染物在大气中的进一步反应和转化，在制定排放控制战略时，需要对不同行业的多种前体物排放进行更全面、更平衡的监管。

第5章　环境气象指数与环境气象预报

环境气象学与我们的生活息息相关。本章介绍环境气象学的两个重要应用领域:环境气象指数和环境气象预报。环境气象指数是为了更好地理解、应对空气质量、水资源管理、灾害预警等挑战而发展的重要科学指标。环境气象预报是环境气象学在预测环境变化和灾害方面的应用。本章介绍环境气象指数的概念和背景、设计方法、应用和发展趋势;环境气象预报的概念、发展历程和主要方法。

5.1　环境气象指数

5.1.1　环境气象指数概述

环境气象指数是描述影响人们生活和生产的环境气象要素的特征量。环境气象要素中,光照、气温、湿度、气压、风、降水、云、雾等变化与人们各种活动密切相关,如生活、农业、商贸、交通、环保、旅游休闲、公用事业和医疗卫生等各行业,都需要运用环境气象指数开展专业气象服务。

环境气象指数综合运用天气学、气候学、数理统计学、动力统计学等方法,将筛选出的环境气象要素组合成特征量,并按序划分成若干级,以表示不同的影响程度。常见的环境气象指数有舒适度指数、风寒指数、紫外线指数、感冒指数、霉变指数和空调指数等。这些指数通过新闻媒体、电话咨询、专业气象服务终端或警报器和互联网等方式传递为广大公众服务。

相同的环境气象条件,对不同行业的影响是不一样的。例如,天气晴朗、风力较大、温高干燥等天气条件,一般对人们的活动并不会产生太大的影响,对砖瓦、盐业生产等行业是十分有利的天气,然而却是城市火灾、森林火灾发生的十分有害的天气条件,这种看似平常的天气条件造成的灾害有时并不亚于一次台风过程破坏所造成的经济损失。气温、气压、湿度等气象要素的急剧变化可导致农林业、养殖业等行业部门的经济损失,也可以使某些疾病发生和流行,影响人们的正常工作和学习等。这说明,相同的气象条件,对于不同的人群、不同的行业部门,所产生的影响是不一样的。因此,需要针对不同行业的特点对环境气象指数进行分类。

环境气象指数反映人们生活以及国民经济部门对综合气象条件的敏感程度和

依从性。显然，敏感度越大，依从性也就越大，环境气象指数适用能力就越强，越能体现它的真实性和正确性。要正确反映环境气象条件的敏感度和依从性，必须要进行调查和现场观测试验。针对人们生活相关的环境气象指数，需要调查了解与人们日常生活有密切关系的环境及影响环境条件的各种气象要素的变化；而针对行业相关的环境气象指数，需要深入了解各行业生产技术和业务操作的全过程及其对气象的具体要求。

5.1.2 环境气象指数设计方法

环境气象指数的设计方法很多，比较常用的有七种，分别是回归统计法、因子加权法、经验模式法、历史资料反查法、动力统计法、延伸法、概念模型法（严明良和沈树勤，2005）。

5.1.2.1 回归统计法

回归统计法是选择相关变量拟合成可定量化的环境气象指数的统计方法。在设计气象指数时需要进行一些技术处理，主要包括：

(1)气象因子要经过科学挑选和相关检验；

(2)适当考虑一些非气象因子的作用，如时间、季节的影响、节假日效应等；

(3)考虑季节、时间影响，分时段建立预报方程；

(4)要考虑预报因子之间的差异，必要时需要进行标准化处理；

(5)采用动态回归方程：根据地区的不同，季节的不同，动态调整预报因子和预报量，运用交互式界面，动态地调整统计方程。

5.1.2.2 因子加权法

因子加权法是指从大量的调查、试验和观测记录中找出具有相关性的气象因子，再根据不同因子对预报量的影响程度赋予不同的权重，得出无量纲的分值，最后将这些分值累计起来作为指数值的方法。相关的技术处理主要包括：

(1)因子加权原则。通过相关性分析，对气象指数贡献越大的因子，其分值越大，不可使用平均法；

(2)因子排它原则。有些气象因子对指数的敏感性非常强，其他气象因子的影响必须是在这种气象因子满足条件的情况下才有意义。这种情况下可以实行“一票(或几票)否决”的方法，即这一种(或几种)气象因子如果不满足条件，则立即得出结论，不再考虑其他因子的作用；

(3)综合因子的作用。被加权的气象因子自身就是一种预报量，可以是几种气象要素的综合，可先用统计回归方程计算出因子值，再作加权处理；

(4)考虑非气象因子(如地区、季节)的影响。

5.1.2.3 经验模式法

经验模式法是基于国内外已有的环境气象研究基础，根据预报量的不同和本地特征进行必要修正的方法。相关技术处理主要包括：(1)预报量的优化(形成指数化)；(2)经验参数的修改；(3)预报因子的优化。

5.1.2.4 历史资料反查法

历史资料反查法是指在已知指数与某一种气象要素有强相关性的情况下，根据二者的统计关系，直接用这种气象要素值域的变化作为指数级别的方法。

如支气管哮喘发病气象指数与气温明显相关，可以用气温的变化作为该气象指数的设计依据。根据历史资料的反查，发现哮喘发作与日平均气温关系十分密切，但在日常预报业务中，一般不预报日平均气温，考虑到哮喘病发作对天气的滞后，可取昨日或当日的日平均气温(T_m)来作为预报因子，作如下等级划分：

1 级：$T_m<15$ ℃，或 $T_m>25$ ℃，哮喘不易发生。

2 级：15 ℃$\leqslant T_m<17$ ℃，或 24 ℃$<T_m\leqslant 25$ ℃，哮喘病少发或发病较轻。

3 级：17 ℃$\leqslant T_m<19$ ℃，或 23 ℃$<T_m\leqslant 24$ ℃，哮喘发病较多或较重。

4 级：19 ℃$\leqslant T_m<20$ ℃，或 22 ℃$<T_m\leqslant 23$ ℃，哮喘发病多或发病重，较易导致并发症。

5 级：20 ℃$\leqslant T_m\leqslant 22$ ℃，哮喘病最易复发，发病最重，并易导致并发症如肺气肿等。

5.1.2.5 动力统计法

动力统计法是指利用动力学原理求算出指数与基本气象要素的关系，或者求算出与指数关系非常密切的另一些特种气象信息，将这些特种气象信息作为影响因子，再利用统计学等方法，求得指数值的方法。

例如吊装施工气象指数，就是根据流体力学原理，求得不同高度的风速，再将这种风速作为入选因子；根据热力学原理，求得不同高度层的气温作为入选因子；结合其他气象要素，得出吊装施工气象指数。

5.1.2.6 延伸法

延伸法是指把已经研制出的环境气象指数方法延伸到其他领域，再进行适当修正求得指数值的方法。如游泳气象指数，是根据人体舒适度指数的延伸，再根据人体的热量平衡原理和其他气象因子的综合影响综合而成的，过程如下。

根据人体舒适度指数(P)的公式：

$$P=(1.8T+32)-0.55\left(1-\frac{U}{100}\right)(1.8T-26)-\sqrt{V} \tag{5.1}$$

式中：T 为气温；U 为相对湿度；V 为风速。

如果计算白天在室外游泳气象指数，可以取 14:00 前后人在室外时的感觉来确定是否需要进行这种运动。于是，可以将上式延伸为：

$$P=(1.8T_a+32)-0.55\left(1-\frac{U_a}{100}\right)(1.8T_a-26)-\sqrt{V_a} \tag{5.2}$$

式中：T_a 为 14:00 户外气温；U_a 为 14:00 相对湿度；V_a 为 14:00 风速。

5.1.2.7　概念模型法

概念模型法是指通过实地调查得出气象指数与气象条件的一系列相关关系和指标，根据这些指标采用概念模型法制作得到指数值的方法。例如，道路施工气象指数就可以采用概念模型的方法。

在影响施工的气象因子中，以气温变化对道路施工的影响为主要指标，综合考虑降水和风力，将各气象要素指标化设计如下。

降水指标(R)：

$$R=\begin{cases}1 & \text{有降水}\\0 & \text{无降水}\end{cases} \tag{5.3}$$

大风指标(F)：

$$F=\begin{cases}1 & \text{有 5 级以上大风}\\0 & \text{无 5 级以上大风}\end{cases} \tag{5.4}$$

气温指标(T)：

$$T=\begin{cases}1 & t\leqslant -5\ ℃\\2 & -5\ ℃<t\leqslant 0\ ℃\\3 & 0\ ℃<t\leqslant 5\ ℃\\4 & 5\ ℃<t\leqslant 10\ ℃\\5 & 10\ ℃<t\leqslant 15\ ℃\\6 & 15\ ℃<t\leqslant 35\ ℃\\7 & t>35\ ℃\end{cases} \tag{5.5}$$

根据上述指标，图 5.1 展示了设计的道路施工指数的概念模型。

一些地区在大规模的现场和用户调查的基础上，结合现场观测和试验分析等手段，依据人类生活环境对气象条件的敏感性和依从性原理，把这 7 种设计方法单独应用或综合应用，建立了涉及人类生活、公共事业、休闲、旅游、农业生产、工程建设、医疗卫生等多种行业的环境气象指数。表 5.1 为江苏省气象部门开发研制的八大类 73 个环境气象指数。

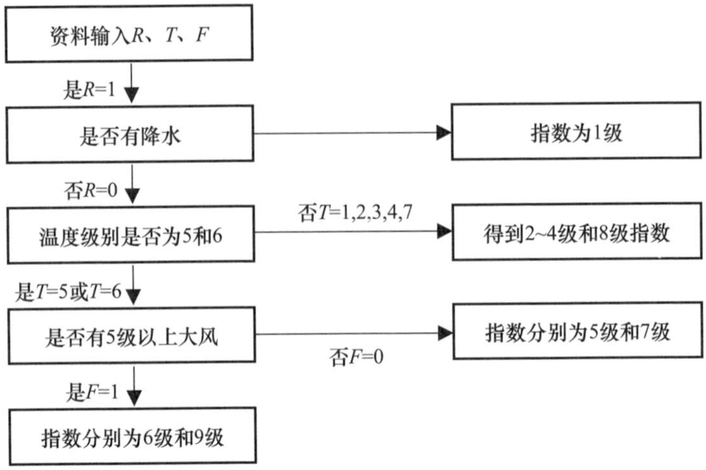

图 5.1　道路施工指数概念模型

表 5.1　江苏省环境气象指数

序号	八个大类	具体指数
1	生活气象指数系列	霉变气象指数，着装气象指数，晾晒气象指数，冷饮气象指数，干湿气象指数，晨练气象指数，上下班气象指数，饮水气象指数，冷热气象指数，舒适度气象指数，紫外线气象指数，啤酒饮用气象指数，空调开机气象指数，雷击气象指数
2	医疗气象指数系列	中暑气象指数，呼吸道炎症气象指数，感冒气象指数，心脑血管病气象指数，肠胃炎发病气象指数，流脑气象指数，支气管哮喘气象指数，麻疹气象指数，支气管炎气象指数，痢疾气象指数，高血压气象指数，乙脑气象指数，冬季骨折气象指数
3	旅游休闲气象指数系列	海滨旅游气象指数，郊游气象指数，露天游泳气象指数，垂钓气象指数，赏花气象指数，日出观赏气象指数
4	农、副业气象指数系列	反季节蔬菜覆盖气象指数，农田墒情气象指数，小麦赤霉病气象指数，小麦全生育期气象指数，油菜冻害气象指数，冬小麦生长气象指数，棉铃虫发生气象指数，粮食储运气象指数，仓储干湿气象指数，对虾养殖气象指数，河蟹养殖气象指数，淡水鱼养殖气象指数
5	交通航运气象指数系列	汽车安全行驶气象指数，船舶油漆气象指数，高速公路行车气象指数，航海气象指数，交通事故气象指数，港口装卸气象指数，港口轮渡气象指数
6	公用事业气象指数系列	用电负荷量气象指数，煤气消耗量气象指数，自来水消耗量气象指数，煤气管道阻塞气象指数，电力线路维修气象指数，化工设备维修气象指数，变压器检修气象指数，自来水管道冻结气象指数，城市火险指数，森林火险指数
7	建筑、施工、砖瓦气象指数系列	高速公路施工指数，吊装气象指数，砖瓦关机指数，砖瓦覆盖指数，砖瓦开机指数
8	商业、盐业气象指数系列	啤酒销售指数，空调销售指数，盐业纳潮指数，盐业制卤保卤指数，盐业扒盐气象指数，盐业结晶指数

5.1.3　常用环境气象指数

5.1.3.1　大气清洁度(空气质量指数)

大气清洁度指的是空气的污染水平。2013 年 11 月以前，我国采用空气污染指数(air pollution index，API)，API 考虑的项目为二氧化硫(SO_2)、氮氧化物(NO_x)和可吸入颗粒物(PM_{10})。各种污染物的污染分指数计算出以后，取最大者为该区域或城市的空气污染指数 API，则该污染物是该区域或城市空气中的首要污染物。空气污染指数的范围从 0 到 500，其中 50、100、200 分别对应于我国空气质量标准中日均值的一、二、三级标准的污染物浓度限值，500 则对应于人体健康产生明显危害的污染水平。

2013 年 11 月以后，我国采用空气质量指数(air quality index，AQI)来指示空气污染水平，该指数考虑的污染物包括细颗粒物($PM_{2.5}$)、可吸入颗粒物(PM_{10})、二氧化硫(SO_2)、二氧化氮(NO_2)、臭氧(O_3)和一氧化碳(CO)(表 5.2)。空气质量指数(AQI)定量描述空气质量状况，其数值越大说明空气污染状况越严重，对人体健康的危害也就越大(表 5.3)。

表 5.2　空气质量分指数(IAQI)及对应的污染物项目浓度限值

空气质量分指数	污染物项目浓度限值									
	二氧化硫 24 h 平均/($\mu g/m^3$)	二氧化硫 1 h 平均/($\mu g/m^3$)	二氧化氮 24 h 平均/($\mu g/m^3$)	二氧化氮 1 h 平均/($\mu g/m^3$)	PM_{10} 24 h 平均/($\mu g/m^3$)	一氧化碳 24 h 平均/(mg/m^3)	一氧化碳 1 h 平均/(mg/m^3)	臭氧 1 h 平均/($\mu g/m^3$)	臭氧 8 h 滑动平均/($\mu g/m^3$)	$PM_{2.5}$ 24 h 平均/($\mu g/m^3$)
0	0	0	0	00	0	0	0	0	0	0
50	50	150	40	100	50	2	5	160	100	35
100	150	500	80	200	150	4	10	200	160	75
150	475	650	180	700	250	14	35	300	215	115
200	800	800	280	1200	350	24	60	400	265	150
300	1600	(2)	565	2340	420	36	90	800	800	250
400	2100	(2)	750	3090	500	48	120	1000	(3)	350
500	2620	(2)	940	3840	600	60	150	1200	(3)	500
说明	(1)二氧化硫(SO_2)、二氧化氮(NO_2)和一氧化碳(CO)的 1 h 平均浓度限值仅用于实时报告，在日报中需使用相应污染物的 24 h 平均浓度限值。 (2)二氧化硫(SO_2)1 h 平均浓度值高于 800 $\mu g/m^3$ 的，不再进行其空气质量分指数计算，二氧化硫(SO_2)空气质量分指数按 24 h 平均浓度计算的分指数报告。 (3)臭氧(O_3)8 h 平均浓度值高于 800 $\mu g/m^3$ 的，不再进行其空气质量分指数计算，臭氧(O_3)空气质量分指数按 1 h 平均浓度计算的分指数报告。									

表 5.3　空气质量指数及相关信息

空气质量指数	空气质量指数级别	空气质量指数类别及表示颜色		对健康影响情况	建议采取的措施
0～50	一级	优	绿色	空气质量令人满意，基本无空气污染	各类人群可正常活动
51～100	二级	良	黄色	空气质量可接受，但某些污染物可能对极少数异常敏感人群健康有较弱影响	极少数异常敏感人群应减少户外活动
101～150	三级	轻度污染	橙色	易感人群症状有轻度加剧，健康人群出现刺激症状	儿童、老年人及心脏病、呼吸系统疾病患者应减少长时间、高强度的户外锻炼
151～200	四级	中度污染	红色	进一步加剧易感人群症状，可能对健康人群心脏、呼吸系统有影响	儿童、老年人及心脏病、呼吸系统疾病患者避免长时间、高强度的户外锻炼，一般人群适量减少户外运动
201～300	五级	重度污染	紫色	心脏病和肺病患者症状显著加剧，运动耐受力降低，健康人群普遍出现症状	儿童、老年人和心脏病、肺病患者应停留在室内，停止户外运动，一般人群减少户外运动
>300	六级	严重污染	褐红色	健康人群运动耐受力降低，有明显强烈症状，提前出现某些疾病	儿童、老年人和病人应当留在室内，避免体力消耗，一般人群应避免户外活动

根据我国《环境空气质量标准》(GB 3095—2012)，环境空气功能区分为两类，一类区为自然保护区、风景名胜区和其他需要特殊保护的区域；二类区为居住区、商业交通居民混合区、文化区、工业区和农村地区。一类区适用一级浓度标准，二类区适用二级浓度标准。环境空气污染物基本项目的一级和二级浓度限值要求见表 5.4。

表 5.4　环境空气污染物基本项目浓度限值

序号	污染物项目	平均时间	浓度限值		单位
			一级	二级	
1	二氧化硫(SO_2)	年平均	20	60	$\mu g/m^3$
		24 h 平均	50	150	
		1 h 平均	150	500	
2	二氧化氮(NO_2)	年平均	40	40	
		24 h 平均	80	80	
		1 h 平均	200	200	

续表

序号	污染物项目	平均时间	浓度限值		单位
			一级	二级	
3	一氧化碳(CO)	24 h 平均	4	4	mg/m^3
		1 h 平均	10	10	
4	臭氧(O_3)	日最大 8 h 平均	100	160	$\mu g/m^3$
		1 h 平均	160	200	
5	可吸入颗粒物(PM_{10})	年平均	40	70	
		24 h 平均	50	150	
6	细颗粒物($PM_{2.5}$)	年平均	15	35	
		24 h 平均	35	75	

5.1.3.2　空气污染扩散条件指数

空气污染扩散条件指数是指在不考虑污染源的情况下，从气象角度出发，对未来大气污染物的稀释、扩散、聚积和清除能力进行评价。主要影响其的气象因素包括气温、湿度、风速和天气现象。空气污染扩散条件指数分为六级，级数越高气象条件越不利于污染物的扩散(表 5.5)。如图 5.2 所示为 2023 年 12 月 28 日 08 时—29 日 08 时全国空气污染气象条件预报图。图中显示，受到大陆冷高压和高压脊系统的影响，华北中南部、黄淮中西部、汾渭平原等地大气扩散条件较差，部分地区空气污染扩散条件指数达到 5 级，容易出现霾天气。

表 5.5　空气污染扩散条件指数分级

等级	评价	描述
一级	好	非常有利于空气污染物稀释、扩散和清除
二级	较好	较有利于空气污染物稀释、扩散和清除
三级	一般	对空气污染物稀释、扩散和清除无明显影响
四级	较差	不利于空气污染物稀释、扩散和清除
五级	差	很不利于空气污染物稀释、扩散和清除
六级	极差	极不利于空气污染物稀释、扩散和清除

5.1.3.3　紫外线指数

紫外线指数是衡量某地正午前后到达地面的太阳紫外辐射对人体皮肤(或眼睛)可能损害的程度指标，它主要依赖于纬度、季节、平流层臭氧、云况、海拔高度、地面反射率和大气污染状态等条件。

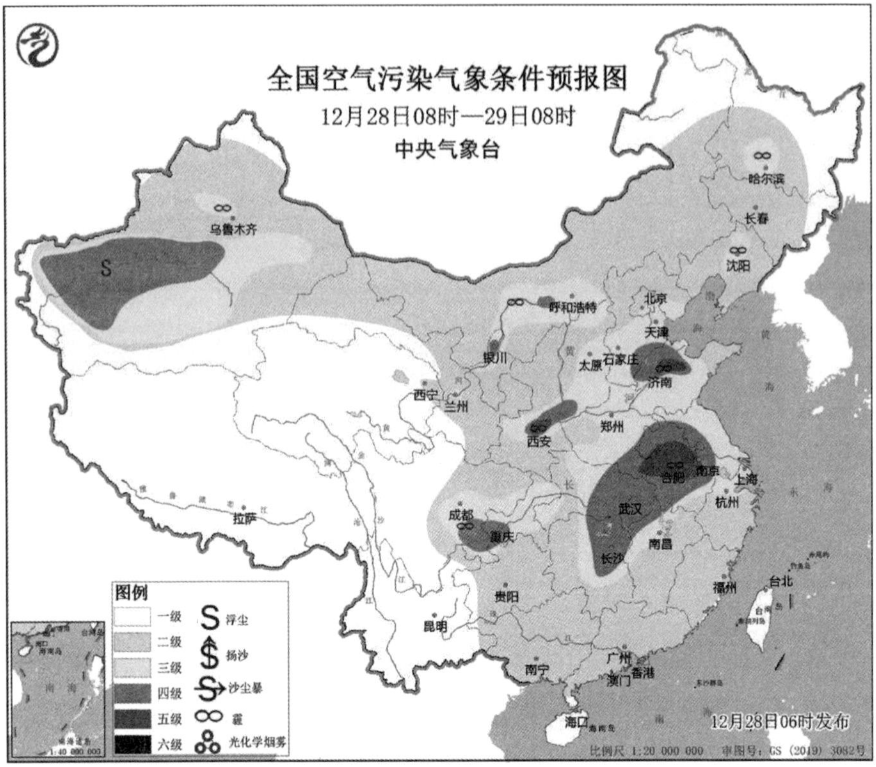

图 5.2 2023 年 12 月 28 日 06 时发布的 12 月 28 日 08 时—29 日 08 时全国空气污染气象条件预报图

紫外线的波长范围是 5～400 nm，其中 UV-A 波段的范围是 320～400 nm，UV-B 波段的范围是 275～320 nm，UV-C 波段的范围是＜275 nm。UV-C 波段绝大部分被平流层臭氧吸收，基本上不到达地球表面，UV-B 大部分被平流层臭氧吸收，能到达地面的是 UV-A 和少量的 UV-B。紫外线辐射只占整个太阳光谱能量的 8%左右。地面的紫外线强度主要受到太阳活动、昼夜变化和云量的影响。

按照国际上的惯例，紫外线指数一般用 0—15 的数字来表示。通常规定，夜间的紫外线指数为 0，在热带高原地区，晴天无云时的紫外线指数为 15。世界气象组织规定了单位紫外线指数相当于 25 mW/m^2。表 5.6 为中国气象局紫外线指数分级。

表 5.6 中国气象局紫外线指数分级

级别	紫外线指数	紫外线照射强度	对人体可能影响（皮肤晒红时间）/min	需采取的防护措施
一级	0,1,2	最弱	100～180	不需要采取防护措施
二级	3,4	弱	60～100	可以适当采取一些防护措施，如涂擦防护霜等

续表

级别	紫外线指数	紫外线照射强度	对人体可能影响（皮肤晒红时间）/min	需采取的防护措施
三级	5,6	中等	30～60	外出时带好遮阳帽、太阳镜和太阳伞等，涂擦 SPF 指数大于 15 的防晒霜
四级	7,8,9	强	20～40	除上述防护措施外，10:00—16:00 时段避开外出，或尽可能在遮荫处
五级	≥10	很强	＜ 20	尽可能不在室外活动，必要外出时，要采取各种有效的防护措施

注：表中的防晒霜 SPF 指数在皮肤护理学中称为皮肤保护指数，也称为防晒因子，它所表示的是防晒用品所能发挥的防晒和吸收紫外线的能力，SPF 指数的数值每一个单位代表在日光下 15 min 而不受到紫外线的伤害。如防晒霜上标有“SPF15”字样，即表示涂擦该防晒用品后，能在阳光下停留 15×15＝225 min，保护皮肤不会受到紫外线的伤害。

5.1.3.4　人体舒适度指数

人体舒适度指数是为了从气象角度来评价在不同气候条件下人的舒适感，根据人类机体与大气环境之间的热交换而制定的生物气象指标。人类机体对外界气象环境的主观感觉有别于大气探测仪器获取的各种气象要素结果。

空气温度的高低是环境空间冷暖的标志。人们对环境温度的感受受诸多因素综合影响。在同样的气温条件下，因为空气湿度和风速大小的变化，人们会产生不同的冷热感受。把考虑了空气的温度、湿度和风速等因素综合影响后，人体所感受到的温度称为体感温度。

一般而言，气温、气压、相对湿度、风速四个气象要素对人体感觉影响最大，人体舒适度指数就是根据这四项要素而建成的非线性方程计算得到的结果。

人体的热平衡机能、体温调节、内分泌系统、消化器官等人体的生理功能受到温度、湿度、气压、光照、风等多种气象要素的综合影响。

湿度主要影响人体的热代谢和水盐代谢，当气温较高或较低时，相对湿度波动对人体的热平衡和温热感就变得非常重要。当相对湿度超过 80%时，由于高温高湿影响人体汗液蒸发，机体的热平衡受到破坏，因而人体会感到闷热不适。随着温度的升高，这种情况将更趋明显。当冬季天气阴冷潮湿时，由于空气中相对湿度较高，身体的热辐射被空气中的水汽所吸收。加上衣服在潮湿的空气中吸收水分，导热性增大，加速了机体的散热，使人感到寒冷不适。气温适中时，湿度对人体的影响并不显著。

风的影响在低温时更加明显。当气温低于皮肤温度时，风能使机体散热加快。这种因风所引起使体感温度较实际气温低的现象称为风寒效应。风速每增加 1 m/s，会使人感到气温下降了 2～3 ℃，风越大散热越快，人就越感到寒冷不适。

5.1.3.5 其他正在发展的环境气象指数

(1)气溶胶污染气象条件指数(PLAM)

杨元琴等(2009)选取敏感气象要素气压、气温、风、相对湿度、稳定度,并引入凝结函数开发了空气质量气象条件参数(parameters linking air quality to meteorological elements,PLAM)模型,对北京局地污染气象条件的客观定量诊断和预测,并可指示周边地区污染物向北京输送有利或不利的强度和方位。PLAM 指数的计算方法可参考气象行业标准《气溶胶污染气象条件参数(PLAM)》(QX/T 269—2015)。

(2)静稳天气指数(SWI 指数)

张恒德等(2017)基于静稳天气与大气重污染发生的紧密联系,结合统计和预报经验,挑选发生大气污染的气象要素及其阈值条件,通过权重求和构建静稳天气指数(stable weather index,SWI)。SWI 指数能够定量描述大气的静稳程度,在重污染天气预报和重大活动减排措施中都能得到有效应用。2018 年 4 月,中国气象局发布气象行业标准《空气污染气象条件等级》(QX/T 413—2018),附有空气污染气象指数和静稳天气指数的计算方法。2019 年中国气象局发布的《大气环境气象公报(2018)》,首次引用静稳天气指数来评估全国大气污染扩散能力。其后,部分省(市)结合当地实际,陆续出台了静稳天气指数的计算标准,如湖北省地方标准《静稳天气综合指数》(DB 42/T 1933—2022)等。

(3)$PM_{2.5}$ 气象条件评估指数(EMI)

刘洪利等(2018)定义了一个环境气象评估指数(environmental meteorology index,EMI),并发展了数值计算方法,定量分析气象条件对污染物浓度变化的影响程度以及减排调控的实际效果。EMI 定义为 $PM_{2.5}$ 浓度变化中气象条件贡献的无量纲综合指数,EMI 指数越大表征气象条件越不利于近地面大气中的 $PM_{2.5}$ 稀释与扩散,该指数是通过数值模拟计算得到气象条件影响下 $PM_{2.5}$ 排放、沉降、传输和扩散等过程的综合指数。在计算时,EMI 设定为地面至 1500 m 高度气柱内 $PM_{2.5}$ 平均浓度与参考浓度的比值。EMI 需要通过数值模式系统得到数值解。以中国气象局化学天气预报系统(CUACE)为基础,刘洪利等(2018)开发了中国气象局化学天气预报系统——EMI 评估模式(CUACE-EMI),用于计算 EMI 数值解。CUACE-EMI 计算范围覆盖全国,水平分辨率 15 km,使用 2015 年的排放源,同化气象分析场和地面、探空观测资料。EMI 指数的计算方法可参考气象行业标准《$PM_{2.5}$ 气象条件评估指数(EMI)》(QX/T 479—2019)。

(4)珠三角干季污染气象条件预报综合参考指标(手册)

中山大学大气科学学院联合佛山市气象局基于珠三角大气边界层探空观测和同步空气质量的长期监测资料,结合实际预报需求和预报经验,2018 年建立了一套包含 5 类反映珠三角干季污染气象条件的综合参考指标,包括宏观天气形势、水平输送能力、垂直扩散能力、大气通风能力和局地天气现象，编制成《珠三角干季污染气象条件预报综合参考指标(手册)》。该成果量化了局地回流指数、垂直风场小风层、地面日平均风速、低空稳定能量、逆温层、边界层高度、边界层通风量等7个影响珠三角空气质量的关键边界层参数及预报阈值。

5.1.4 环境气象指数的发展

环境气象指数的发展是一个不断创新的过程，以更好地满足社会对气象和环境信息的需求和应对气候变化等全球性挑战。未来的发展趋势可能涉及以下几个方面。

(1)精细化和适应性：随着观测技术和模拟方法的不断创新，环境气象指数的制定可能会更加精准和多样化，如空间和时间分辨率将进一步提升，以适用于多场景多行业的应用需求。随着全球气候变化的不断加剧，环境气象指数可能需要更好地适应极端天气事件和长期气候趋势。这可能涉及到新的指数的开发，以监测和评估气候变化对环境的影响。

(2)智能化和综合性：随着信息技术的发展，环境气象指数的收集、分析和传播可能会更加数字化和智能化。使用大数据、人工智能和机器学习等技术，可以更有效地处理庞大的气象数据，提高指数的准确性和实用性。此外，环境气象指数的发展可能趋向于更综合性和跨学科。这包括将气象数据与其他环境数据(如空气质量、水质量、土壤质量等)结合，形成更全面的环境评估指数，为综合环境管理提供支持。

(3)社会参与和国际合作：未来的发展可能会更加注重社会参与和公众意识的提高。通过将环境气象指数的信息传播给公众，可以增强人们对气象和环境变化的认识，促使更多人采取环保措施。此外，国际合作可能在环境气象指数的发展中起到关键作用。制定国际标准，共享数据和技术，有助于建立全球性的环境监测体系，更好地应对全球性的环境问题。

5.2 环境气象预报

5.2.1 环境气象预报概述

20世纪80年代以来，我国气象服务已经从过去的单一公众服务逐步发展为同时提供公众服务和各种行业、特种气象服务的模式。服务方式也从简单的电台广播扩展到包括天气警报系统广播、电视天气预报、传真、“12121”天气预报热线、专家咨询、计算机网络、手机网络、微信公众号等多种形式。服务内容也不再局限于简单的天气预报，还包括行业指标预报、农业气象预报、旅游气象预报、医疗气象预报等与人们生活息息相关的各种环境气象服务项目。

环境气象预报的任务是预测自然大气和人工环境是否适合人类活动的气象条件,并提供相应的对策和建议。通过环境气象预报,人们可以在日常生活和工作中避开或预防不良气象条件的影响,从而为合理安排生产、生活和娱乐活动提供科学依据。

环境气象预报是天气预报的重要补充和深化。传统天气预报主要关注天气的基本情况,如气温、湿度、降水等,以提供人们了解天气变化的基本信息。而环境气象预报更关注工作和生活的方方面面,不仅回答"是什么"和"怎么样"的问题,还具体告知人们对健康的影响以及应该采取的措施来趋利避害。它具有针对性强、实用性强的特点,是气象科技服务社会的进一步体现。

环境气象预报的内容涵盖广泛。它关注空气质量、紫外线辐射、人体舒适度、能见度等因素,以及其对人体健康、生产和生活的影响。通过提供详细的气象信息和专业的建议,环境气象预报帮助人们了解和应对环境变化带来的挑战。例如,在空气质量不佳的日子里,预报可以提醒人们减少户外活动时间,采取适当的防护措施,以降低空气污染对健康的影响。在高温天气中,预报可以提醒人们注意防暑降温,确保身体的舒适度和安全。

此外,环境气象预报还能提供具体的行业指标预报,如建筑施工、农业生产、旅游业等领域的天气影响和应对策略。这些预报为相关行业的决策者和从业人员提供了重要的参考,帮助他们合理安排工作计划、减少风险和损失。

环境气象预报分为两大类,一类是与社会生产活动有关的部分,主要向政府领导与决策部门提供;另一类是与人们日常生活息息相关的内容,主要向公众发布。

(1)向政府领导与决策部门提供的:灾害气象(干旱、洪涝、灰霾天气等);产业气象(农业估产、林木长势、渔获量、盐业、输电线积冰、建筑物与输电网的风压风振、雷电灾害、商品贮存)等;交通气象(航线、云、气流、能见度、路面温度、积雪、冻土);

(2)向公众发布的:城市气象(空气质量、紫外线、人体舒适度、城市火险、雨伞、雷击、啤酒、雪糕、冰淇淋、空调、穿衣、霉变);医疗气象(感冒、高血压、肺炎、哮喘、鼻炎、中暑、冻伤、高山病、花粉);旅游气象(避暑、海滨浴场、负离子、滑雪场)。

5.2.2 环境气象预报发展历史

5.2.2.1 全球空气污染预报发展历史

为了应对日益严峻的大气环境问题,全球范围内一些国家和地区在过去几十年通过建立空气污染预报方法,在空气污染预报方面取得了一定的发展。从20世纪70年代起,欧洲一些国家的气象学家就着手建立各种各样的空气污染预报方法。到80年代开始做空气污染业务预报,空气污染预报的范围延伸到对能见度、紫外线、花粉过敏等的预报。美国从20世纪70年代就开始做空气污染潜势预报,美国国家气象局根据天气预报的风、涡度及天气状况、大气稳定度、混合层高度等气象因子,用数值预报模式，对污染源强度进行未来24 h的扩散计算，从而做出空气污染预报。1988年，日本为了加强防治日趋严重的汽车尾气污染，开始对东京、大阪等城市大气中的氮氧化物进行污染预报，在每天上午的新闻节目中发布前一天的污染状况和当天的空气污染预报。韩国、墨西哥等国以及我国的香港和台湾等地也相继开展了这项工作。香港环保署从1995年开始每小时公布当天和第二天的空气污染指数预报。

5.2.2.2 我国环境气象预报历史

我国环境气象预报业务始于20世纪末。1997年1月21日，国务院环境保护委员会会议决定从1997年6月5日起，在北京、上海、天津、沈阳、西安、广州、武汉、重庆、南京、杭州、大连、厦门、珠海等13个城市实行空气质量周报制度，把13个城市的空气污染指数、重点污染源以及对公众健康影响等项目列表呈报，并在电视、报纸媒体向公众公布。

从2001年6月5日起，在中央电视台发布47个环境保护重点城市的空气质量预报，包括北京、天津、上海、重庆、石家庄、秦皇岛、太原、呼和浩特、沈阳、大连、长春、哈尔滨、南京、苏州、南通、连云港、杭州、宁波、温州、合肥、福州、厦门、南昌、济南、青岛、烟台、郑州、武汉、长沙、广州、深圳、珠海、汕头、湛江、南宁、桂林、北海、海口、成都、贵阳、昆明、拉萨、西安、兰州、西宁、银川、乌鲁木齐，其他有条件的城市，也在当地媒体上发布各市的环境空气质量预报。

城市环境空气质量预报实行联合制作、统一发布制度。具体办法是由各城市气象台(站)将空气质量预报所需的气象观测和预报数据，按照规定时间和数据交换方式提供给本市环境监测站。各城市环境监测站将空气质量预报所需的环境监测数据按照规定时间和数据交换方式提供给本市气象台。环境监测站和气象台共同或分别运用预报模型，完成环境空气质量预报，并经双方会商后，以环境监测站和气象台(站)的名义在当地媒体上联合发布。

5.2.2.3 我国环境气象预报现状

2013年后，我国大气污染防治工作迎来了新的契机。2013年发布的《大气污染防治行动计划》和2018年发布的《打赢蓝天保卫战三年行动计划》对空气污染预报预警提出新的要求。

2013年《大气污染防治行动计划》要求建立监测预警体系，环保部门要加强与气象部门的合作，建立重污染天气监测预警体系。到2014年，京津冀、长三角、珠三角区域要完成区域、省、市级重污染天气监测预警系统建设；其他省(区、市)、副省级市、省会城市于2015年底前完成。要做好重污染天气过程的趋势分析，完善会商研判机制，提高监测预警的准确度，及时发布监测预警信息。

2018年《打赢蓝天保卫战三年行动计划》要求加强重污染天气应急联动，强化区域环境空气质量预测预报中心能力建设，2019 年底前实现 7～10 d 预报能力，省级预报中心实现以城市为单位的 7 d 预报能力。开展环境空气质量中长期趋势预测工作。完善预警分级标准体系，区分不同区域不同季节应急响应标准，同一区域内要统一应急预警标准。当预测到区域将出现大范围重污染天气时，统一发布预警信息，各相关城市按级别启动应急响应措施，实施区域应急联动。空气质量预报由生态环境部牵头，中国气象局等参与来完成。

2013 年 4 月 26 日，中国气象局向各省(自治区、直辖市)气象局、各直属单位、各内设单位印发了《环境气象业务发展指导意见》的通知(简称《指导意见》)。《指导意见》指出，依据《中华人民共和国气象法释义》环境气象预报的定义，城市环境气象预报主要包括：空气污染气象条件预报、空气清洁度预报、紫外线强度预报、人体舒适度预报、医疗健康气象预报、花粉浓度预报等。综合考虑气象部门已形成的现代气象业务体系，环境气象业务定位是关注与人民健康直接相关、与人类活动密切联系的大气环境质量问题，《指导意见》中环境气象业务主要包括：(1)大气环境和大气成分监测预报预警：与大气环境和大气成分关系密切的气溶胶质量浓度、气溶胶特性和化学成分、反应性气体、酸雨、温室气体观测以及霾、沙尘、空气污染气象条件、空气质量、光化学烟雾等预报预警。(2)健康环境气象预报服务：与人体健康和医疗关系密切的紫外线强度、花粉浓度、空气负氧离子、人体舒适度、疾病的发生和流行等的监测和气象指数预报服务。(3)突发环境气象应急预警：核泄漏及有毒有害气体扩散等应急预警。

2013 年 9 月，中国气象局正式开展空气污染气象条件预报工作，为政府和环境保护部门应对重污染天气提供决策支撑。根据《空气污染气象条件预报业务实施方案(2013—2015)》和《空气污染气象条件预报等级标准》(QZ/T 413—2018)，空气污染气象条件预报从气象学角度出发，对未来大气污染物的稀释、扩散、聚积和清除能力进行预报，包括空气质量及 $PM_{2.5}$、PM_{10}、气溶胶等大气成分的分析，雾、霾、降水、天空状况等天气实况的分析，环流形势及水汽、风、逆温、混合层高度、理查森数、稳定度等气象参数的分析。中央气象台于每天 08 时和 20 时进行全国 24 h 空气污染气象条件预报。

2013 年 11 月，中国气象局召开专题会研讨环境气象业务发展，会议强调要充分认识发展环境气象业务的重要性和紧迫性，发展环境气象是生态文明建设的根本需要，是大气污染防治的迫切要求，也是气象现代化的内在要求。要准确把握环境气象业务发展思路和原则，坚持立足全局、突出重点，在发展区域上将京津冀、长三角、珠三角等区域和全国城市群作为重点，在发展领域上狠抓由霾、空气污染气象条件预报预警、空气质量预报等构成的环境气象预报预警体系建设；坚持统筹规划、发挥优势，重点发挥气象部门多手段监测优势、预报业务技术优势和预警信息发布优势；坚持科技创新、夯实基础，坚持健全机制、强化合作。要持续推进环境气象业务深入发展，加强环境气象业务能力建设、环境气象的科技支撑以及环境气象机构和队伍建设。

5.2.3　空气质量预报方法

空气污染预报包括大气成分和气象因子的预报，一般可分为潜势预报和浓度预报两类。从空间尺度上一般分为城市和区域预报，从时间尺度上一般分为短期和长期预报。潜势预报是在污染源一定的条件下，以天气形势及其气象要素指标为依据，对未来大气环境质量状况进行定性或半定量的预报。浓度预报主要预报污染物浓度、空气污染指数或空气质量等级，从方法上又分为统计预报和数值预报。

5.2.3.1　空气污染潜势预报

污染潜势是指可能出现严重污染的天气尺度气象条件，可以看成是以天气形势预报为基础的“二次预报”，预报的准确度与天气形势预报的准确度和精度有直接的关联。

潜势预报采用的基本方法是从已发生的污染过程着手，归纳总结出发生污染过程时所特有的气象条件、天气形势和气象指标。空气污染潜势很大程度取决于大气对污染物稀释扩散能力，目前表征扩散的参数大多不能直接预报，一般是通过预报与其有关的天气形势和气象要素来开展空气污染潜势预报。这种方法只是给出发生污染的可能性，即有这种天气形势不一定会出现污染状况，污染的发生还要参看其他的因素(如污染源排放等)。空气污染潜势预报准确与否的关键是要确定合适的气象因子判据，当未来的气象条件符合造成重污染的判据时就向有关部门发出警报，以便采取必要的预防措施。用于潜势预报的主要天气因子或者预报参数包括地面天气形势、风、逆温、云、雨、降水过程、850 hPa 温度场特征、混合层、大气稳定度、扩散系数等。

近年来，国内学者开展了不少有关空气污染潜势预报的研究。尚可政等(2001)从能量学的角度出发，提出了描述地面至特定高度大气层结稳定度的参数——稳定能量，指出用稳定能量来描述低层大气的稳定性更为合理，稳定能量与 SO_2、CO、NO_2 浓度之间的相关性最显著，稳定能量的年变化规律与空气污染浓度的年变化规律基本一致。尤莉等(2003)利用 1995—1997 年和 2000 年资料，统计分析了呼和浩特边界层气象条件和影响呼和浩特市地区的天气系统，寻找出了城市污染与天气形势的关系，据此研究制定了有利和不利于污染物扩散的天气形势和气象要素指标，给出了不同污染物的空气质量等级判据，从而建立了呼和浩特市污染潜势预报方法。

5.2.3.2　空气污染统计预报

统计预报方法是在不掌握污染源实时变化的情况下，以气象数据、污染物监测浓度数据为基础，建立具有一定置信度的统计关系，并利用该关系对未来的污染物浓度进行预报的方法。该方法将历史上的污染物浓度监测值与前期和同期的气象条件联系起来，通过分析污染物浓度的演变规律来进行预测。主要的统计预报方法有多元线性回归法、神经网络法、天气形势分类法、趋势外推法和决策树法等。

统计模型运算量小、建设成本低、易于操作，不需要源清单和高性能计算硬件设备。统计预报适合短期预报，准确率较高，在多年数据积累的基础上开发本地统计模型有利于提高预报准确率。

(1)多元线性回归法

多元线性回归法主要是基于历史监测数据筛选对污染浓度影响较大的气象因子，建立污染物浓度与这些因子的多元线性回归方程

$$Y=b_0+b_1X_1+b_2X_2\cdots+b_nX_n$$

式中：Y 是浓度；X 是气象因子；b_n 是待定系数。在此基础上，基于气象预报结果就可以实现污染物浓度预报。多元线性回归方程的建立通常需要拟预报区域内至少一年以上的空气质量监测数据(如 SO_2、NO_2、CO、O_3、PM_{10}、$PM_{2.5}$ 等)和同步的气象观测资料(如气压、气温、24 h 变温、24 h 变压、最低气温、风向、风速、降水、日照、云量等)。

多元线性回归是对某一预报量 y，研究多个因子与它的定量统计关系。例如：共选取 p 个因子，记为 $x_1,x_2,\cdots,x_p$，为研究它们之间的联系作 n 次抽样，每一次抽样可能发生的预报量之值为 $y_1,y_2,\cdots,y_n$。它们是在因子值已经发生的条件下随机发生的，是 n 个随机变量。而第 i 次观测的因子值记为 $x_{i1},x_{i2},\cdots,x_{ip}$，$(i=1,2,\cdots,n)$。类似一元线性回归模型，在线性假定下有

$$\begin{cases}y_1=\beta_0+\beta_1x_{11}+\beta_2x_{12}+\cdots+\beta_px_{1p}+e_1\\y_2=\beta_0+\beta_1x_{21}+\beta_2x_{22}+\cdots+\beta_px_{2p}+e_2\\\cdots\cdots\\y_n=\beta_0+\beta_1x_{n1}+\beta_2x_{n2}+\cdots+\beta_px_{np}+e_n\end{cases}\tag{5.6}$$

式中，$\beta_0,\beta_1,\beta_2,\cdots,\beta_p$ 为 $p+1$ 个待估计参数；$x_1,x_2,\cdots,x_p$ 为 p 个一般变量；$e_1,e_2,\cdots,e_n$ 为 n 个相互独立的且遵从同一正态分布的随机变量。我们得到的是一组实测 p 个变量的样本，利用这组样本对上述回归模型进行估计，得到的估计方程称为多元线性回归方程，记为

$$y'=b_0+b_1x_1+b_2x_2+\cdots+b_px_p\tag{5.7}$$

式中，$b_0,b_1,b_2,\cdots,b_p$ 分别为 $\beta_0,\beta_1,\beta_2,\cdots,\beta_p$ 的估计。应用最小二乘法估计的原理，确定回归系数

$$\boldsymbol{b}=(\boldsymbol{X}'\boldsymbol{X})^{-1}\boldsymbol{y}\tag{5.8}$$

复相关系数是衡量预报量 y 与估计量 y' 之间的线性相关程度的量，通常记为

R，有

$$R=\sqrt{\frac{U}{S_{yy}}} \tag{5.9}$$

式中，S_{yy} 为预报量总离差平方和，U 为回归平方和，这一关系也进一步说明复相关系数实际是衡量 p 个因子对预报量的线性解释方差的百分率。为了较好地估计总体的回归方差和预报量方差，通常用无偏估计来估计它们，将预报量 y 的方差的无偏估计量带入复相关系数表达式，得到的复相关系数称为调整复相关系数，实际上是对总体复相关系数的估计，也是对总体回归关系的解释方差的一种估计，即

$$R_a^2=1-\left(\frac{n-1}{n-p-1}\right)(1-R^2) \tag{5.10}$$

复相关系数平方是反映预报因子对预报量的线性回归解释的部分，往往用它作为衡量回归方程拟合量的一个指标。

回归方程显著性检验的主要思想是检验预报因子与预报量是否确有线性关系。设有假设

$$H_1：\beta_1=\beta_2=\cdots=\beta_p=0 \tag{5.11}$$

在满足矩阵 $\boldsymbol{X}$ 满秩和假设 H_1 成立的条件下，统计量

$$F=\frac{\frac{U}{P}}{\frac{Q}{n-p-1}} \tag{5.12}$$

遵从分子自由度为 p，分母自由度为 $n-p-1$ 的 F 分布，其中 Q 为残差平方和。在显著性水平 α 下，根据一次抽样得到的样本计算值 $F>F_\alpha$，则否定假设，即认为回归方程是显著的。

回归系数的显著性检验独立于回归方程的显著性检验，即方程显著不一定每个系数显著。设系数 b_k 遵从正态分布，c_{kk} 为矩阵 $\boldsymbol{C}=(\boldsymbol{X}'\boldsymbol{X})^{-1}$ 对角线上第 k 个元素，于是统计量有

$$F=\frac{\frac{b_k^2}{c_{kk}}}{\frac{Q}{n-2}} \tag{5.13}$$

遵从分子自由度为 1，分母自由度为 $n-2$ 的 F 分布。在显著性水平 α 下，若 $F>F_\alpha$，则认为该系数显著。

在应用多元线性回归法进行预报时，为了提高预报效果，一般要求预报因子与预报量相关性高，且预报因子之间相关性低。为此，在应用多元线性回归法时通常采用逐步回归和主成分回归两种方法。

1)逐步回归法。逐步回归的基本思想是，根据一定的显著性标准，每步只选一

个变量进入回归方程，逐步回归时，由于新变量的引进，可使已进入回归方程的变量变得不显著，从而在下一步予以剔除。因此逐步回归能使最后组成的方程只含有重要的变量。它的自变量都已经经过统计检验，在一定的置信水平下，保证所有的回归系数的总体值均不为零，因此逐步回归分析建立的回归方程也称为最优回归方程。

关于逐步回归方法的一般步骤，第一步是准备工作，通常从标准化变量出发，利用标准回归方程组，建立相关系数增广矩阵；第二步是引进因子，引进第一个因子时，先从 p 个待选的因子中，引进方差贡献最大的那个因子，然后对引进的第一个因子进行显著性检验，若检验显著，则将这个因子引入方程；第三步是剔除因子，当因子引入后，原来已引入的因子方差贡献会发生变化，可能变为不显著，因此要进行剔除（在逐步回归中，仅一般在第三个因子引入后才考虑剔除），找出方差贡献最小者，进行统计检验，若该因子不显著，则剔除。自此，每一步首先考虑有无因子需要剔除，若有就进行剔除，直到没有可剔除的因子时再考虑引入新因子，如此进行下去，直到既无因子剔除又无因子可引入为止；第四步是计算结果，计算标准回归系数和复相关系数。对于回归方程的稳定性，要注意是否残差方差小，而且还要注意所得到的规律在未来时间的样本内是否还存在。

2)主成分回归。变量之间的多重共线性（简称共线性）是多元线性回归中一个非常棘手的问题，可由方程的容差和方差膨胀因子（variance inflation factor，VIF）的变化情况表示。容差表示该变量不能由方程中其他自变量解释的方差所占的构成比，容差越小，说明该自变量与其他自变量的线性关系愈密切，该值的倒数为方差膨胀因子。统计学研究认为，当方差膨胀因子大于 10 时将带来严重的共线性问题，并导致参数估计不稳定。目前处理严重共线性的常用方法有三种：岭回归、偏最小二乘回归和主成分回归。主成分回归的思想来自主成分分析，是对一组变量降维的统计学方法，即用少量独立变量来代替大量的有相关性的变量的一种方法，这些新的变量是由原始变量的简单线性组合而成。

主成分分析的具体计算过程大体分三步：首先，奇异值分解，特征值维数的选择，因子旋转（一般采用方差最大正交旋转）；然后，选取主成分各因子的因子得分作为自变量对预报量 y 进行逐步回归分析，再按照各主成分贡献率的高低，依次选取各主成分中负载较高的变量代表此主成分；最后，将以上选取出来的主要变量再次对预报量 y 进行逐步回归分析后，变量个数减少，但相关系数变化不大且各自变量的方差膨胀因子减小很多，可以很好地解决共线性问题。

(2)人工神经网络模型

人工神经网络理论是 20 世纪 80 年代中后期出现的一种人工智能理论。人工神经网络（artificial neural network，ANN），简称神经网络（NN），是一种应用类似于大脑神经突触连接的结构进行信息处理的模型。神经网络是由大量的简单处理单元组相互连接构成的非线性动力学系统，它具有自学习、自组织、自适应以及高度的非线性、较强的容错性等特点，是描述和刻画非线性现象的一种有效的工具，已经广泛应用于信号处理、目标跟踪、模式识别、预测、运输与通信等众多领域。

在实际应用中，使用最多的人工神经网络模型是基于误差反向传播(error back proragation，BP)算法的 BP 网络模型。1986 年，Rumelhart 和 MeCelland 领导的科学家小组在《并行分布式处理》一书中，对具有非线性连续变换函数的多层感知器的误差反向传播算法进行了详尽的分析。BP 神经网络算法的学习过程由信号的正向传播和误差的反向传播两个过程组成。正向传播是将输入样本从输入层传入，经隐含层处理后，传向输出层。若输出层的实际输出与期望的输出不符，则转入误差反向传播阶段。误差反传是将输出误差以某种形式通过隐含层向输入层逐层反传，并将误差分摊给各层的所有单元，从而获得各层单元的误差信号，此误差信号即作为修正各单元权值的依据。这种信号正向传播与误差反向传播的各层权值调整过程，是周而复始的进行的。权值不断调整的过程，就是网络的学习训练过程。

5.2.3.3　空气污染数值预报

空气污染数值预报是用数值计算方法直接求解物质守恒方程，或者求解在各种近似条件下简化形式的物质守恒方程，以求得污染物浓度在环境介质中与界面上交换方式及其分布规律。用于描述这些过程的定量数学方程和算法被称为模式，它能够模拟大气污染物在空气中的演变规律，即污染物在大气中所经历的物理、化学、生物过程，从而定量描述空气中大气污染浓度并预报它的变化。

当前的空气污染数值预报方法通常采用欧拉系统，它适合描述非定常和非均匀流场、大范围区域的大量排放源、大量化学反应、干湿沉降和其他迁移与清除过程及生物效应等。欧拉模式系统采用不同的方程闭合方案建立数值模式，并以网格形式实施。这种方法计算量大，但能进行时空上连续的定量浓度预报，是空气污染预报的重要发展方向。

以下介绍几个常用的区域尺度空气污染数值预报模式。

(1)WRF-CMAQ 模式

WRF-CMAQ 模式包括 WRF 和 CMAQ 两个部分。CMAQ 目前的公开版本提供对中尺度气象模式 MM5 和 WRF 的支持，并且通过气象-化学接口模块 MCIP 进行气象模式输出结果的格式转换。WRF 模式是新一代高分辨率中尺度天气研究预报模型，可用来进行 1～10 km 内高分辨率气象场的模拟，同时也可以为业务单位区域气候和空气质量模拟预报等其他应用提供支持，具有广阔的应用前景。Models-3/CMAQ 模式是一个三维欧拉大气化学与传输模式模拟系统，能够模拟对流层中臭氧、颗粒物、有毒污染物、大气能见度以及各种酸碱气体污染物。Models-3/CMAQ 模式秉承“一个大气”的设计理念，将对流层大气作为一个整体，使用一套各个模块相容的大气控制方程，对大气环境中的物理、化学过程以及不同物种的相关作用过程进行周密的考虑，可适用于光化学烟雾、区域酸沉降、大气颗粒物污染等多尺度多物种的复杂大气环境模拟，为空气质量预报、区域环境规划和调控提供支持。

(2)WRF-Chem 模式

WRF-Chem 模式是由美国国家海洋大气局(NOAA)预报系统实验室开发的气象模式(WRF)和化学模式(Chem)在线完全耦合的新一代的区域空气质量模式。WRF-Chem 模式是基于一种气象过程和化学过程同时发生、相互耦合的全新的大气化学模式理念而设计的，它的化学和气象过程使用相同的水平和垂直坐标系和相同的物理参数化方案，不需要进行时间上的插值，并且能够考虑化学对气象过程的反馈作用，即气象因子变化能及时地影响化学过程，化学过程也能立刻对气象过程进行反馈。事实上，在实际大气中化学和气象过程就是同时发生的，并且能够互相影响，比如气溶胶能影响地气系统辐射平衡，气溶胶能作为云凝结核影响降水，反之气温、云和降水对化学过程也有非常强烈的影响。这也使得 WRF-Chem 模式更适合应用在气候/气象-化学耦合问题的研究中。

(3)CUACE 模式

中国气象科学研究院大气成分研究所将观测与数值模式系统研发紧密结合，成功研发了将气溶胶(分 12 个粒径)与其前体气体在线耦合、并包括热力学平衡、能够准确描述六类七种大气气溶胶组分分布的气溶胶-大气化学数值模式系统(CUACE)。该系统在线耦合了 60 余种气体成分和六类七种气溶胶等空气污染物，形成了对 PM_{10}、$PM_{2.5}$、$PM_{1.0}$、O_3 和能见度的数值模拟能力。同时，通过观测获得的气溶胶-云滴之间的关系，以及分档的多组分气溶胶的活化参数化方案，在模式中建立的气溶胶、云雾和降水相互作用的参数化方案，使该系统不仅能模拟出干气溶胶，还能模拟出受其作用影响的云雾对能见度的影响。在 CUACE 数值模式系统的基础上，通过预报六类七种气溶胶组分的浓度及其对云雾的影响，建立了包含能见度预报的我国区域性雾-霾数值预报系统(CUACE/Haze-Fog)，该系统参与了 2008 年北京奥运会和 2009 年国庆 60 周年气象保障服务任务，提供了 PM_{10}、O_3 和以能见度预报为指示的区域性雾-霾的数值预报，取得了良好的效果。CUACE/Haze-Fog 于 2012 年在中国气象局开始实时运行，2014 年通过严格的业务化评估，确定其为业务的雾-霾数值预报系统，可提供不同尺度的覆盖全国的雾-霾数值预报。该预报系统还被世界气象组织选为未来开展空气质量预报和化学天气数值预报先导性项目中的气溶胶模式系统。

(4)NAQPMS 模式

中国科学院大气物理研究所自主研发了嵌套网格空气质量预报系统(Nested Air Quality Prediction Modeling System，NAQPMS)。NAQPMS 为三维欧拉输送模式，垂直坐标采用地形追随坐标，水平分辨率一般为 3.0～81.0 km。NAQPMS

可用于多尺度污染问题的研究，不但可以研究区域尺度的空气污染问题（如臭氧、细颗粒物、酸雨、沙尘等污染物的跨国输送等），还可以研究城市尺度空气污染的发生机理及其变化规律，以及不同尺度之间的相互影响过程。NAQPMS模式目前主要应用于空气质量预报领域，已在北京、上海、深圳、郑州等城市的空气质量预报业务中得到应用。

5.2.4　其他环境气象预报

5.2.4.1　紫外线预报

紫外线的观测与预报近年来得到世界各国越来越多的关注。日本在全国进行紫外线观测并发布观测资料和预报，普及关于紫外线知识，提高人们对紫外线的认识水平，并指导人们加以预防。加拿大、英国、瑞典、德国、法国、新西兰等国家也密切关注臭氧和紫外线的变化，定期公布观测结果或发布预报信息。

我国也重视紫外线的观测、预报和研究工作。近年来北京、天津、广州、上海等省（市）的气象部门，已经开展了紫外线观测和紫外线指数预报发布工作，帮助人们根据不同的紫外线强度指数采取适当的防护措施，加强自我保护。图5.3为2021年12月10日中国气象局公共气象服务中心发布的健康气象预报（全国重点城市紫外线强度预报）示例。

5.2.4.2　空气负离子预报

负离子是指带负电荷的氧离子，无色无味，是由空气分子在高压或强射线的作用下被电离所产生的自由电子大部分被氧气所获得，因而，常常把空气负离子统称为“负氧离子”。

负氧离子实际是一种非常活泼的离子，很容易和其接触的物体进行电荷交换和化学反应。在较为污浊的空气中，漂浮着污染物颗粒很多带有电荷，而且以带正电荷居多，当负氧离子与这些物体接触后，会发生电荷中和，使得负氧离子变为不带电的氧分子或氧化物。因此空气越污浊，负氧离子的“寿命”越短，而空气十分洁净、鲜有污染物时，负氧离子则较为“长寿”。自然界中，相似的光照、气温条件下，负氧离子形成的速率没有很大差异，因此“寿命”的不同，造成了不同空环境中负氧离子浓度的差异。

空气负离子被称为“空气维生素”“生长素”和“长寿素”。负离子能加强大脑皮层抑制过程，调整大脑皮层的功能，故能镇静，催眠及降低血压；负离子在进入呼吸道时，使支气管平滑肌松弛，解除其痉挛；负离子进入血液，可使红细胞沉降率变慢，凝血时间延长，还能使红细胞和血钙含量增加，白细胞、血钾和血糖下降，减少肌肉疲劳；负离子还能加强肾，肝、脑、肾上腺等组织的氧化过程。

图 5.3　2021 年 12 月 10 日全国重点城市紫外线强度预报

空气负离子是重要的森林旅游资源，一般浓度在 700 个/cm^3 以上时，使人感到空气清新；在 1000 个/cm^3 以上时，有利于人体健康；森林林区内富含氧气，湿度较高，风速不高，太阳辐射不强，气温日较差比较小。表 5.7 给出不同环境空气中的典型负离子数浓度水平。

表 5.7　不同环境空气中的负离子数

环境	负离子数/(个/cm^3)	环境	负离子数/(个/cm^3)
森林	>5000	城市	500
海滨	>2000	工矿区	200
农村	>1000	街道	50
小城镇	1000		

中国气象局 2017 年发布了行业标准《空气负(氧)离子浓度等级：QX/T 380—2017》，其后，西安市、福建省、湖北省气象部门开始在天气预报中增加了该项预报。

第6章 气象健康与人居环境选择

环境是人类赖以生存和发展的物质基础和条件，和人类健康息息相关。人生活在地球大气层内，每天都受到环境气温、气压、风等要素的影响，也会经常遇到雨雪等天气现象。天气作为人类生活环境的一部分，其变化必然对人的生活和健康产生影响，这种影响不仅仅包含了对人体的生理影响，还包括了对心理状态的影响，带来一些连锁反应，直接或间接影响人的生活和健康。

人居环境是指适合人类生存和生活的环境。人类很早就已经意识到人居环境及每天的天气变化和周期性气候变化的重要性。人居环境周边地势高低、气候冷热、山林湖泊、物产资源及居室明暗与燥湿、宁静或嘈杂、通风好坏等，对人类生活、人体气血、脏腑等功能都有重要影响。在人类活动不断增强的背景下，气候变化和气象因子的变化不断加剧，健康和环境气象的关联更密切。本章简要介绍环境气象条件对人体健康的影响及人居环境选择基本原则。

6.1 人体健康与舒适度

6.1.1 健康与疾病

根据世界卫生组织的定义，健康不仅是指没有疾病或身体不虚弱，同时还要求身体健康、心理健康和具有良好的社会适应能力。该定义体现了两方面的科学内涵：第一，健康包括了人的生理健康，也同时包括了人的心理健康和社会适应能力的健全。心理问题不仅仅会导致人体的精神痛苦，还会通过干扰人的行为活动、神经条件、内分泌等过程，间接影响生理健康。第二，人的健康和疾病之间没有明显界限，通常呈现连续分布，绝大部分人处于健康和疾病之间的过渡区域。

人体是有机的生命机体，具有较强的自我适应能力。通常会随着环境条件的改变而调节自我条件，保持身体机理的相对稳定和平衡。但是当环境条件过于恶劣，超出了身体机能自我调控的范围后，就会出现失衡从而导致疾病。疾病是身体机能平衡状态被改变和破坏的一种状态。

6.1.2 人体舒适度与主要影响因素

在人体皮肤和各种组织内部，分布有许多感受器，它们能够感受到机体内、外的环境变化，并通过神经系统对感受到的变化产生反应。人体在不同的外界环境条件下，皮肤、眼、神经等器官因受环境刺激而产生不同的感觉，经过大脑神经系统整合后，形成的总体感觉的适宜或不适程度，就是人体舒适度。

舒适与否是一种感觉和状态，具有主观和客观双重特性和标准。从感觉的角度来讲，舒适度是人的主观认知和感受，标准因人而异，具有较强的主观性；从生理学角度分析，舒适度是人体机能在一定环境条件下保持正常运转时的一种状态，伴随着一系列的生物物理和化学过程。舒适或不适所伴随的生物过程是客观存在的，并以一定的生物指标或生物过程特征为判别标准，所以说舒适度又具有客观性。

舒适度可以简单分为两类，即舒适和不适。不同方法、不同目的、不同对象，描述语言可能有所不同。从人体感觉方面分析，舒适度描述可以分为三个方面：冷热舒适度、精神情绪舒适度和神经系统舒适度。

气温、相对湿度、风速三个气象要素对人体感觉影响最大。气温是影响人体冷热舒适度（也称为温度舒适度）的最主要因素。人们在日常生活中接触最多的是温度舒适度，描述的语言也最丰富，有单纯描述冷热感觉的，也有对冷热感觉的描述中包含了其他因素影响的。如：干热、燥热、阴冷等，不仅有冷热感觉，同时还有湿度的影响；闷热，有湿度和（或）气压的影响；灼热，则有辐射的影响等。一般按照舒适或不适的程度分为 5 个等级（表 6.1），这种分级方法简单明了，便于公众了解和使用，也便于不同地区舒适度的分析和比较。

表 6.1　冷热舒适指数的分级和描述

指数等级	舒适度	描述语言
1	舒适	舒适、适宜、温暖、凉爽、温和
2	较舒适	稍热、稍冷、稍凉
3	较不舒适	较热、较凉、较冷、很凉
4	很不舒适	很热、炎热、闷热、很冷、寒冷
5	极不舒适	酷热、酷暑、极其闷热、极其炎热、极冷、严寒

气象环境对精神情绪有明显的影响。精神情绪的描述，可以分为舒适和不适两类：描述舒适感觉的，有愉快、爽朗、兴奋等；描述不适感觉的，有压抑、焦虑、烦躁、不愉快、倦怠等。与温度舒适度不同的是，气象环境不是影响精神情绪的主要因素，但它的影响仍然是十分显著的。在天气变化时，部分人群会出现不同程度的不愉快、注意力不集中、激动、困扰、抑郁、焦虑等精神不适症状，还有一些精神不适与其他不适共同出现的症状，如疲惫无力、失眠、记忆不佳、无心工作等。在精神情绪方面，气象环境对正常人和精神疾病患者的影响有很大不同：对于正常人群，不良天气使人感觉不适或出现一些自觉症状，当天气转好后，这些症状也会自然消失，不会对机体产生器质性损害，这也就是通常所说的“气象官能症”。而对于某些疾病患者，在特

定季节和天气影响时，发病率有明显增加。

6.1.3　人体舒适度与健康的关系

人体舒适度与健康的关系，实际上也就是人体主观感觉与人体生物过程的关系，二者之间既相互联系，又存在差异。感觉舒适时有益健康，感觉不适时对健康有一定的不利影响，明显或持续的不舒适环境，会直接导致疾病。

舒适度与健康相联系的例子很多，如高温引起的热不舒适，可造成中暑、冠心病高发；低温环境引起的冷不舒适，可引起感冒、高血压、冠心病、脑卒中、支气管炎、冻伤等；高温高湿环境，不仅造成不舒适感，还能破坏人体电解质平衡，导致虚脱；高湿低温环境，使人感觉阴冷不适，极易诱发关节炎、肾炎等疾病；低湿高温和低湿低温环境，能破坏皮肤的正常代谢，使皮肤黏膜产生皲裂，降低抵抗力，导致病菌感染；强太阳辐射环境，可诱发日光性皮炎；长时间光照不足环境，则可能诱发抑郁症。

气象环境对舒适度和健康的影响也有差异：有的只影响舒适感，有的既影响舒适也影响健康，有的虽然对舒适感影响不明显但能致病。

气象环境对人体生理产生刺激，导致不同感觉和疾病。有时先有不适感，不适感持续一段时间后，就有可能致病，如热不舒适与中暑；有时先出现疾病，随即因病症而出现多种不适感，如花粉过敏症与鼻腔黏膜、皮肤瘙痒；有的不适感与疾病基本同时发生，如降温引起的冷不舒适与冠心病、高血压。

6.2　人体舒适度影响因子

在自然环境中，气象因素和环境要素是影响人体舒适度的主要因子，包括人体对自然环境中气温、湿度、风、太阳辐射、气压等气象要素及其变化过程的生理适应程度和感觉。除此之外，大气污染、水污染以及土壤污染等恶劣环境，同样也会影响人体的舒适度和健康(谢静芳 等，2004)。

环境和气象要素对人体的影响，有一个舒适或适宜的范围或区域，超出该范围则感觉不舒适，偏离舒适范围越远则舒适感越差。这种影响，不仅在主观上可以感觉到，同样也可以客观地反映在人体的生物过程和主观感觉。

人体舒适度是各种环境气象因素综合影响的结果。由于气象条件和大气环境复杂多变，表现形式各异，其与舒适度的关系，也具有复杂性和多样化特征。各种气象条件，均可引起人体生理上相应的变化，并可能在一定条件下产生舒适或不舒适的感觉。不同的环流形势、天气系统、天气现象，以及不同的空气质量水平，对人体的影响也不同。但从本质上来说，气象和环境对人体舒适度的影响，是大气中温、压、湿、风、声、光、电、辐射等物理要素和空气污染物等化学要素，作用于人体并引起的复合性生物物理化学过程的综合结果。

气象要素及其变化，与人体舒适度有显著的关系。在所有的气象要素中，气温是影响人体舒适度的最主要因子，其次是风、湿度和气压。此外，雷电、大气电离状态等，也会对人体产生不同程度的影响。天气发生明显变化时，对人体舒适度也有明显影响。晴朗、温和的天气，给人以舒适和愉悦感；而强降温、阴雨、大风、持续高温等天气，都能造成人体不适感。大气环境要素，同样与人体舒适度有较大关系。灰霾污染，会引发人体的呼吸道不适，影响能见度，从而影响生理和心理舒适度。光化学污染，会导致人体的呼吸道和眼睛受到刺激甚至损伤。

除气象和环境因子的影响以外，还有一些其他因子对舒适度的影响也十分显著，甚至影响舒适度与气象条件的关系。一是气候适应和遗传的影响，受长期生活的气象环境影响，人们在生理上会发生一些相应的变化，对环境变化产生一定的耐受能力，敏感性降低。这种因素导致不同气候区域的人群生理上的舒适度阈值或敏感性指标有系统性差异。如居住在热带地区的居民，对湿热天气的耐受性强；沙漠地区的居民，更耐干热天气。这种影响具有群体性和地方性的特点，即同一地方和人群之间差异较小，不同地方和人群之间差异显著。二是同一地区的个体差异有一定影响，在同一天气条件下，人体对外界环境感觉的舒适与否，个人的反应也有差异。一般来说，老人、婴幼儿和体弱多病者，要比年轻人喜欢温暖一些；某些疾病的患者，在特定环境中也会比其他人更容易产生不适感甚至致病。如对紫外线过敏的人，皮肤对日光照射非常敏感；慢性支气管炎患者，对冷空气的影响比其他人更敏感。

6.2.1 气象和环境要素影响

(1)气温：气温是影响人体舒适度最主要的气象要素。气温对人体舒适感的影响，主要表现为人体对环境产生冷或热的感觉，即温度(冷热)舒适度。人是恒温动物，正常人体温度约为 37 ℃，皮肤表面约为 32 ℃，生命极限温度为 42 ℃。人体通过进食获得热能和体能，通过辐射、对流、传导、蒸发等方式与外界交换热量，保持体温恒定。当环境温度高于人体皮肤温度时，不利于人体热量散失，此时会感觉到炎热。温度越高，热的感觉就越明显；当环境温度低于人体皮肤温度时，有利于人体热量散失，因而会觉得寒冷。温度越低，冷的感觉就越明显。着装可以改变环境气温对人体舒适度的影响。一般认为，人在裸体静止状态时的适宜环境温度为 28～32 ℃。着装后，适宜的环境温度因着装厚度的变化而有所不同。其他气象因子，如风、太阳辐射、湿度等，会通过改变人体与环境的热交换能力，间接影响人体的冷热感觉。

近年全球温室气体排放量不断增加，温室气体的浓度连年创新高，全球气候变暖加剧，导致夏季高温热浪过程频发。这也导致了全球尺度的热不舒适度显著加强，并潜在加剧高温热浪过程带来的人类健康风险(如热射病)。除此之外，随着城市化进程的加速，热岛效应导致的城市地区热不舒适度显著高于郊区，如何加强城市废热排放的管理，成为未来社会发展的重要目标。

(2)空气湿度：空气湿度除了通过间接改变热交换来影响舒适度之外，可以通过作用于人的皮肤和呼吸系统来影响舒适度。一般仅在持续出现极端干燥或潮湿条件时，空气湿度才会对人体有明显影响。湿度小、空气干燥时，皮肤水分容易丢失，感觉干燥不适、搔痒、脱屑，手足皮肤皲裂；呼吸器官黏膜发干，相应部位可出现干痒等不适感觉；潮湿的空气对呼吸系统有益，但湿度大、空气潮湿时，影响皮肤代谢，手足等部位多汗不适。空气湿度在不同的气温条件下对舒适感的影响程度有较大差异。气温适宜时，人们对湿度的变化较不敏感。而在极端温度条件下，湿度过高或者过低更容易引起不舒适感。

(3)风：风对人体的热平衡有直接影响。流动的空气作用于人体皮肤，有利于人体与空气的热量交换，增加对流和汗液蒸发，因此，热天时风能带给人舒适感，冷天则会加剧冷不舒适感。当风力很大时，可造成人体多方面的不适。人在大风中站立和行走都会受到影响，不舒适感增加；大风使空气中尘埃颗粒增加、空气质量和能见度显著下降，也会影响人的呼吸、视觉舒适度感觉；大风发出的低频噪声和与物体摩擦时发出的声音，对人的神经系统形成不良刺激，影响人的听觉和精神舒适感。

(4)太阳辐射：太阳辐射主要作用于皮肤和视觉感受器。太阳红外辐射在寒冷季节能给人以温暖的舒适感，但在炎热季节使人感到灼热难受甚至会灼伤皮肤。紫外线辐射刺激人体皮肤，能引起紫外线过敏色素沉着甚至诱发皮肤癌变，刺激视网膜时能产生刺激痛觉等不适感。强度大、时间长的阳光持续照射，甚至能损伤视网膜，光线暗会产生视觉疲劳。太阳辐射还能通过视觉器官影响人的神经系统和内分泌系统。人体分泌褪黑素的多少，与光线照射有直接关系，充足的阳光刺激，使神经系统保持兴奋，感觉精神愉快；缺少阳光照射，则容易精神抑郁、萎靡不振、情绪低落。

(5)颗粒物和能见度：颗粒物容易引发人体呼吸道等疾病，颗粒物污染导致的能见度降低，还会通过视觉感受器影响人的神经系统，导致情绪上的波动。良好的能见度，光照充足，视野开阔，使人产生愉快感；不良能见度，使视野受限，光照不足，容易产生压抑感；长时间驾驶或在不良能见度条件下活动，会因视觉疲劳而产生不适感。

6.2.2　舒适度的空间差异

气候是一地或者地区的平均天气状况及其变化特征。气候条件也会影响人体舒适度，这就是气候舒适度，也称为体感气候。基于体感气候尺度，可将世界气候分为三大类，即过于炎热的气候、适宜的气候和过于寒冷的气候。将气候变化与人体感觉联系在一起，从气候的角度来分析和研究体感温度与人体舒适度的变化范围和幅度，可以从一个侧面反映当地气候特点和对人们生活环境的影响程度。

与根据地理纬度和区域划分世界气候的方法相比，体感气候能够更加准确地反映出城市和某一局部地方的气候特点及对人类生活环境的影响。在气温日较差大的地方，一天中人体舒适度也有明显的变化，甚至经历冷热不同阶段。我国气温变化幅度比同纬度其他地区明显偏大，受其影响，人体舒适度的日变化特征也更加显著。“早穿棉袄午穿纱，围着火炉吃西瓜”描述的是西北内陆的温带大陆性气候，昼夜温差大是其最大的特点，也体现了地区气候特征对于人们生活的重要影响。

气候舒适度的地区差异较大，地域的气候特征与舒适度有密切关系，正确合理的舒适度分析，也可以从一方面反映出当地的气候特征。我国幅员辽阔，不同地域气候差异显著，哈尔滨与广州 1 月份的平均气温相差 30 ℃以上，气候舒适度也截然不同。华南地区地处副热带和热带，长夏无冬、寒冷气候少见，炎热气候时间长；哈尔滨则是冬季漫长、气候寒冷，夏季凉爽宜人。西部青藏高原、西北黄土高原、东部平原和沿海、西南地区等各具特色的气候环境，也形成了各具特色体感气候。气候舒适度除有地区差异之外，季节变化也是重要的影响因素，如温带地区的气候四季分明，季节特征差异十分显著，气温变化幅度大，导致不同季节的舒适度差异明显。

6.3 气象环境与疾病

疾病是人类机体在致病因素作用下，技能、代谢和形态上产生变化的过程，这些变化达到一定程度就会表现成临床症状和体征。某些器官因疾病受损后，机体调动未受损部分和有关的器官、组织或细胞来替代或补偿其代谢和功能，使体内建立新的平衡的过程称为代偿。在疾病过程中有些变化是代偿性的，而有些是属于损伤性的，当机体的代谢和恢复能力较强时，机体内环境能够快速恢复并保持相对稳定。在代偿范围以内时，如果致病因素影响消失，那么机体则会恢复并朝着健康的方向发展，如果致病因素持续作用超出了代偿能力，则会出现明显的临床症状和体征。

总体而言，疾病是人的生理或心理上发生的不正常状态。造成人类疾病的原因，除遗传因素外，主要有三大类：第一类是生物性原因，即由细菌病毒、寄生虫感染人体致病。第二类是化学致病因素，许多无机和有机化学物质有毒性，不少毒物对机体的某些器官系统有选择性的损害作用，一定剂量的毒物被摄入机体后，可引起中毒甚至死亡。第三类是物理致病因素，其中包括机械性外伤和各种物理环境因素如光、热、电等引起的疾病。

6.3.1 气象环境对疾病的影响

气象环境是导致疾病的主要物理因素之一，大气中的物理因素与疾病的关系可以是直接的，也可以是间接的。从致病机理方面分析，气象环境对疾病的影响大致可以分为三种情况。

(1)气象环境的影响可直接导致疾病发生，如中暑、日光性皮炎、冻伤等疾病，人群的发病率与气象条件直接有关，通常耐受性差的人或在不良环境中久留的人容易发病。发病特点是，当气象条件具备时，患者人数明显增加，而气象条件不具备时，在自然环境中很少发生。

(2)一些较常见的流行性和传染性疾病，特定的天气条件会导致流感、细菌性疾病更易发生，尤其是长时间大规模流行和感染，都与气象条件有直接关系；疾病的易感人群，主要为儿童、老年人、体弱多病者和不注意预防的人，严重时可造成人群的普遍感染。

(3)一些常见的慢性疾病，如冠心病、高血压、慢性支气管炎、消化性溃疡等常见疾病，虽然这些基础性疾病的形成与气象无直接关系，但是在患者长达几年、甚至几十年的带病期间，其病情的发展变化或疾病的复发，都与气象环境的影响有重要关系。

根据机体免疫力、抵抗力和对气象环境变化的耐受能力等差异，可将人群分为三类：老人和儿童、慢性疾病患者和敏感者、健康人群。相同的气象环境影响下，三类人群的发病率差异显著。由于老人机体功能退化，儿童免疫功能发育尚不完善，他们的免疫力比健康人群低，更容易受气象环境变化的影响。慢性疾病患者，由于患病部位存在机能障碍，对环境刺激的耐受能力差。还有一些人对某种特定环境敏感，如紫外线过敏者、花粉过敏患者等这些人，对某类天气变化比常人更敏感，也更容易受天气变化的影响。相比而言，健康人群一般能够承受天气变化，患病概率相对较小；但明显的天气变化，同样能使其抵抗力和免疫力下降，若不注意预防，也容易感染疾病。

6.3.2　影响疾病的气象环境类型

在长期的气候环境影响下，人体的生物规律与环境变化形成了良好的适应。为适应季节、天气和昼夜变化，人体的各种生物指标也有一定的节律。但是，当气象环境的改变超出人体的调节和承受能力时，对人体长期形成的自然生物节律造成破坏或使人体长期处于应激状态，从而导致疾病发生或复发。

影响疾病的气象环境，可分为季节性和天气变化、极端天气两种主要类型，不同环境类型的天气特征不同，对疾病的影响和发病率变化特征也不同。

(1)季节性和天气变化

季节变化是影响疾病多发的主要环境类型之一。许多慢性疾病和传染性疾病，都与季节变化有关并具有季节性多发特征，其主要原因，就是受气候环境变化的影响。季节变化的最主要特征，就是一年四季的轮回。随着季节的交替变化，人体的各种机能也会随之发生改变。对一些慢性疾病患者来说，由于病变而导致身体机能障碍，对季节变化或特定季节的气候环境适应能力差，容易导致旧病复发。高血压、慢性支气管炎等，在冬季复发加重，就与气候的影响有密切关系。

气候异常，也是影响疾病的主要气候因素之一。当气候发生异常变化时，对人体长期形成的自然生物节律造成了破坏，或使人体长期处于应激状态，从而导致疾病发生或复发。此外，气候异常还可能对自然界的其他生物产生影响，并间接影响到人类。如冬季气候异常偏暖时，往往会造成各种病毒和细菌的大量繁殖和传播，使传染性疾病大规模流行甚至暴发。

天气变化过程中，伴随着气温、气压、湿度等气象要素的突然改变和大幅度变化，使人体的应激加大，也会使人体因调节不当而发生或复发疾病。冠心病、脑梗死、消化性溃疡、感冒等疾病的发病率，都与秋冬季节气温大幅度下降有显著关系。受天气变化影响的疾病发病率，与天气变化频率和强度有显著关系，呈阶段性多发特征。若相关的天气过程在特定季节发生频率高，则发病率也呈季节性多发。

(2)极端天气

高温、低温等极端天气的影响，往往超出人体的承受极限。极端天气持续出现时，使人体长时间处于不良的环境条件之中，肌体容易产生疲劳，抵抗能力下降，而易导致疾病发生。如盛夏的高温炎热天气，往往可以造成中暑患者的显著增加；异常低温寒冷天气，对人体的呼吸系统和循环系统影响极大，常造成发病率和死亡率的明显增加。极端天气还可能为其他致病因素创造有利条件，使发病率增加。如持续高温高湿天气，使病菌大量繁殖、食物易腐败变质，痢疾患者显著增加。受极端天气影响的疾病发病率，与极端天气的强度和持续时间显著相关，具有显著的季节性多发特征。

上述两种影响疾病的气象环境，并不是独立存在的。一些类型的天气变化，尤其是极端天气，具有显著的季节性多发特征，所以相当一部分受天气变化和极端天气影响的疾病，同时也受季节变化的影响，具有季节性多发的特征。

6.3.3 受气象环境影响的主要疾病类型与特征

医学上通常根据人体脏器、生理解剖特征、病变部位和症状体征等，对疾病命名和分类。目前受气象环境影响的疾病，有数十种之多，是一组具有特定含义和共同特征的疾病群。几乎在医学上的每一类疾病中，都有与气象环境影响有关的疾病。

气象病是指因气象变化而得病或因此而使病情恶化的疾病，都与天气有相当密切的联系，也叫天气病。气象病的概念是从环境气象学和环境医学的角度，研究疾病发生规律和预防措施而提出的。天气病是由于天气系统影响时，气压、气温、湿度和风等，发生激烈变化导致人体发生疾病。在特定季节恶化或多发的疾病，则称为季节病。季节病与季节性的气候变化对人体生物性传染源的影响有关。有的疾病既是季节病，又兼有气象病的性质。

由于气象病的概念缺乏科学严密的界定方法和依据，其包含的疾病种类、特征、分类等也不十分清楚。而且，对于多数气象病和季节病来说，气象因素只是诱发因素之一，而并非是导致疾病的决定性因素。因此，到目前为止，这一提法并未得到医学界的认可，即使在医疗气象研究中，也尚未得到普遍认同，还有待进一步深入研究和探讨（阚海东 等，2018）。

受气象环境影响的疾病，有显著性、复杂性、地方性、诱导性、可预防预报性等特征。

显著性：多数受气象环境影响的疾病，与气象要素或要素的日变化，有显著的相关性，它反映了气象环境影响疾病的显著性。临床统计结果表明，一些常见、多发疾病，与气象环境关系密切。在特定季节中，发病率受气象环境的影响十分显著。北京、上海、广东、吉林等许多省市的研究结果都表明，秋冬季节第一次强冷空气影响，可造成感冒发病率大幅度上升。

复杂性：构成气象环境的要素很多，其关系复杂多样，对疾病的影响也表现得错综复杂。气象环境对不同疾病的影响不同，对不同人群的影响也不同。

地方性：气象病有显著的地方性特征。由于各地气候特点和人体适应的差异，在不同的地方，不仅常见病、多发病的病种有一定的差异，疾病与气象环境的关系也有差异。例如，同样是心肌梗死患者，在美国南方与北方地区的主要致病气象条件就完全不同：南方高温天气影响显著，北方寒冷天气影响显著。因此，地方性特征是医疗气象研究必须考虑的因素。

诱导性：气象环境的影响，通常只是造成疾病的一个诱导性外因。受同样气象环境影响，有的人患病、有的人不患病；有的人病症较轻、有的人病症严重。对于大多数疾病来说，在致病的各种因素中，气象因素的作用，也不是最主要的，它仅起触发和加剧的作用。

疾病的可预报预防性：气象病的一个共同特点，是病情的发生，受天气条件的影响比较显著，并且从天气变化对人体产生影响开始，到疾病发生或复发加重，多则三五天、七八天，少则不足一天。通过天气变化与疾病关系的分析研究，开展医疗气象预报服务，人们能够提前了解未来天气变化对疾病可能产生的不利影响，也就可以通过改变着装、调节环境状况等方法，进行有效的预防。因此，预报和预防气象病的发生，不仅科学可行，而且随着社会的发展进步，将成为人们预防疾病、提高健康水平的一个重要而有效途径。

医学上根据疾病发生部位、影响器官等，将疾病分为呼吸系统疾病、消化系统疾病等十几大类，几乎在每一类疾病中，都有与气象环境影响有关的疾病。气象环境是直接致病因素的疾病，主要有中暑、日光性皮炎、冻伤等，对于多数疾病来说，尤其是一些常见病、多发病和流行病，气象环境主要是通过对机体产生非特异性刺激诱发疾病，或通过对人体免疫功能、病原体或病原媒介等的影响，使疾病更易复发加重，发病率显著增加。天气变化（如降温）或某种天气状态（如高温天气），是诱发或导致疾病复发的两种主要天气形式。季节转换或特定季节疾病发病率的变化，与该季节主要天气过程或天气变化特点有关。

6.3.3.1 呼吸系统疾病

呼吸系统，包括气体通过的呼吸道和进行气体交换的肺。呼吸道由鼻、咽、喉、气管、支气管、细支气管、终末支气管构成。呼吸系统与外界沟通，外界环境的有害物质，如微生物、粉尘、过敏原和有害气体，可直接吸入气道和肺部，造成危害。全身性的疾病，如自身免疫性疾病、血液、代谢等疾病，也可累及肺脏。目前呼吸系统疾病，在我国人口主要死因中占第二位。天气对呼吸系统疾病的影响比较明显。与季节和天气变化有关的呼吸系统疾病，主要有感冒、支气管炎和支气管哮喘等。呼吸道疾病多发于冬季。

感冒一年四季皆可发病，但寒冷和天气多变的季节为多发期。在寒潮多发期，尤其是受强寒潮影响后，感冒发病率持续偏高。天气影响感冒发病率的主要原因，是天气变化或身体过度疲劳的情况下，人体免疫力下降，容易受病毒和细菌感染而发病。急性支气管炎，是指由于病原微生物感染或物理化学因素刺激引起的气管、支气管黏膜的急性炎症，是呼吸系统的常见病和多发病。造成感染的病毒和细菌与感冒相同，常继发于感冒。因此，天气对急性支气管炎的影响方式与感冒基本相同。

其他容易在冬季爆发的呼吸道疾病，包括慢性支气管炎、支气管哮喘以及肺炎等。北方地区是慢性支气管炎的高发区，患者在秋冬季节易发病，夏季常自行缓解。感冒和寒冷空气刺激，是主要诱发因素，与天气变化关系很大。冬季严寒天气的持续影响，使疾病长时间难以痊愈，天气越冷、发病率越高。呼吸系统疾病多发的秋冬季节，避免感冒着凉、减少接触病菌，是预防该病的有效方法。

6.3.3.2 心脑血管(循环系统)疾病

循环系统由心脏和血管组成，涉及和天气气象相关的主要疾病，包括冠心病、高血压、中风等。目前的研究尚未发现冠心病的原发病因与气象环境有关，但季节的转换和天气的显著变化，对冠心病患者疾病复发和病情加重有明显的影响，多数患者病情加重复发，与季节和天气变化有关。如心肌梗塞多发于晚秋和早春这两个季节转换时期，此时气候多变化、忽冷忽热，冷的刺激使交感神经兴奋、血管收缩、血压增高、心率加快、心肌耗氧量增加。气温、气压的明显变化，均可刺激和诱发冠心病。

高血压病是一种长期危害人体健康的慢性脑血管疾病，被称为“隐形杀手”。高血压与气候的影响有关，高血压的人群发病率，在北方寒冷地区明显高于南方。季节和天气变化，对高血压病患者的影响十分显著。人群发病率的变化与天气变化有关。一般来说，夏季气温升高，使周围血管阻力降低，血压下降；冬季低温寒冷，使血管收缩，血压升高，所以冬季血压比夏季高。当一些气象要素发生剧烈变化时，也会使血压发生显著变化。气温下降、气压上升，都能使血管收缩、血压升高，病情加重。

因此,对于高血压病患者来说,季节转换和天气变化的影响,绝不可忽视。

冠心病、中风和高血压等心脑血管疾病,在病因、气象环境诱发因素等方面有密切的关系。75%的冠心病患者都合并有高血压,高血压患者的冠心病发病率比血压正常者高5倍。冠心病和中风,都是高血压病的主要并发症。季节和天气对冠心病、中风和高血压病的影响,也具有共同的特点,就是寒冷的冬季和降温天气影响时,发病率显著增加。

6.3.3.3　消化系统疾病

消化系统是消化食物所必需的器官的总称,包括消化道、肝脏、胆囊、胰腺等。消化道还可分为上消化道(口腔、食道)和下消化道(胃、十二指肠、空肠、回肠、结肠、直肠)。与季节和天气变化有关的消化系统疾病,主要有消化性溃疡和各种急慢性胃肠炎等。上消化道出血,属于一种疾病症状,可由消化性溃疡、胃肠炎、理化刺激等多种病因引起,其发生规律与其病因基本相同。其中急性胃炎,在夏秋季节为高发期,主要是由于高温高湿导致细菌大量滋生、食物腐败变质。而季节转换和天气变化,则是诱发慢性胃炎的主要因素之一。春秋季节天气忽冷忽热、秋冬季节气温持续下降、持续阴雨天气、气温突然下降时,发病率较高。

细菌性食物中毒,与细菌性痢疾不同,前者是季节性多发疾病,后者是传染性疾病。细菌性食物中毒,与季节和天气关系非常显著。当日平均气温高于15 ℃时,发病率开始增加;日平均气温高于22 ℃时,发病率显著偏高。因此,春末至初秋,是细菌性食物中毒的高发期,而在其他季节,发病率与天气变化没有明显关系,但在各种节日期间,发病率有所增加。

6.3.3.4　皮肤疾病

皮炎是皮肤发生炎性病变的简称。有些皮炎与季节和天气变化的影响有关,如多形性日光皮炎、植物-日光性皮炎(患者过多食入或直接接触光敏性植物后,经过较大量日光照射后引发光暴露部位急性皮肤炎症)、泥螺-日光性皮炎(患者食用过多泥螺再经强烈日光暴晒之后,皮肤所发生的急性炎症反应)以及夏季皮炎等。其中多形性日光皮炎也称多形性日光疹或紫外线过敏症,是皮肤经过日晒后引起的多形性皮疹。多形性日光皮炎易发于面部、颈部、手背及上伸侧等身体的外露部位,主要发生在春夏季节,与太阳紫外线辐射强度有直接关系,到了秋冬季节,可自然减轻或消退。夏季皮炎也称痱子。在夏天,如遇持续高温天气,由于天气闷热湿度大,出汗多,就容易引起夏季皮炎。高温闷热天气持续时,病情易加重;若天气转凉,病情也会减轻,秋凉之后可以自愈。花粉过敏性皮炎,是特异性皮炎或遗传过敏性皮炎的一种。患者接触花粉而出现皮疹并伴有瘙痒,有的患者还可发生哮喘。在植物开花季节,天气晴朗、有风的日子,易诱发此病。

手癣和足癣，是指生长在手掌、足底和指(趾)缝的癣，由红色毛癣菌等真菌感染引起。气候环境、气温、湿度，对手足癣的发病和传播起重要作用，在潮湿炎热的南方地区，足癣患者高达60%以上。“香港脚”就是一个典型的例证。致病癣菌喜欢高温潮湿的环境，夏季手足易出汗，易于病菌大量繁殖，并在患处造成皮肤损害。冬春季节，空气干燥寒冷，手足不易出汗，真菌没有了合适的生存繁殖条件，也无法继续危害皮肤，所以多数患者症状减轻、消失，甚至可暂时自愈。

冬季皮肤瘙痒症，也称老年性皮肤瘙痒症。其主要特征是皮肤无任何变化，只是奇痒难忍。冬季气候干燥寒冷是主要诱发因素。皲裂一般发生在寒冷季节，与短期天气变化关系不大，气候长期干燥和寒冷是主要原因。

6.3.3.5 骨科疾病

受天气影响的骨科疾病，主要有关节炎、肩周炎和颈椎、腰椎病等。潮湿、阴冷天气能使骨关节炎患部不适症状加重，甚至在天气变化之前，就可感觉到不适。类风湿关节炎，又名风湿性关节炎，该病因不明，可能与寒冷、潮湿环境的影响有关，多见于寒冷、潮湿地区。风湿病是一种变态反应性疾病，风湿性关节炎是风湿病侵害关节所致，我国南方地区发病率高于北方。上述几种关节炎，都有关节疼痛、肿胀、变形等相似症状，但其病因完全不同，受天气变化的影响也不同。肩周炎即肩关节周围炎，是由于肩关节周围的肌肉、肌腱、滑囊、关节囊等软组织，因急性损伤或慢性劳损等，引起的退行性病变。若感受风、寒、湿的刺激，可加剧肌肉痉挛而加剧疼痛和其他症状。

颈椎病，是颈椎或其附近组织发生病变而引起的综合症状，主要是颈部酸痛、转动不便、肩臂和手指麻木，严重者会在颈部转动或曲颈时发生眩晕、恶心、耳鸣、胸闷甚至跌倒，称为颈椎综合征。由于风寒的刺激，可引起肌肉紧张、血管收缩，从而加重上述刺激和症状。因此，寒冷天气和季节的影响，是颈椎病的诱发因素之一。

腰椎间盘突出症，是在腰椎的部位发生椎间盘突出，主要症状为腰痛和受压迫的神经痛。冬季寒冷天气和春秋季节冷空气影响时，患部和足腿部受阴冷环境刺激，可导致疾病复发。所以，防寒保暖，对防止该病复发很重要。腰腿痛是一种常见的疾病症状，可以由各种疾病引起。潮湿、阴冷的工作环境，也是腰腿痛的诱发因素。腰腿部位有器质性病变或功能性障碍的患者(如腰椎间盘突出、关节炎、腰肌损伤)，在遇有受风、寒冷、潮湿的天气影响时，十分容易诱发或加重患病部位的疼痛和不舒适感，或造成不同程度的功能障碍。晴朗温和天气，病情好转，阴雨寒冷天气，症状容易加重。一般来说，天气变化不是造成这些疾病的内在原因，但由于寒冷的刺激，能使血液循环减慢，肌肉收缩、交感神经紧张、压迫患部神经、加重水肿等，造成关节或患部周围的血管神经功能紊乱，从而加剧病症和疼痛感。

6.3.3.6　精神性疾病

冬季抑郁症。每逢冬季出现阴沉的天气时，有些人感到心烦意乱，有的人则感到抑郁、沮丧；另一些人在最冷的月份里嗜睡，醒后仍感觉困倦，好打盹、不爱活动、在冬季发胖。光照不足，是引起冬季抑郁症的主要原因。所以，最好的治疗方法，就是增加光照射。增加户外活动，改善居室光线和照明度，精神放松等，都有助于改善症状。

气象官能症。气象官能症是神经官能症的一种，是因气象环境影响而产生明显的躯体或精神不适症状。神经官能症，是患者自觉有明显的躯体和精神不适症状，但机体、脑部完全没有器质性病变。神经官能症与战争、灾害、挫折、精神打击等多种因素有关，在各种因素引起的神经官能症中，气象官能症只占少部分。气象官能症一般不需要特殊治疗，当气象条件改善后，相关症状也会消失。

6.3.3.7　眼鼻喉疾病

受气象环境影响的眼病，有青光眼和白内障。青光眼是一种因眼压升高而损害视神经，造成视力减退的疾病。青光眼多发生在冬季寒冷月份，夏季较少发作。当冷锋过境或冷气团进入后气压骤增时易发病，夏季特殊的炎热天气时也可发生。白内障是正常透明的晶状体变混浊、视力减退，以老年性白内障多见。白内障术后前房出血，易发生在湿热天气气压下降时。

急性鼻炎，就是一般所说的“伤风”“感冒”，通常是受凉后身体抵抗力下降，病毒和细菌相继侵入而引起，具有一定的传染性。症状主要是鼻塞，遇冷空气刺激时加重。急性扁桃体炎，是由病毒或细菌感染引起的急性炎症，在受凉、过度劳累、机体抵抗力差时容易发病。急性炎症多与感冒有关，或是感冒症状的一部分，天气对其影响也与感冒相同。

6.3.3.8　理化因素性疾病

与气象环境有关的理化因素性疾病，气象条件往往是致病的最重要因素。人群的发病率与气象条件直接有关，一般耐受性差的人或在不良环境中久留的人容易发病。发病特点是，当气象条件具备时，患者人数明显增加，而气象条件不具备时，在自然环境中很少发生。

中暑，是指在高温的作用下，发生体温调节障碍、水电解质平衡失调、心血管和中枢神经系统功能紊乱等为主要临床表现的一组疾病。多发生在持续高温闷热的夏季，尤其是在烈日曝晒或高温环境下从事重体力劳动的人，年老体弱、慢性病人、产妇及过度劳累者更易发生。气象条件是诱发中暑的最主要原因，南方地区夏季气温高、湿度大，尤其是在持续高温天气时，很容易发生中暑。

冻伤，是皮肤受到0℃以下的强冷刺激，使血液循环恶化而在皮肤组织内形成的一种疾病，因长时间在寒冷环境中缺乏有效保暖措施所致。多发生在足趾、手指、耳垂、鼻尖及脸颊血液循环远端或暴露部位。

日光性眼炎，也称为紫外线性眼炎，是指眼睛长时间暴露在阳光下，因紫外线辐射形成的弥漫性浅层角膜炎，出现明显的眼痛、角膜充血、怕光等症状。也有因积雪反射的紫外线引起，俗称雪盲症。

高山病，也称为高山适应不全症，是由于高海拔地区空气中氧气含量低，平原地区居民在短时间进入高海拔地区，对缺氧环境一时难以适应，使机体组织缺氧而出现的一系列症状。轻者仅出现高山生理反应，重者出现高山性肺水肿甚至高山昏迷。由于寒冷对出现病症及其严重程度有一定影响，所以，与季节和天气变化也有一定关系。

6.3.3.9 传染性疾病

传染病是由各种致病性的病原微生物及寄生虫感染人体所引起的具有传染性的疾病，是一组常见性、多发性疾病，常在人群中传播造成流行。造成传染病群发性感染和发病，有三个基本条件：即传染源、传播途径和易感人群。此外还有自然条件和社会因素的影响，如地理、气象、生态环境等自然因素的影响，社会制度、风俗习惯、文化水平、宗教信仰、医疗卫生、福利设施等社会因素的影响。

相当一部分传染病的发生都与季节有关，许多传染病的流行具有显著的季节性多发特征，尤其是病毒性传染病和细菌性传染病的发病率，更是与季节的变化有显著关系。气象环境影响传染病发病的主要原因，一是气象条件往往能形成有利于病原体大量繁殖和传播的环境条件；二是在疾病传染流行期间，天气的变化使人体免疫力下降，易感人群数量增加。

从气象影响因素分析，与季节变化关系密切的传染性疾病，主要分为冬春季节高发和夏秋季节高发两种类型。呼吸道传染病多发于冬春季节，肠道传染病以及由蚊蝇传播病菌和病毒导致的传染病，则在夏秋季节多发。

流行性感冒简称“流感”，是由甲型、乙型或丙型流感病毒及体引起、并通过呼吸道传的急性上呼吸道传染病。因病原体不同，分为病毒性和细菌性两大类。流感是一种季节性的急性传染病，具有极强的传染性。传染源是急性期的患者，病毒随着流感患者打喷嚏、咳嗽而排出，经过空气飞沫或经污染的用具传播。流感病毒很容易发生变异产生新的类型，所以每次发生的流感类型也不尽相同。除新生婴儿外，其他人群对流感普遍易感。散发性流行的流感，以冬春季节较多见，大规模流行的流感，则没有明显的季节性。流感与气候的异常变化有一定关系，冬春气候偏暖时，有利于病毒的滋生和传播，容易造成流行。

SARS(严重急性呼吸综合征)，2003年冬春发生时被称为“非典”。由冠状病毒感染引起，经呼吸道传播的烈性呼吸道疾病，可造成暴发性流行，冬春季节易发病。

新冠肺炎，是新型冠状病毒性肺炎(COVID-19)的简称，是指 2019 新型冠状病毒感染导致的肺炎，以发热、干咳、乏力等为主要表现，少数患者伴有鼻塞、流涕、腹泻等上呼吸道和消化道症状，2020 年起在全球暴发性流行，直到 2023 年 5 月，世界卫生组织宣布新冠疫情不再构成国际关注的突发公共卫生事件。

6.4　城乡宜居环境选择与我国传统风水理论

6.4.1　宜居环境与宜居城市

宜居是指适合于人类居住。宜居的理解有多方面，如气候适宜，冬天不冷、夏天不热，人处在这样的环境，感觉很舒适；宜居地区，应让居住的人感到生活便利，工作、上学、就医等生活需求便捷。简单来说，宜居能满足人居住舒适，让人感到满足、适宜。

宜居环境就是适合人类居住的环境。良好的居住环境，是人类物质生活的可靠保证，是人体健康不可缺少的条件。理想的居处，往往是阳光充足、空气清新、水源洁净、土壤肥沃、景色秀美的环境。与宜居环境相关的一个概念是人居环境。人居环境泛指人类集聚或居住的生存环境，特别是指建筑、城市、风景园林等人为建成的环境。世界上不同地区，有不同的环境气象条件，造就了不同的生态环境和物种分布，正所谓“一方水土养一方人”。此外，对住宅环境进行绿化和美化，有助于创造一个树木环绕、郁郁葱葱、鲜花盛开、千姿百态的住宅环境，可以使居住者心旷神怡，置身于大自然的纯朴美和自然美之中，可达到身心健康的目的。

宜居城市是指适宜人类工作、生活和居住的城市。1996 年联合国第二次人居大会提出，城市应当是适宜居住的人类居住地。2005 年在国务院批复的《北京城市总体规划》中，首次出现“宜居城市”概念。总的来说，宜居城市，就是要以人为本，为城市居民创造一个安全、舒适的工作环境和生活环境，实现城市的和谐、可持续发展。

宜居城市的基本条件，可归纳为三方面：一是良好的生态环境，包括清新的空气、洁净的水源、葱郁的绿化、优美的自然景观等，这是宜居的基本条件。二是完善的物质基础，包括城市公共设施、交通、住房、安全、就业、就医、福利等方面，这是宜居城市的硬件设施。三是亲和的人文氛围，包括社会秩序、道德风尚、教育程度、文化底蕴、娱乐功能等，这是宜居城市的精神体现。

2007 年国家建设部发布《宜居城市科学评价标准》，从社会文明度、经济富裕度、环境优美度、资源承载度、生活便宜度、公共安全度 6 个方面对宜居城市进行评分，将城市分为宜居城市、较宜居城市和宜居预警城市。一般而言，较低海拔高度，地质环境好，地势平坦，气候四季分明，昼夜温差较小，有充足安全的饮用水资源，有十分丰富的各类物资保障，有便利的道路交通，有优秀的医疗、学校等设施的地方，是最适合于人类居住和生产生活的地方。

6.4.2 我国传统风水学内涵

风水学在我国数千年的历史发展中，一直都扮演着相当重要的角色。风水作为一种古老的我国传统文化和生活哲学，不仅仅包含风水理论，也包含了一些我国古代地理知识的应用及民风民俗。传统风水学有科学性，也有迷信、糟粕的成分，应以现代科学知识与理论为基础，弃其糟粕、取其精华，更好地为人类服务(汉宝德，2003；吴良镛，2001)。

风水学的科学性，表现在其揭示的自然环境与人类活动之间关系的科学规律，指导人们营造适宜居住或工作的环境，提高人们的生活品质。风是流动的空气；水为各种水资源，包括江河湖海及雨露。风水强调了风与水对人体的作用和影响，主张风太大的地方不宜人居住，而空气不流通的地方也不宜居住；没有水的地方不适宜人居住，而水泛滥成灾的地方也不适宜居住。《现代汉语词典》把“风水”定义为“指住宅基地、坟地等的地理形势，如地脉，山水的方向等”，就是取其科学性。

风水学在一定程度上是研究人类居住环境的一门学问。在其长期发展过程中，与其他相关学科交叉渗透，有我国古代哲理、美学、心理、地质、地理、生态、景观等诸方面的丰富内涵。风水理论的宗旨，是勘查自然、顺应自然，有节制地利用和改造自然。选择和创造出适合人的身心健康及其行为需求的最佳建筑环境，使之达到阴阳之和、天人之和、身心之和的至善境界。

风水学是我国古代建筑活动的指导原则和实用操作技术。风水学核心思想，是天人合一，人与自然的和谐。我国传统风水理论，伴随我国人居环境改善活动已有2000多年，是我国古代乡村、城市建筑选址、规划设计的理论指导。2004年国家住宅与居住环境工程中心发布的《2004年健康住宅技术要点》明确指出：住宅风水作为一种文化遗产，对人们的意识和行为有深远的影响。用辩证的观点来看待风水理论，正确理解住宅风水与现代居住理念的一致与矛盾，有利于吸取其精华、摒弃其糟粕，强调人与自然的和谐统一，关注居住与自然及环境的整体关系，丰富健康住宅的生态、文化和心理内涵。

在日常生活中，风水一词可有两种解释，一种是比较广义的意义，泛指附近的空间、山、水、树木等自然环境，“三里不同风，十里不同雨”，就是不同地区“风水”的体现。另一种是比较狭义的意义，专指阴宅(祖坟)和阳宅(住房)。“风水”对人的影响，本质上是环境对人影响的体现。比如生活在我国不同地区的人，在身体形态、皮肤状况、抗寒耐热、饮食习惯等方面都有很大的区别，这就体现了环境对人的影响。另一方面，环境对人的性格塑造也有影响，如我国不同地区的文化差异、语言差异、性格上的总体差异，都一定程度体现了环境的差异对人的影响。

6.4.3　风水来源与风水学基本原则

风水的应用可以追溯到远古时代。远古时代，人类就已经认识到了环境对人类的重要影响。由于生产力落后，原始人类难以抵御各种猛兽的侵袭，于是他们就选择了山洞作为规避的地方。随着生产力的发展，人类逐渐从山林中出走，走到依山傍水的宽阔平坦地带聚居，选择适宜栖息繁衍的“近水向阳”之地，村落与城镇慢慢得以形成，这就是风水学最开始的实际应用。

我国古代建筑风水文化，起源于人居环境的选择与宫室营造的需求，它是以周易哲学为理论依据，属于周易术数之一。风水与天文历法、地理有非常密切的关系，仰观天文，俯察地理，这是风水术的两大特征。从现代科学理论来看，风水学是地球物理学、地质学、环境景观学、自然生态建筑学、天体运行方位学等的一门综合类科学。在自然环境、自然方位上，风水理论把“背山、面水、向阳”看作是最好的自然方位。把适量的“前低后高”看作是最佳的宅院地势，重视住宅建筑中“水口”(包括入水口和出水口)和“气口”(包括门、窗)的自然方位，主张居室空间的高矮大小、室内采光的阴暗程度均应适可而止等。这些环境因素，都是与人的身心健康密切相关的。从环境建筑学的角度来看同样值得研究和借鉴。

风水学发展了几千年，在长期的发展中形成众多流派，基本上分为形法派与理法派。

形法派，注重空间外形，包括宅外形法与宅内形法。宅外形法，包括宅外的山川形势，即山峦、流水、道路等客观外在自然生态环境的选择；宅内形法，包括宅内形状、天井、排水等宅内环境。形法的五大要素是觅龙、察砂、观水、点穴、取向。选址的原则是依山傍水、山环水抱、藏风聚气、坐北朝南、前低后高、前窄后宽、方正居中等，后来逐步发展成为人居环境选择的理论与方法。

理法派，注重从时空上考察人体与地理气候、地磁场变化、山水方位的关系。理法派在考察山川形气时，特别注重罗盘，在宅内外以罗盘定方位，并依阴阳八卦、十二地支、天星、五行为其理论原则，并与人的命理配置，以达到“天人合一”。由此来看，理法派迷信的成分相对多些。

以我国古典堪舆风水学为基础，结合现代多学科进行最佳地理位置选择和布置的科学，归纳出风水十大基本原则(邱锡寅，2008)。

(1)整体系统原则

整体系统原则，风水理论把环境作为一个整体系统，这个系统以人为中心，包括天地万物。环境中的每一个子系统都是相互联系、相互制约、相互依存，相互对立、相互转化的要素。风水学的功能，就是要宏观地把握各子系统之间的关系，优化结构，寻求最佳组合。如《黄帝宅经》主张：以形势为身体，以泉水为血脉，以土地为皮肤，以草木为毛发，以舍屋为衣服，以门户为冠带，若得如斯，是事严雅，乃为上吉。

(2)因地制宜原则

因地制宜,即根据环境的客观性,采取适宜于自然的生活方式。因地制宜是务实思想的体现,根据实际情况,采取切实有效的方法,使人与建筑适宜于自然,回归自然,返璞归真,天人合一,这正是风水学的真谛所在。如《周易·大壮卦》提出"适形而止"。我国地域辽阔,气候差异很大,土质也不一样,建筑形式亦不同。比如西北干旱少雨,人们采取穴居和窑洞为主;西南潮湿多雨、虫兽很多,采取干阑式竹楼居住。我国现存许多古建筑,都是因地制宜的楷模。

(3)依山傍水原则

依山傍水是风水最基本的原则之一,山体是大地的骨架,水域是万物生机之源泉,没有水,人就不能生存。考古发现的原始部落几乎都在河边台地,这与当时的狩猎、捕捞、采摘果实相适应。依山形式有两类,一类是"土包山",即三面环山、凹中有旷、南面敞开,房屋隐于万树丛中。另一种形式是"屋包山",即房屋覆盖着山坡,从山脚一直到山腰。

(4)观形察势原则

风水学把连绵的山脉称为龙脉。传统风水学认为,我国龙脉源于西北的昆仑山,向东延伸出三条龙脉:北龙,从阴山贺兰山入山西,起太原,渡海而止;中龙,由岷山入关中,至泰山而入海;南龙,由云贵,经湖南至福建止。风水学重视山形地势,把小环境放入大环境考察。如清代《阳宅十书》指出:人之居处,宜以大地山河为主,其来脉气势最大,关系人祸福最为切要。只要从大环境观察小环境,便可知道小环境受到的外界制约和影响,诸如水源、气候、物产、地质等。

(5)地质检验原则

风水学思想对地质很讲究,甚至是"挑剔",认为地质决定人的体质。有的风水师在相地时,亲临现场,用手研磨,用嘴嚼尝泥土,甚至挖土井,察看深层的土质、水质,俯身贴耳,聆听地下水的流向及声音,是风水学思想中地质检验原则的体现。对地质的考察,有一些科学性,比如潮湿或发臭的地质,会导致关节炎、风湿性心脏病、皮肤病等;潮湿的地方,容易滋生细菌,是产生各种疾病的根源,不适合建宅。

(6)水质分析原则

风水学理论主张考察水的来源,辨析水质,掌握水的流量,优化水的环境。

(7)坐北朝南原则

坐北朝南原则,体现了对于采光、取暖、避风等多个方面的科学考量。我国位于北半球,欧亚大陆东部,大部分陆地位于北回归线以北,一年四季的阳光都由南方射入。朝南的房屋,便于采光、获取热量。同时,我国季风气候显著,尤其在我国广大中东部地区,冬季受到西伯利亚寒流的影响,坐北朝南,有利于避风避寒,而夏季,又有利于偏南风进入住宅,促进空气流通,减少闷热感。

(8)适中居中原则

风水学理论主张,山脉、水流、朝向,都要与宅地协调,房屋的大小,也要协调,要与居住人数相匹配适应。适中,就是恰到好处,不偏不倚,不大不小,不高不低,尽可能优化。适中的另一层意思是居中,适中的原则,还要求突出中心,布局整齐,附加设施紧紧围绕轴心。在典型的风水景观中,都有一条中轴线,中轴线与地球的经线平行,向南北延伸。中轴线的北端,最好是横行的山脉,形成丁字形组合,南端最好有宽敞的明堂(平原),中轴线的东西两边,有建筑物簇拥,还有弯曲的河流。明清时期的帝陵,清代的园林,就是按照这个原则修建的。

(9)顺乘生气原则

风水理论认为,气是万物的本源。明代蒋平阶在《水龙经》中指出,识别生气的关键是望水:气者,水之母,水者,气之止。气行则水随,而水止则气止,子母同情,水气相逐。风水理论提倡在有"气"的地方修建城镇房屋,这叫作乘生气,只有得到生气的滋润,植物才会欣欣向荣,人类才会健康长寿。

(10)改造风水原则

人们改造世界的目的,在于改造世界为自己服务。人们只有改造环境,才能创造优化生存条件。四川都江堰,就是改造风水的成功范例。岷江泛滥,淹没良田和民宅,李冰父子就是用修筑都江堰的方法,改造了岷江,从而造福了人类。

我国幅员辽阔,不同区域的气候和环境气象,差异很大,乡村传统房屋建筑形式,与当地环境气象条件有关。如我国典型古村落(图6.1)、北京四合院、陕北窑洞、云南吊脚楼、湖南板梁古村、广东梅州围龙屋,福建永定的客家土楼群等,都是因地制宜建设的。

图6.1 我国典型古村落

下面以北京四合院为例，简要分析原因。北京四合院属于合院住宅，合院住宅中的庭院，四周闭合而露天，可以营造出内部良好的小气候，减少不良外在气候的影响。在夏天，可有效地遮荫纳凉，冬天，又可以很好地采光保暖、抵御风沙。露天通透的庭院，既是入风口，也是出风口，通过自然的风压，得到流畅的通风。此外，庭院还有利于排水和收集雨水。

传统四合院，坐北朝南，环境气象原因，主要有两个：其一，北京四合院地处华北地区，冬天刮西北风，夏天刮东南风，坐北朝南的方向，有利于保持院内温度稳定，达到冬暖夏凉的目的。其二，太阳照射角度，控制采光。夏天日照角度高，室内射入阳光少，因此室内不会升温太高。冬天太阳照射角度低，阳光可以更多射入房屋，为室内空间加温。这样，就达到了调节室内温度的目的。

四合院宅门一般位于东南角，既是大环境的影响，也是周围小环境的影响。早期北京城街道纵横交错，犹如棋盘。其中，四合院所处的胡同，一般是东西走向的，主要以行人为主。宅门为了开合方便，就将位置放在了东南角。之所以是东南角，而不是正南，除了制度和风水的原因之外，主要也考虑了排水的因素。整个华北平原地势是西北高而东南低，四合院的地面也常顺应这样的倾斜角度建设，下雨之后，水流会从高处流向低处，经由东南角宅门排除，避免积水问题。

现代乡村新建房子，多为方形小楼，城中村房子几乎是紧挨着建起的，已没有明显的地方特色。其原因一方面是乡村地区不能随意选址建房，另一方面是农村电气化程度已较高，可电气化通风采暖、降温等，不必主要依赖自然通风采光。

6.4.4 风水原理在城市建设中的应用

风水学从古代一直发展至今，当中具有科学性的部分，有一定的应用价值。古代中国人很早就发现太阳、月亮及28星宿及金木水火土五大行星的运行规律，以及它们同地球昼夜节令变化和灾情间的关系。古人认为，天地是个大宇宙，人身是个小宇宙，人体与宇宙同构。人被视为自然生态链的一环，但与大自然相比，人是渺小的。人生存中的任何活动，要与天地自然和谐相处，人的建筑活动，要利于自然的和谐。

风水选址的基本意义，就是为人类寻找适当的居地。风水最重理想环境的选择，而风水的理想环境，主要由山和水构成，把宅舍作为大地有机体的一部分，强调建筑与周围环境的和谐，这是风水关于建筑思想的主旨。

我国古代建筑，受风水影响最大的，就是追求一个对人的生长发育最为有利的外部环境。几乎所有风水环境，均讲究山水相配，并按照一定的风水空间结构进行组合。山水组合合理，能给人一种幽雅舒适、心旷神怡的感觉。从这种意义上讲，“地灵人杰”并不是没有道理的。

人类社会在经历工业化和城市化的“大发展”之后，开始对工业化和城市化的后果进行总结和反思，发现人类社会的发展，越来越不利于自然、毁坏自然，将人与自然本应和谐的关系，推向了反面，并尝到了由此而带来的气候异常、环境污染等种种“恶果”。1972 年 6 月联合国第一次人类环境会议后，世界各国开始围绕“人与环境”这一命题，采取了种种对策，反映了人们要求与环境和谐、重归大自然的愿望。

6.4.4.1　风水在建筑选址中的应用

我国传统的建筑设计，遵循的是“背山向水”的设计原则，这同风水学中提倡的人与自然和谐相处，背山而居、顺风而立的思想有一定的共通之处。阳宅风水经典著作《阳宅十书》中说：凡宅左有流水，谓之青龙；右有长道，谓之白虎；前有汙池，谓之朱雀；后有丘陵，谓之玄武，为最贵地，指出了风水宝地的必备条件。有这个特征的位置，才是建筑中标准的风水宝地。水，作为人类生存发展的不可或缺的元素之一，在居住地的选择中，也是将水作为主要的考虑因素，建筑的布局，绝大多数是傍水而居。风水学在建筑选址中的应用，主要体现在背山向水、因地制宜、坐北朝南等方面：

(1)背山向水。风水学在建筑应用中考虑的主要因素，就是山与水，其中山作为大地的“脊梁”、水作为大地的“血脉”。风水学遵循的是，融于天地原则，对于建筑的选址，一般会选择在依山傍水的环境中，同时，这也是风水学中，顺应自然的体现，更加是中国传统审美观念的体现。

(2)因地制宜。在绝大多数的建筑中，都遵循了因地制宜的原则，建筑选择的是最适合人类居住的位置，同时也适合自然的生活方式。这也在一定程度上体现了人与自然和谐发展的理念，该理念的体现，正是风水学的精华之所在。

(3)坐北朝南。我国绝大多数的建筑，都是坐北朝南的，这是因为建筑的采光比较好，较好的光线，可以提高室内的温度，更加有利于居住者的身心健康。

6.4.4.2　风水在建筑室内设计中的应用

风水学在建筑室内设计中的应用，遵循的基本原则，是设计与自然协调发展，尽量做到室内设计与室外自然达到高度的和谐统一。为达到这一目标，对不同的建筑形式就有了不同的要求。

对于封闭性质的空间而言，为营造和谐、舒适、温馨的环境，在对室内进行设计时，应该分清主次，针对不同居住者的要求与使用频率，进行合理布局。而封闭空间在建筑中主要指的是卧室、书房、厨房以及客厅等位置。风水学在对封闭空间进行设计，讲究的是天人合一、人应该与自然达到高度的和谐。

对于开放性质的空间而言，在对其进行设计时，首先应该考虑的是人感官的转移，也就是通常所说的室内和室外的体验，而不能在人的视觉上，形成巨大的反差。在设计中，较多地使用玻璃隔离，这是由于透明玻璃具有将室内与室外融合在一起的效果，同时也可以帮助居住者在享受视觉愉悦的同时，也可以体会有安全感。

从风水学的角度出发，在对开放性空间进行设计时，应该重点关注居住者视觉与感觉上的统一。而开放性质的空间,在建筑中通常指的是天台、庭院、阳台以及花园等地。

6.4.4.3 风水在现代建筑中的应用

(1)靠山吃山、依水吃水

在风水学中,建筑的设计,讲究依山傍水,认为最理想的房屋建筑,应该有山、有水、有光。在我国,想要满足这三个条件,只有在我国的丘陵或山区,才可以实现。在平原地区中,风水学为适应我国的地形特征以及社会的发展,在建设设计中,做了很大的变动。

如果建筑地有山,我们就应该依山而建;如果建筑地没有山但有水,我们就应该依水而居。这样一来,不管是在山区,还是在平原,我们都可以根据当地的地形建设属于自己居住的房屋。例如,在南方水乡,这类地区的水资源比较丰富,对于房屋的设计可以是依水而居,做到"背水、面街",以水为护卫、以河流为"龙脉",这种房屋的建筑形式,在我国的南方地区应用最多。

(2)因地制宜、扬长避短

在建筑的整体设计当中,不仅仅只有在应用风水学时应该做到因地制宜、扬长避短,在其他的设计中,也是同样如此。

风水学中最讲究的就是因地制宜、依水而居。在进行设计时,应该观察水流方向,寻找最合适的居住位置,再布局周围的建筑。实际的考察环节中,也要注意将来的规划,只有将建筑的不同方位进行多角度考察之后,居住者才可放心居住。将其中比较迷信的东西去除之后,很容易发现我国风水建筑学对于因地制宜观点是比较关注的。

(3)符合天时、契合地利

风水学的最终目的,是追求一种天时、地利、人和的和谐状态。将该设计模式应用于现代建筑,就是绝大多数的建筑呈现出的是坐北朝南的格局。这样的格局,在室内采光或是通风性方面都具有不可替代的作用,从风水学的角度出发,讲的是"藏风聚气"。我国位于北半球,这样格局的建筑设计,符合该位置的地理特征与最佳朝向。在建设的具体设计中,会受到来自于多方面因素的影响,使得最佳朝向与地理特征不一定最佳。因此,需从建筑设计的实际情况出发,必要时对建筑朝向进行一定程度的偏转,以使建筑可以符合地理条件。

建设美丽中国,是我国全面建设社会主义现代化国家的重要目标。中国式现代化有许多重要特征,其中之一就是我国现代化是人与自然和谐共生的现代化。党的二十大报告,深刻阐明了人与自然和谐共生是中国式现代化的重要特征。2023 年全国生态环境保护大会系统部署了全面推进美丽中国建设的战略任务和重大举措。

美丽中国,必然有美丽山水城市。乐山乐水,是中华传统文化所表达的情操和审美。天更蓝,地更绿,城更美,未来的中国,必将实现山、水、城、人的和谐共赢。

第 7 章　环境气象学应用与实践

20 世纪 90 年代后，我国城市大气污染问题日益突出。在认识城市大气污染成因及开展攻关治理的过程中，气象、空气质量观测能力的提升，产生了丰富的观测数据集。通过对这些数据进行科学分析、绘图，分析空气质量演变特点及其与排放源、气象条件变化之间的规律，极大丰富了环境气象学的理论及其在大气环境和空气质量问题中的应用与实践。

本章以珠江三角洲地区为例，通过对 2015—2022 年该地区气象、空气质量观测数据的制图分析，结合中山大学环境气象研究团队的研究成果，解读该地区空气质量演变特点与气象条件变化之间的规律，可帮助读者进一步理解环境气象学知识，提高运用环境气象学知识解决实际问题的能力。

珠江三角洲地区（以下简称珠三角）位于珠江下游、广东省中南部，濒临南海，包括广东省广州、佛山、肇庆、深圳、东莞、惠州、珠海、中山、江门九个城市。珠三角是我国人口最稠密、经济最发达的地区之一，人为污染物排放强度高，东北西三面环山、南面向海，下垫面种类多，受热浪、热带气旋等极端天气影响多，光化学反应活跃，环境气象条件复杂。在经济率先高速发展的过程中，珠三角较早地遭遇了大气污染等环境问题，2013 年区域细颗粒物（$PM_{2.5}$）年均浓度为 47 $\mu g/m^3$。珠三角大气污染防治在实践中坚持源头治、科学治、依法治，积极调整优化产业结构、能源结构，持续开展污染协同治理，2015 年起珠三角空气六项主要污染物浓度连续整体达标，2018 年珠三角 $PM_{2.5}$ 年均浓度为 32 $\mu g/m^3$，珠三角已从全国大气污染防治三大重点区域“退出”，取得了打赢蓝天保卫战的阶段性胜利。珠三角蓝天保卫战的实践，为我国经济发展先行区实现经济与环境协调发展提供了有益的探索和宝贵的经验。

7.1　珠三角臭氧和细颗粒物浓度的时空分布特征

利用 2015—2022 年珠三角地区 56 个环境空气质量国控站点的污染物浓度逐小时数据，统计该区域臭氧和 $PM_{2.5}$ 浓度的年际变化、空间分布、平均月变化以及平均日变化等情况，以全面了解近年来珠三角地区臭氧和 $PM_{2.5}$ 污染的特点和趋势。

图 7.1 给出 2015—2022 年珠三角地区年平均臭氧最大 8 h 浓度（以下简称 O_3_

8 h)和 $PM_{2.5}$ 浓度变化。由图 7.1 可见,2015—2022 年,O_3_8 h 年平均浓度大致为 82～99 μg/m^3,呈现先升高后波动变化的趋势,2015 年最低,2019 年最高。O_3_8 h 年平均浓度从 2015 年的 82.8 μg/m^3 上升至 2022 年的 96.7 μg/m^3,浓度每年平均升高约 1.9 μg/m^3,2019 年相比于 2015 年年平均浓度升高了 18.3%。

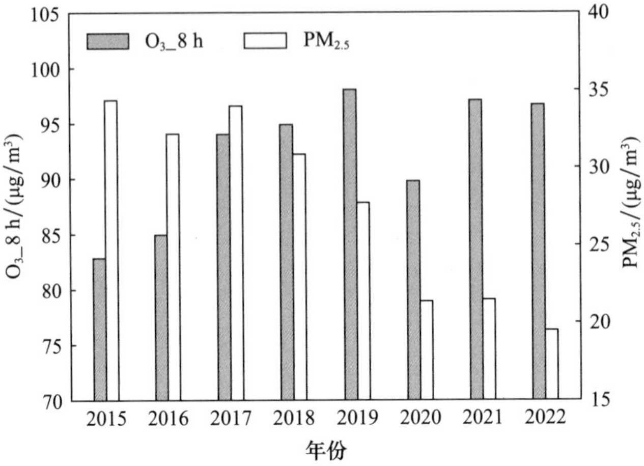

图 7.1 2015—2022 年珠三角地区 O_3_8 h 和 $PM_{2.5}$ 浓度变化

2015—2022 年,珠三角 $PM_{2.5}$ 年平均浓度大致为 35～19 μg/m^3,呈现明显下降趋势,2015 年最高,2022 年最低。$PM_{2.5}$ 年平均浓度从 2015 年的 34.4 μg/m^3 下降至 2022 年的 19.5 μg/m^3,每年平均降低约 2.1 μg/m^3,2022 年相比于 2015 年年平均浓度下降了 43.3%。

图 7.2 给出 2015—2022 年珠三角地区 O_3_8 h 浓度年平均值的空间分布。由图 7.2 可见,2015—2022 年珠三角地区城市群年均 O_3_8 h 浓度呈现明显上升,区域平均值分别为 82.8 μg/m^3、84.9 μg/m^3、94.0 μg/m^3、94.9 μg/m^3、98.0 μg/m^3、89.8 μg/m^3、97.1 μg/m^3 和 96.7 μg/m^3,且臭氧高值有从珠三角中心区域向四周地区扩散蔓延的趋势。整体来看,珠江口西岸的 O_3 浓度较东岸高,高值集中在广州、佛山、中山、江门、东莞等城市,珠海、惠州、肇庆、深圳等市 O_3 污染相对较轻。

图 7.3 给出 2015—2022 年珠三角地区 $PM_{2.5}$ 浓度年平均值的空间分布。图中显示,2015—2022 年间,珠三角城市群年均 $PM_{2.5}$ 浓度呈现逐年降低的趋势,区域平均值分别为 34.4 μg/m^3、32.2 μg/m^3、34.0 μg/m^3、30.9 μg/m^3、27.7 μg/m^3、21.4 μg/m^3、21.5 μg/m^3 和 19.5 μg/m^3。整体来看,内陆地区的颗粒物污染比沿海地区严重,高值集中在广州、佛山、中山、肇庆、东莞、深圳等城市,珠海、惠州、江门等城市 $PM_{2.5}$ 污染相对较轻。2013 年,国务院颁布了《大气污染防治行动计划》,在此背景下,广东省,尤其是珠三角各市采取了一系列措施,包括对一些企业和工厂进行

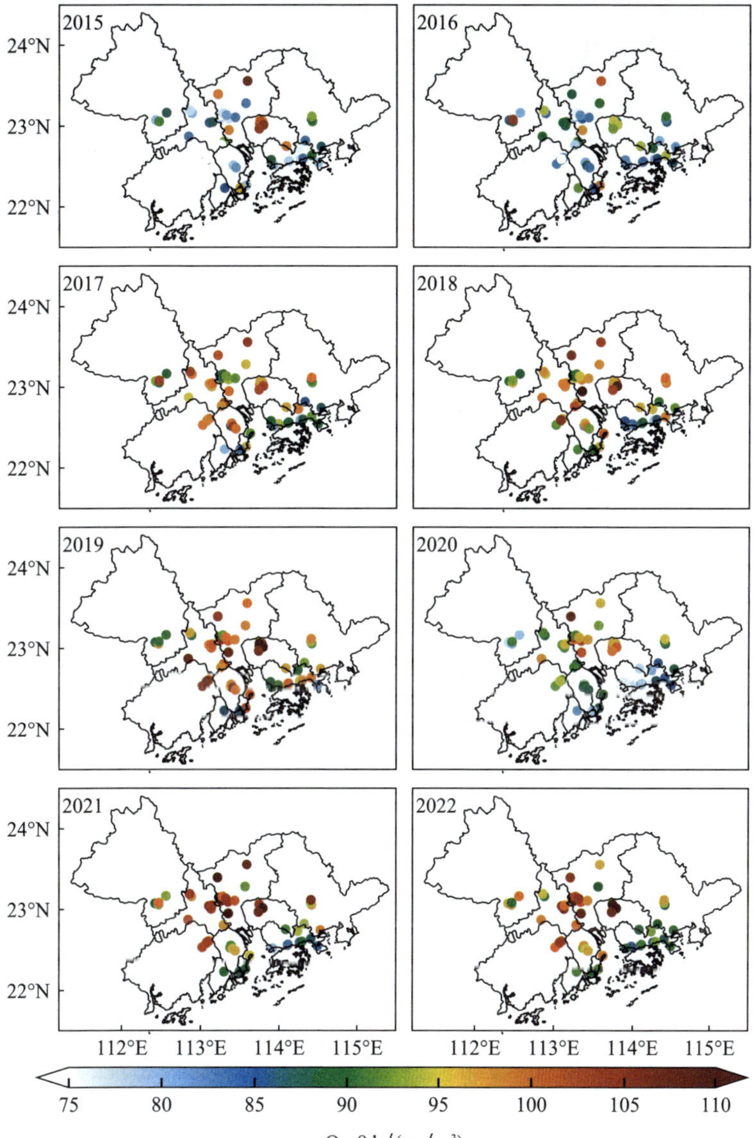

审图号：GS(2023)2767号

图 7.2　2015—2022 年珠三角地区逐年 O_3_8 h 浓度空间分布图

整顿和综合整治、控制煤炭消费总量、规范锅炉和炉窑废气处理和排放、治理扬尘污染以及柴油车排放等，许多研究指出，这些措施对整个珠三角地区 $PM_{2.5}$ 浓度的降低起到了至关重要的积极作用，同时也显著改善了各市的空气质量。

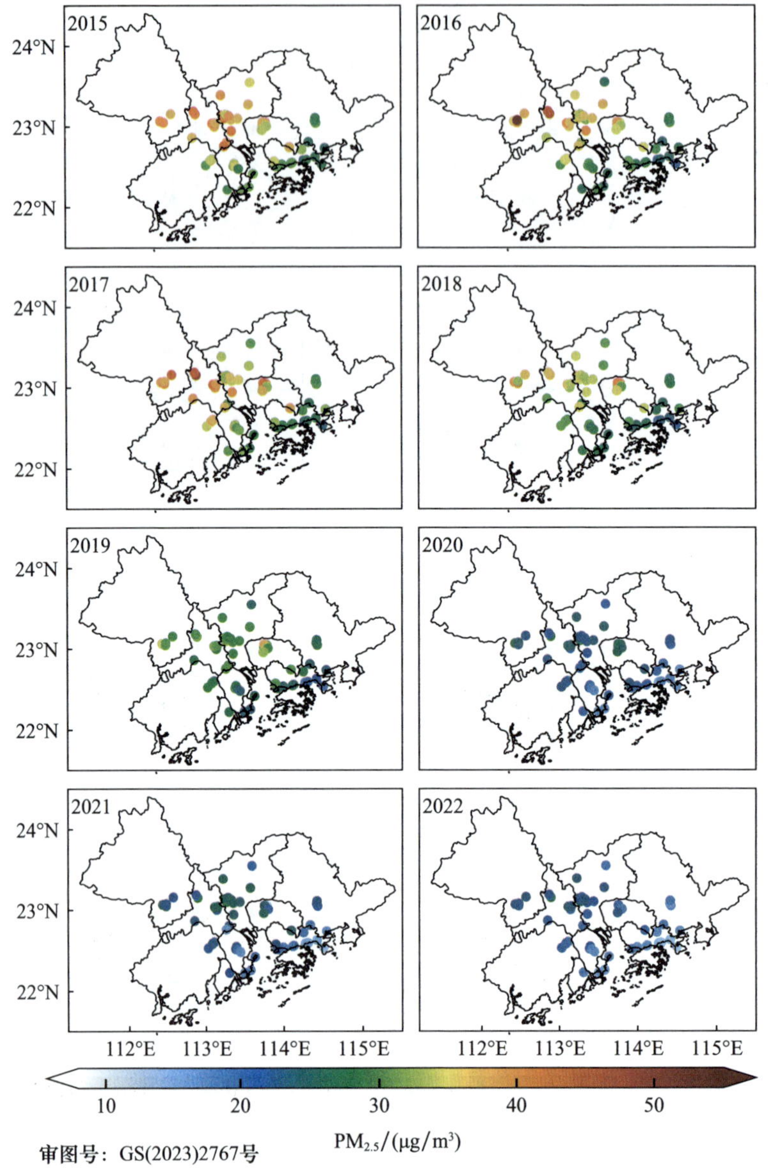

图 7.3　2015—2022 年珠三角地区逐年 $PM_{2.5}$ 浓度空间分布图

图 7.4 给出 2015—2022 年珠三角地区 O_3_8 h 和 $PM_{2.5}$ 平均浓度的逐月变化，由图 7.4 可见，珠三角地区 O_3_8 h 和 $PM_{2.5}$ 均具有明显的季节变化。O_3 呈现明显的双峰型变化，主峰为秋季(9—10 月)，次高峰为春季(4—5 月)，最低值出现在冬季(12 月—翌年 1 月)。O_3_8 h 在秋季 9 月出现平均浓度最高值，为 124.6 $\mu g/m^3$，在

冬季1月出现浓度最低值，为 77.0 μg/m³。这种季节变化特点与珠三角地区的气象条件密切相关。在冬季，太阳辐射强度最低、日照时间最短，O_3 光化学生成条件最差，导致浓度最低；在夏季，南海夏季风带来了更多的云雨天气、更强的对流以及来自海洋的相对清洁的空气，削弱了珠三角地区地表 O_3 的产生和积累，导致臭氧浓度也相对较低。然而，在秋季 9—10 月，对流和降水减少，但气温仍然较高，太阳辐射强，导致 O_3 浓度最高。

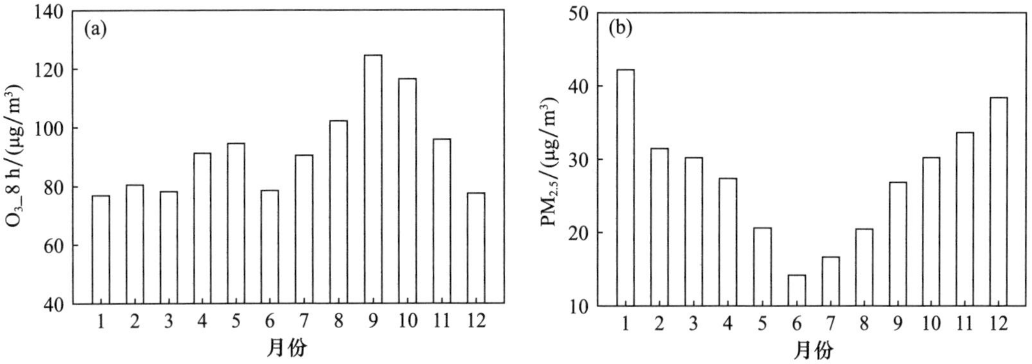

图 7.4 2015—2022 年珠三角地区 O_3_8 h(a)和 $PM_{2.5}$(b)平均浓度逐月变化

相比之下，$PM_{2.5}$ 呈现明显的单峰型变化，高峰出现在冬季(12 月—翌年 1 月)，1 月平均浓度为 42.3 μg/m³，最低值则出现在夏季(6—7 月)，6 月浓度最低值为 14.2 μg/m³。对于珠三角地区而言，夏季边界层高度高，降水多，扩散条件和湿清除能力更好，不利于颗粒物的积累，$PM_{2.5}$ 浓度最低；冬季边界层高度低，静小风天气多，降水少，$PM_{2.5}$ 浓度最高。

图 7.5 给出 2015—2022 年珠三角地区 O_3_8 h 和 $PM_{2.5}$ 平均浓度的逐时变化。由图 7.5 可见，珠三角地区 O_3_8 h 和 $PM_{2.5}$ 具有截然不同的日变化。O_3 呈现明显的单峰型变化，午后臭氧浓度最高，早上臭氧浓度最低。O_3_8 h 在 15:00 出现浓度最高值，为 101.8 μg/m³，在 07:00 出现浓度最低值，为 29.4 μg/m³。O_3 主要是在白天由前体物经过光化学反应生成的，经过生成和积累，其臭氧浓度在午后出现最大值。然而，在夜间，由于没有光照，臭氧光化学生成停止，而且 NO_x 的化学滴定效应和干沉降等物理化学过程持续损耗 O_3，其浓度不断降低，并在清晨出现最低值。

$PM_{2.5}$ 呈现明显的双峰型分布特征，主峰出现在夜间，次峰出现在上午，最低值则出现在午后。$PM_{2.5}$ 在 20:00 出现平均浓度最高值，为 29.0 μg/m³，在 16:00 出现浓度最低值，为 26.6 μg/m³。这体现了气象要素和人为排放的共同影响。日落后，大气边界层内对流减弱，边界层结构趋于稳定，风速变小，颗粒物扩散能力减弱，伴

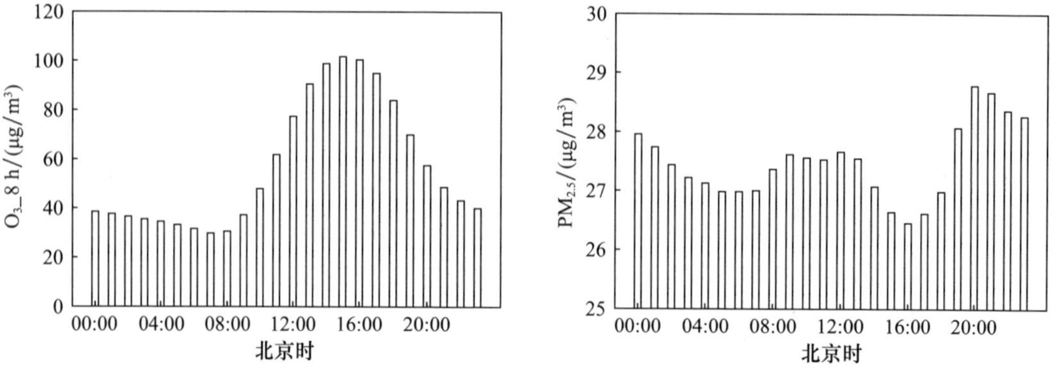

图 7.5　2015—2022 年珠三角地区 O_3_8 h 和 $PM_{2.5}$ 平均浓度逐时变化

随着晚高峰人为排放的增加，$PM_{2.5}$ 浓度上升，形成峰值；之后随着人为排放下降，入夜后 $PM_{2.5}$ 浓度下降；日出后，人为排放逐渐增加，$PM_{2.5}$ 浓度开始增加，在午后，湍流增强，伴随着边界层高度的升高，高低空上下混合交换增强，颗粒物被稀释、扩散，浓度下降。

7.2　珠三角污染季节的天气特征

7.1 节的分析结果表明，珠三角地区的臭氧污染呈现波动上升的态势，且大多发生在秋季(9—11 月)。本节从气象要素影响探讨珠三角秋季频繁发生臭氧污染的原因。利用欧洲中期天气预报中心(ECMWF)发布的第五代再分析数据集(ERA5)，从数据集中提取了 2015—2022 年逐月地表 2 m 气温、950 hPa 相对湿度、向下短波辐射、10 m 风速、降水量、总云量和 500 hPa 位势高度等参数，同时，应用位于广州市黄埔区的国家气象站(编号 59287)2017—2021 年逐时气象数据，对比分析污染季节气象要素与全年的差异。进一步利用 2015—2022 年出现在西北太平洋热带气旋的路径数据，统计不同季节显著影响珠三角空气质量热带气旋的轨迹和频数，并通过上述研究总结该地区污染季节的天气特征。

图 7.6 给出 2015—2022 年珠三角地区全年与污染季(9—11 月)的气象要素之间的差异。由图 7.6 可见，珠三角地区臭氧污染季的日间平均气温和太阳辐射量显著高于全年平均值，污染季的日间平均气温均在 27 ℃以上，两者之间的温差大致为 2 ℃，污染季的日间太阳辐射量均在 0.23 MJ/m^2 以上，污染季的平均总云量均在 0.6 以下，与全年平均值相差大约 0.1。云量增加会导致太阳辐射被云层反射或散射，减小到达地面的太阳辐射强度。气温越高，云量越少，太阳辐射越强，臭氧前体物的自然排放(如 BVOCs 排放)越大，光化学反应越剧烈，臭氧生成速率越快，臭氧浓度越高。

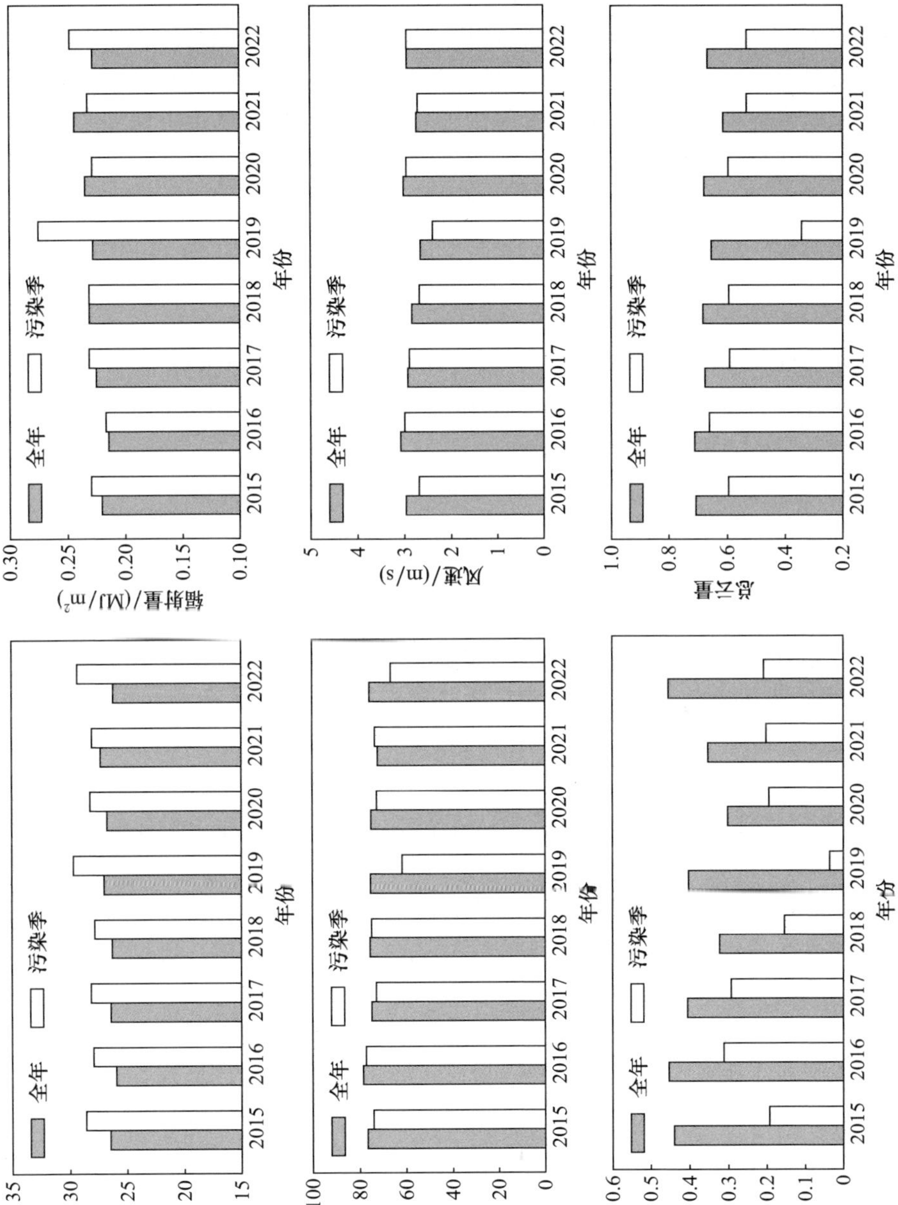

图 7.6　2015—2022 年珠三角地区全年与污染季午后(14:00)气象要素的对比

2015—2022 年珠三角臭氧污染季的日间相对湿度、降水量和平均风速显著低于全年平均值。污染季的平均相对湿度均在 72%以下，比全年平均相对湿度低约 4%。污染季的平均降水量均在 0.2 mm 以下，污染季的平均总云量均在 0.6 以下，与全年平均值相差大约 0.1。一般来说，在较高相对湿度的环境下，空气中水汽参与的化学反应会消耗臭氧，高相对湿度也容易形成云和降水，降低气温。降水可以通过湿清除的作用减少臭氧前体物等污染物浓度。污染季的平均日间风速也低于全年平均值。较高的风速可以增强大气的水平输送能力，有利于臭氧的输送扩散和稀释。因此，较低的相对湿度和水平风速有利于臭氧的生成和积累。

综上所述，从气象数据分析来看，与全年相比，珠三角地区污染季的气温高、相对湿度低、云量少、太阳辐射强、降水量小、风速低，因此，污染季（秋季）的气象条件更有利于珠三角地区的臭氧的生成和积累。

珠三角地区污染季的臭氧污染过程通常伴随着不利的气象条件，而这些不利的气象条件又往往是由天气形势导致的，如西北太平洋副热带高压（简称副高）、热带气旋等典型的天气系统（刘南希 等，2023；Chow et al.，2018；Huang et al.，2006）。接下来，分析探究副高和热带气旋对珠三角地区臭氧污染特征的影响。

首先分析西北太平洋副热带高压对珠三角地区臭氧污染特征的影响。500 hPa 位势高度场中，5880 gpm 等值线围成的区域，常在天气学分析中判定为副高控制的区域。当副高出现时，通常伴随着下沉气流，少有积云或降雨，太阳辐射和热量在地面上持续积累，增强大气污染物之间的光化学反应，下沉的空气就像给低层大气覆盖了一个圆顶，有助于将热量和大气污染物截留在低空，容易导致臭氧污染的出现。图 7.7 给出 2015—2022 年 ERA5 再分析数据集中东亚范围内 500 hPa 位势高度场在不同季节年平均值的空间分布。由图 7.7 可见，在所有季节中，秋季的副高范围最靠北，基本上覆盖珠三角地区，因此西北太平洋副热带高压对珠三角地区秋季高浓度 O_3 的形成起着至关重要的作用。

进一步分析热带气旋对珠三角地区臭氧污染的影响。影响珠三角的热带气旋一般集中在夏季和秋季，而影响方式和程度受到路径的显著影响。用聚类分析方法可以归纳影响珠三角的热带气旋路径的类别。这里介绍常用的 K-means 聚类算法。K-means 算法是一种基于欧式距离的常用聚类方法，旨在将数据集分成 k 个簇，使每个数据点都属于距离其最近的簇（Kalkstein et al.，1987）。该算法在指定适当 k 值后，通过迭代将数据点划分为不同的聚类，直到收敛或达到最大迭代次数，能够有效地划分类型，已被证明在处理气候和气象数据以及大气污染研究等领域具有显著优势。

K-means 聚类分析的方法将 2015—2022 年出现在西北太平洋区域的热带气旋分为了 3 类，分别为“西行型热带气旋”“东海转向型热带气旋”和“远海型热带气旋”。如图 7.8 所示，“西行型热带气旋”大部分在 15°N 以南、130°—140°E 的菲律宾以东海

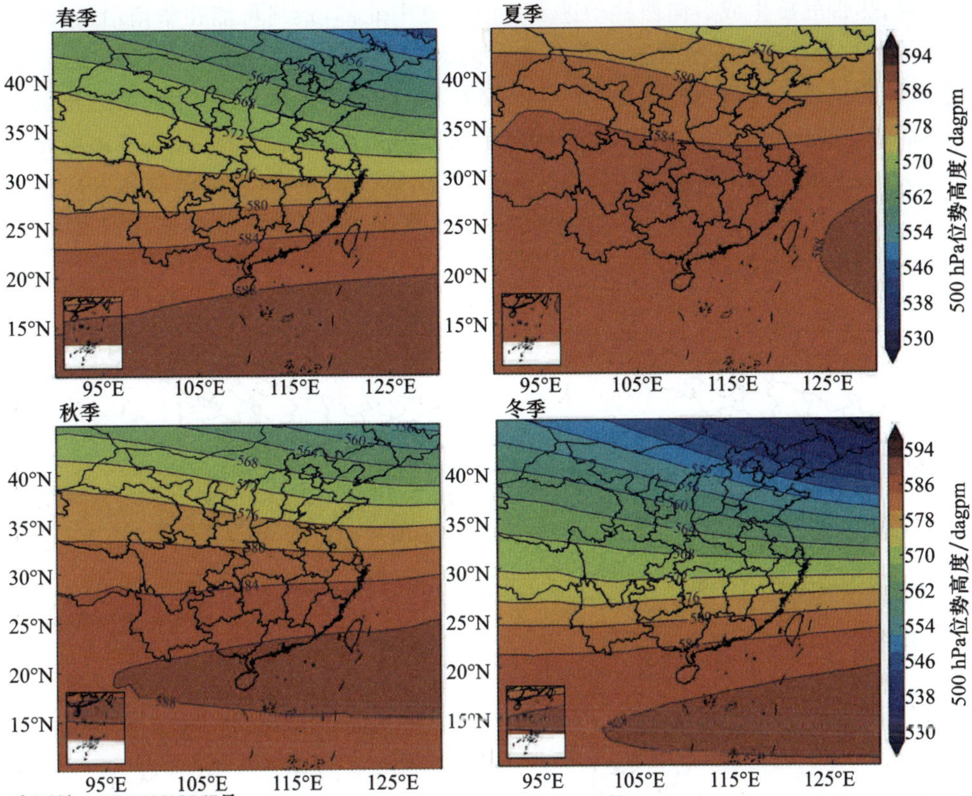

审图号：GS(2023)2767号

图 7.7　2015—2022 年各季节 500 hPa 位势高度场的空间分布图

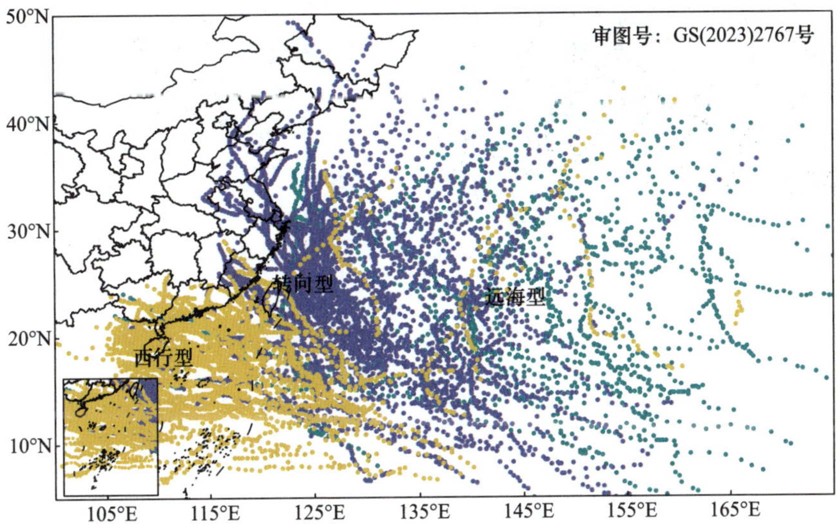

图 7.8　2015—2022 年西北太平洋区域的热带气旋及分类结果

域生成，热带气旋生成后向西移动进入我国南海中北部，最终可能在华南沿海、海南岛或越南一带登陆，对我国华南沿海地区的天气影响很大，常带来大风降雨天气。“东海转向型热带气旋”的生成源地范围较大，生成后向西北方向移动，到达我国东部海面或在我国沿海地区登陆，然后转向东北方向移动，路径呈抛物线。“远海型热带气旋”的生成源地位置大多在20°N以南、150°E以东海域，之后沿西北方向移至25°N附近转向东北方向，或者生成后直接北行，由于此类热带气旋远离我国大陆，对我国东南沿海的影响相对较小。

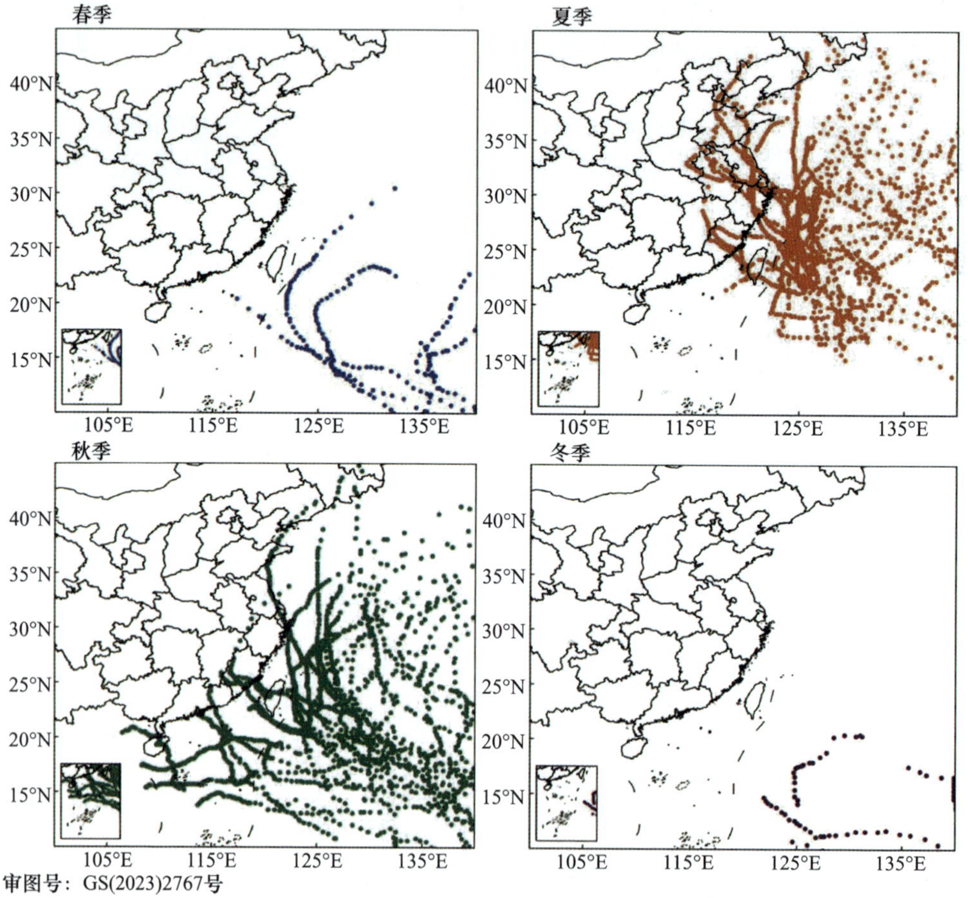

图7.9　2015—2022年各季节影响我国的“东海转向型热带气旋”路径图

一般来说，珠三角地区的臭氧浓度受“东海转向型热带气旋”影响最大，当这种台风出现时，珠三角臭氧超标频率明显升高。图7.9给出了2015—2022年各季节“东海转向型热带气旋”路径图，在夏、秋季节出现这种类型热带气旋的数量和频率最高，在2015—2022年期间秋季共出现41次。当发生该类热带气旋时，珠三角太阳辐射增强，日照变长，云量减少，气温升高，相对湿度降低，这些气象要素变化均有利于光化学反应。同时当珠三角处于热带气旋的外围气流控制时，大气扩散条件差，下沉气流增多，会将高空高浓度臭氧输送至地面，从而进一步促进地面臭氧浓度升高，使珠三角地区臭氧超标可能性增大。当“西行型热带气旋”出现时，可能带来气温降低、降雨等不利臭氧污染的气象条件，从而使得臭氧污染出现频率小于“东海转向型热带气旋”。

因此，对于珠三角地区而言，秋季高温、少雨、低湿、日照时间长、小风和少云等气象条件和副高、热带气旋等天气形势，都为珠三角地区的臭氧污染频发创造了条件。

7.3　2022 年秋季珠三角污染过程分析

上述分析表明，秋季的气象条件和天气形势容易导致珠三角地区臭氧污染的发生。本节以 2022 年秋季臭氧污染为例，剖析气象场在臭氧污染事件中发挥的作用。

图 7.10 给出 2015—2022 年逐年珠三角地区秋季逐日 O_3_8 h 浓度时间序列。由图 7.10 可见，珠三角地区秋季 O_3_8 h 多站点平均浓度呈现明显的增加趋势，2015—2022 年的平均值分别为 100.9、93.3、107.2、104.5、148.2、110、107.4 和 127.6 $\mu g/m^3$。与往年同期相比，2019 年秋季的臭氧浓度最高，2022 年秋季次之，相对于 2015 年增长了 26.5%。

图 7.11 给出 2022 年 9 月广州市环境监测国控站点空气质量 AQI 日历图。由图 7.11 可见，2022 年 9 月，珠三角地区出现了一次长时间、大范围的重度臭氧污染过程。在该污染过程中，包括广州、佛山、中山、珠海在内多个城市的空气质量指数都达到了轻度污染以上（AQI＞100）的级别，中心城市广州市甚至出现了长达 18 d 的臭氧污染。在这次污染过程中，广州市部分站点的 AQI 都达到中度污染（AQI＞150）级别，在 9 月 10 日、16 日和 17 日，广州市八十六中、番禺中学、体育西和市五中等国控站点甚至达到了重度污染（AQI＞200）。不仅如此，本次污染过程中，广州市在珠三角城市群中的臭氧浓度最高，且超标持续时间最长。

图 7.12 给出广州市 2019—2021 年 9 月与 2022 年同期的 O_3_8 h 浓度，并划分了 2022 年 9 月广州市受到天气系统影响的时期，灰色区域为受到副高影响的时期，黄色区域为受到台风外围影响时期。在 2022 年 9 月的上、中旬广州市连续受到三个“东海转向型热带气旋”（“轩岚诺”“梅花”“南玛都”）的影响，导致这个月超过 15 d 都处于台风外围的影响。此外，广州市还有 16 d 受到了副高的控制。在这种不利的天气形势影响下，2022 年 9 月 1—26 日臭氧浓度均超过了前 3 年同日，2019—2021 年和 2022 年 9 月的 O_3_8 h 平均值分别为 94.0 $\mu g/m^3$ 和 159.5 $\mu g/m^3$，2022 年高了 65.5 $\mu g/m^3$。

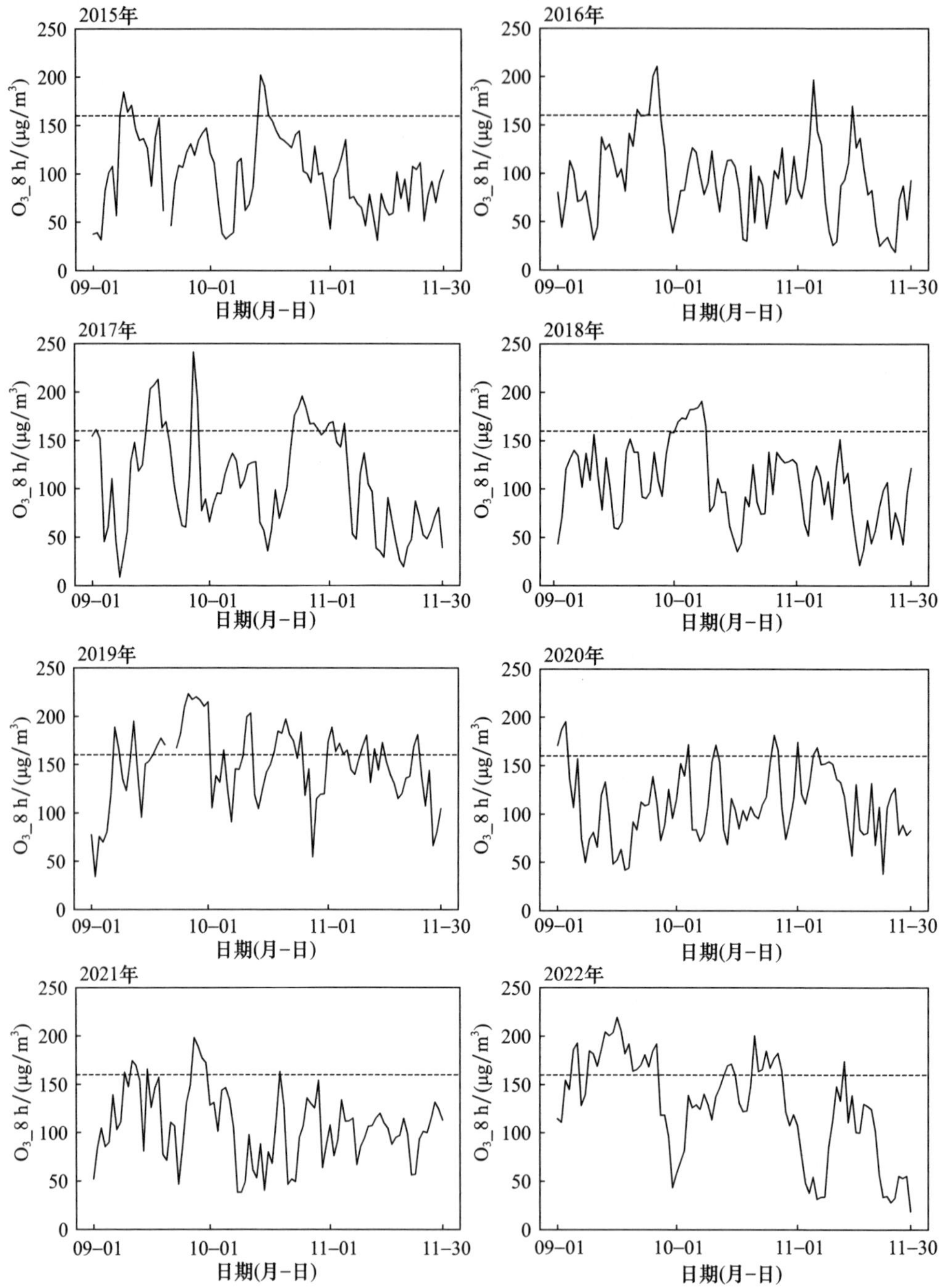

图 7.10　2015—2022 年珠三角地区秋季 O_3_8 h 浓度时间序列

（虚线为臭氧的国家二级标准 160 $\mu g/m^3$）

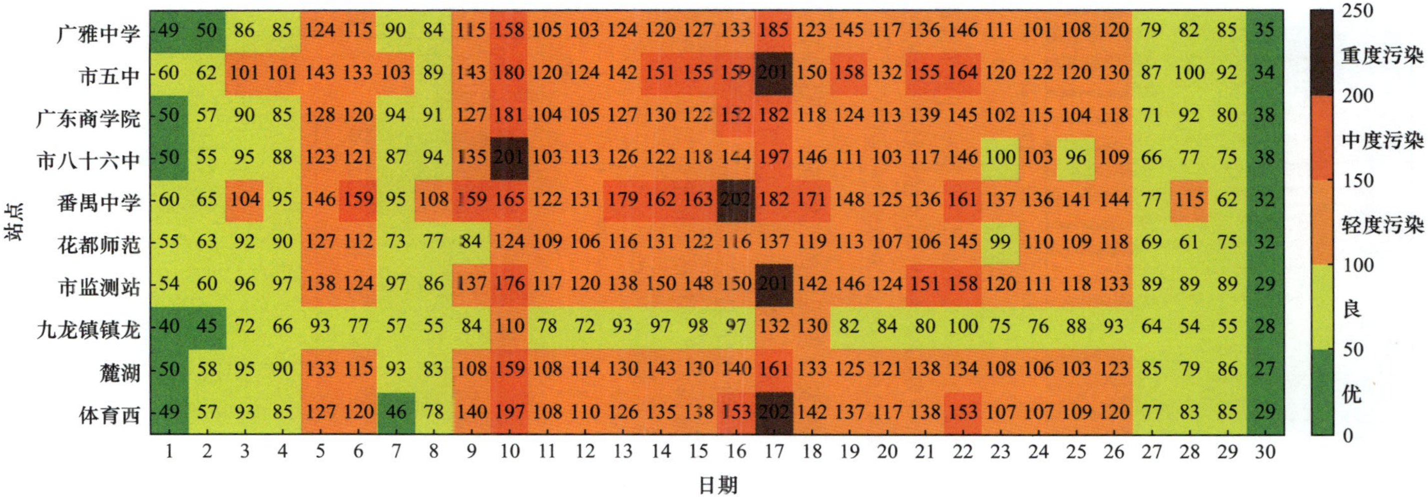

图 7.11　2022 年 9 月广州市环境监测国控站点空气质量 AQI 日历图

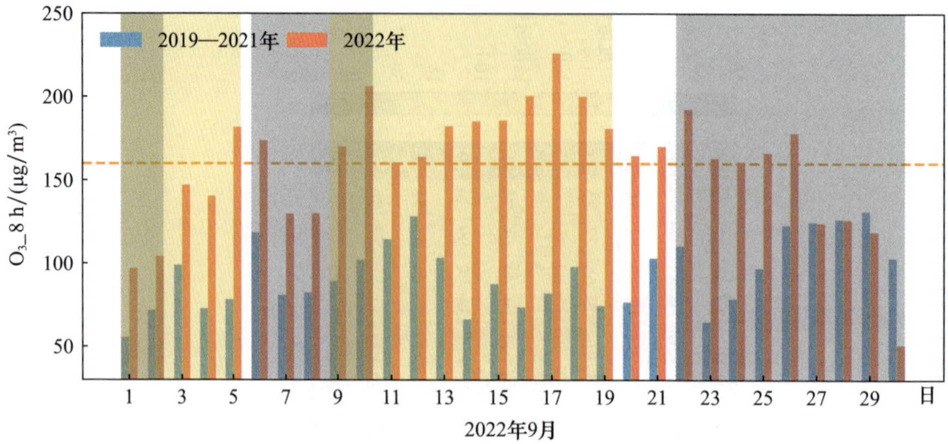

图 7.12　2019—2021 年与 2022 年 9 月广州市 O_3_8 h 浓度逐日对比

（灰色区域为 2022 年广州市受到副高影响的时期；黄色区域为受到台风外围影响的时期；橘黄色虚线为国家二级标准 160 μg/m^3）

不利的天气形势导致了诱发臭氧污染的气象条件。图 7.13 给出 2019—2021 年 9 月与 2022 年同期广州市的气象参数。由图 7.13 可见，2022 年 9 月的气温偏高 6.2 ℃，相对湿度偏低 10.4%，降水量偏低 135.5 mm，边界层高度偏高 206 m，风速偏小 0.24 m/s，太阳辐射量偏高 0.3 MJ/m^2，由此可知 2022 年 9 月的气象条件有利于臭氧的生成和积累，极容易形成臭氧污染。

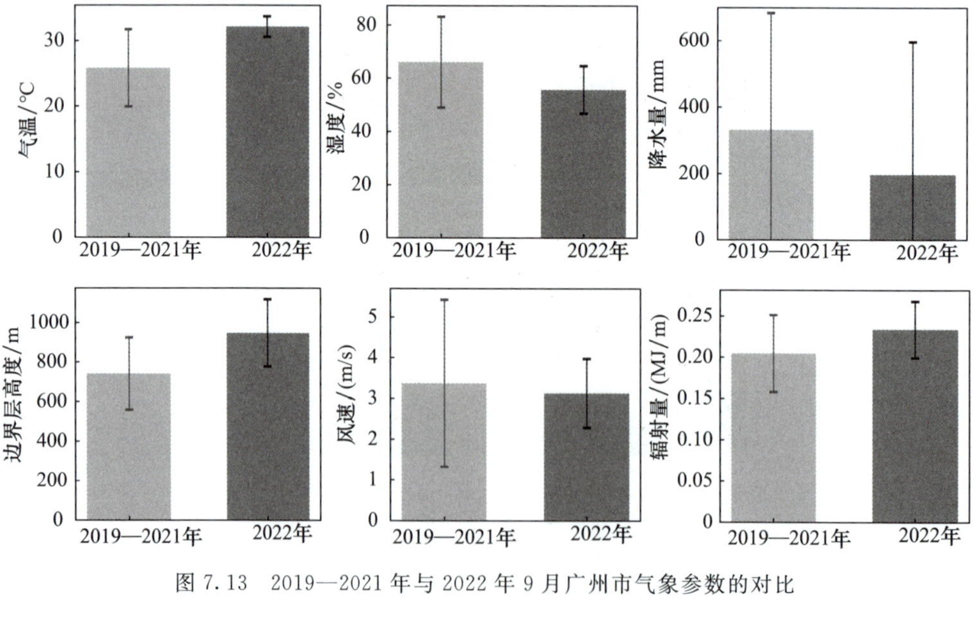

图 7.13　2019—2021 年与 2022 年 9 月广州市气象参数的对比

进一步，以 2022 年 9 月 9—26 日臭氧污染过程为例，探究其气象成因。图 7.14 给出臭氧污染过程期间东亚地区 500 hPa 位势高度场、海平面气压场和 10 m 风场的空间分布图，图 7.15 给出广州市在臭氧污染事件期间气温、相对湿度、风向、风速的逐时变化图。由图 7.15 可见：9 月 10 日，我国南方区域都处在强大的西太平洋副热带高压的控制之下，高压脊向西延伸得更远，甚至和北印度洋副高连通，使我国华南地区出现高温、晴热、干燥天气。与此同时，在 120°E 以东的洋面上的热带气旋"梅花"开始迅速发展增强并向我国逼近。珠三角地区受到副高和台风外围下沉气流的影响，大气扩散条件差，平均水平风速为 2 m/s 或以下，这种静稳的边界层条件有利于局地生成的臭氧在近地面附近积累。因此，珠三角开始出现轻度污染。

9 月 12 日后，热带气旋"梅花"达到强台风级别，中心风速超过 50 m/s，中心气压为 940 hPa，其影响范围逐渐扩大，下沉气流持续增强，随后越过高压脊到达台湾东南部。此时，副高的强度和位置受到了台风的影响，高压系统被中断。此时，高压脊的西延线向东退至 120°E，珠三角地区处于台风外围的下沉气流区，地面以干燥的东北气流为主，风速较小，多为 1～3 m/s，这种气象条件有利于上游的臭氧及前体物的输送和

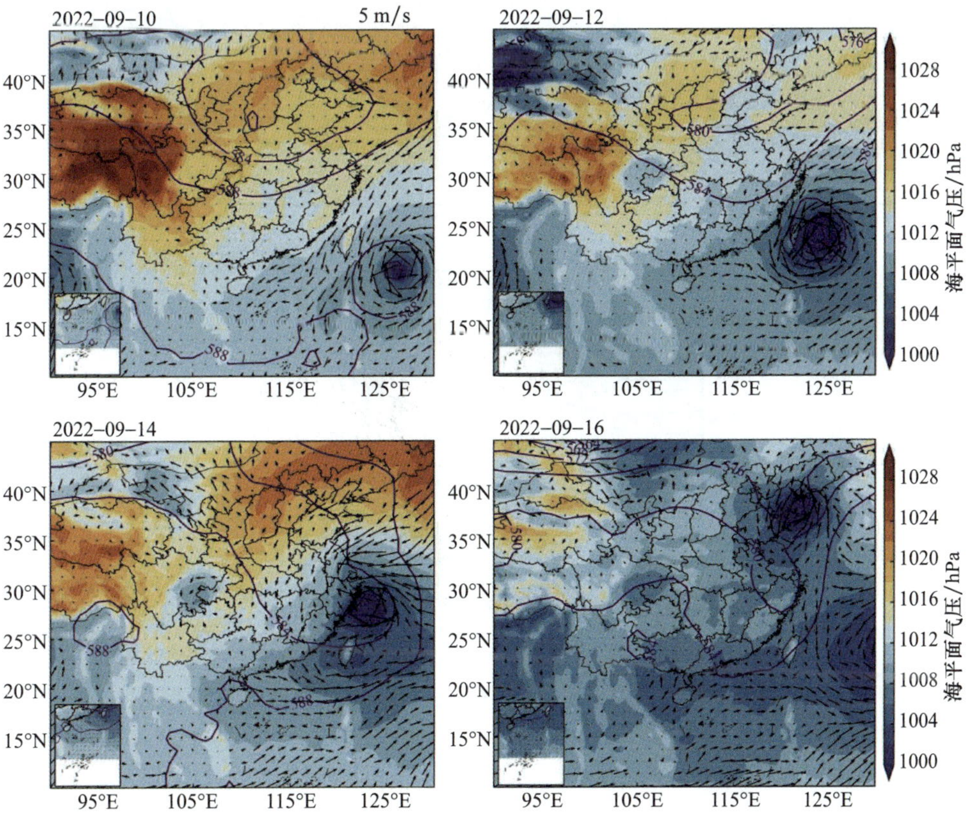

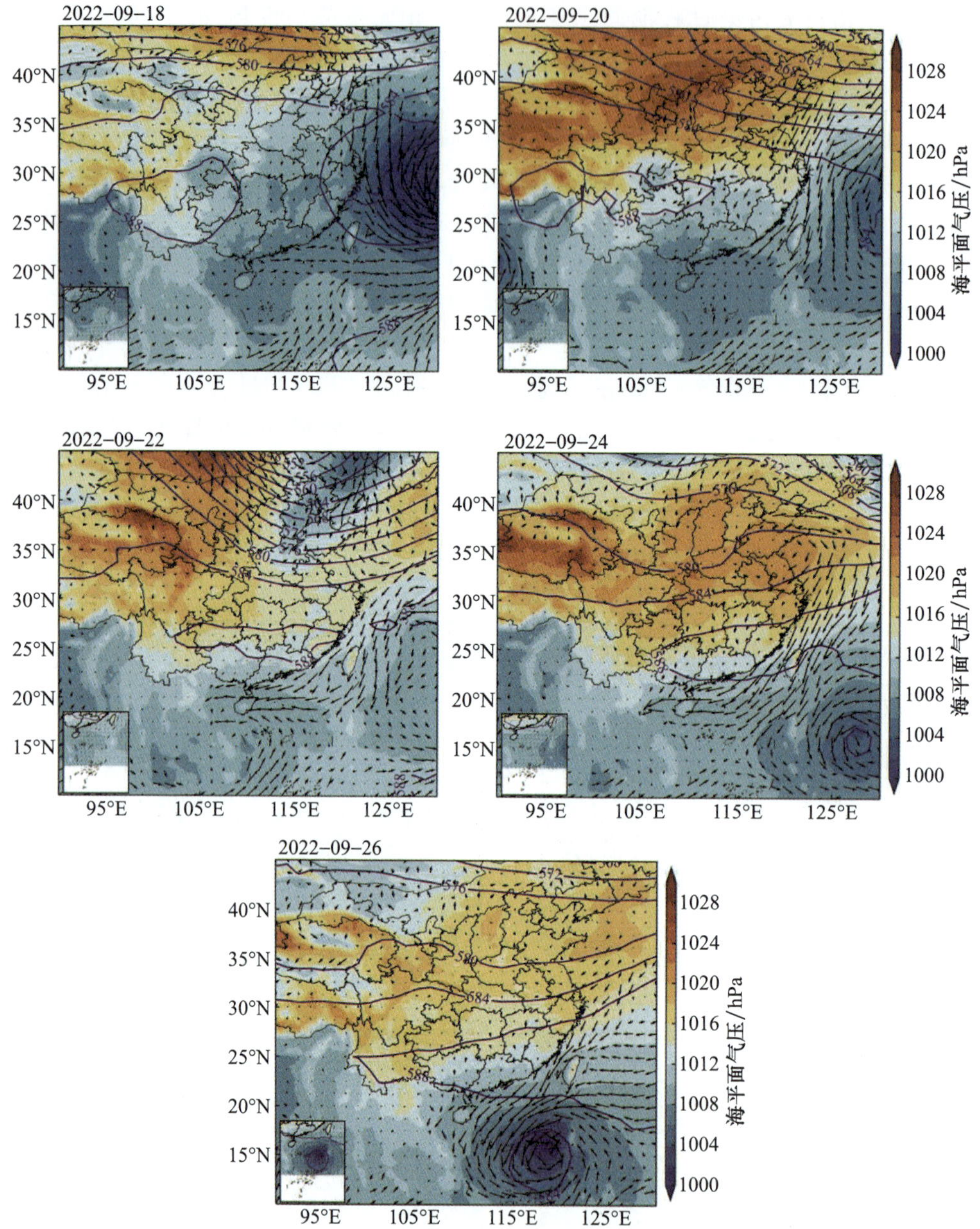

审图号：GS(2023)2767号

图 7.14　2022 年 9 月 10—26 日 08 时东亚地区 500 hPa 位势高度场、海平面气压场和 10 m 风场的空间分布图

本地排放的累积。14日以后，台风“梅花”持续向我国东北方向移动，最终并入西风槽。在这个过程中，珠三角地区气温持续升高，每日最高气温维持在33 ℃以上，而且相对湿度持续降低，最低相对湿度低于40%，连续出现晴好天气，日照时间长，臭氧光化学生成条件很好。

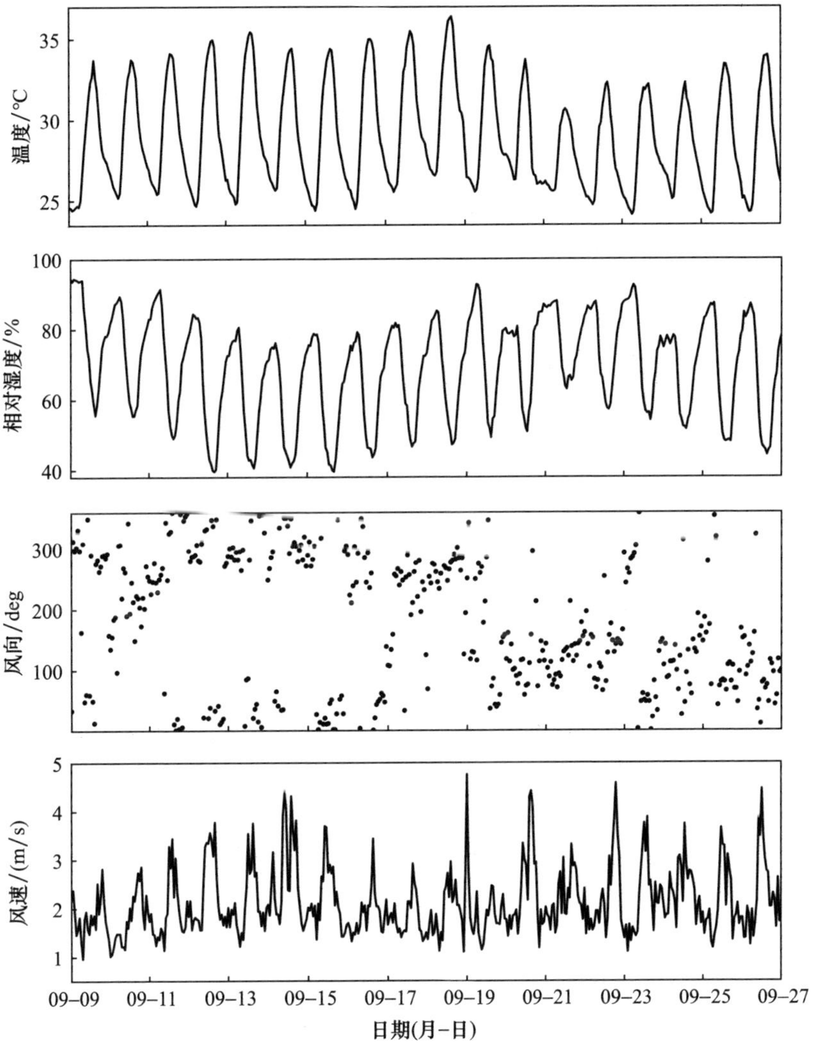

图7.15 2022年9月9—26日广州臭氧污染事件期间气温、相对湿度、风向、风速的逐时变化图

9月15日以后，太平洋上的第14号台风“南玛都”生成，西行靠近我国，并于16日发展为超强台风，中心最大风速为58 m/s，中心最低气压值为925 hPa，其强度和范围均超过台风“梅花”。由于台风“南玛都”的能量和潜力巨大，在它强大的外围下沉气流和大陆暖高压的共同影响下，珠三角地区风速再次减低，气温再度升高，最

高气温接近 35 ℃，持续干燥晴朗，没有降水的湿清除，臭氧光化学生成速率较高并大量积累。最终在 17 日广州市臭氧浓度达到本月最高，日最大 O_3_8 h 浓度超过 226 $\mu g/m^3$，多站点达到中度污染甚至重度污染的级别。18 日后，随着台风“南玛都”一路向北移动，且强度持续减弱，对珠三角地区的影响逐渐减轻，日最大 O_3_8 h 浓度逐步降低到 164.8 $\mu g/m^3$。

9 月 22 日起，西太平洋副热带高压范围重新扩大，并逐步覆盖在华南的上空，成为主导珠三角地区的天气系统，气温回升，臭氧浓度再次升高。26 日以后，西行型热带气旋“奥鹿”的出现彻底终结了本次污染过程，“奥鹿”的靠近使珠三角地区出现了气温降低、湿度增加、大风和降水等现象，气温平均下降了 0.5 ℃，相对湿度增加了 2.5%，风速平均增加了 0.6 m/s。改善了珠三角的气象条件，从而减轻了臭氧污染。

图 7.16 给出本次臭氧污染过程期间，珠三角地区各个站点的臭氧浓度和近地面风场空间分布。9 月 9—10 日，由于副高和台风外围天气系统的影响，珠三角地区地面为静小风，无主导风向，臭氧高值中心集中在广州和东莞地区。12 日以后，由于台风的靠近，珠三角地区转为明显的偏北气流，而且风速明显增加，来自广州以及北部地区的臭氧和前体物被输送到珠海、中山、深圳等下游沿海城市和海上区域。13 日，下游城市珠海和中山市 AQI 均超过 200，多站点出现中度至重度污染。

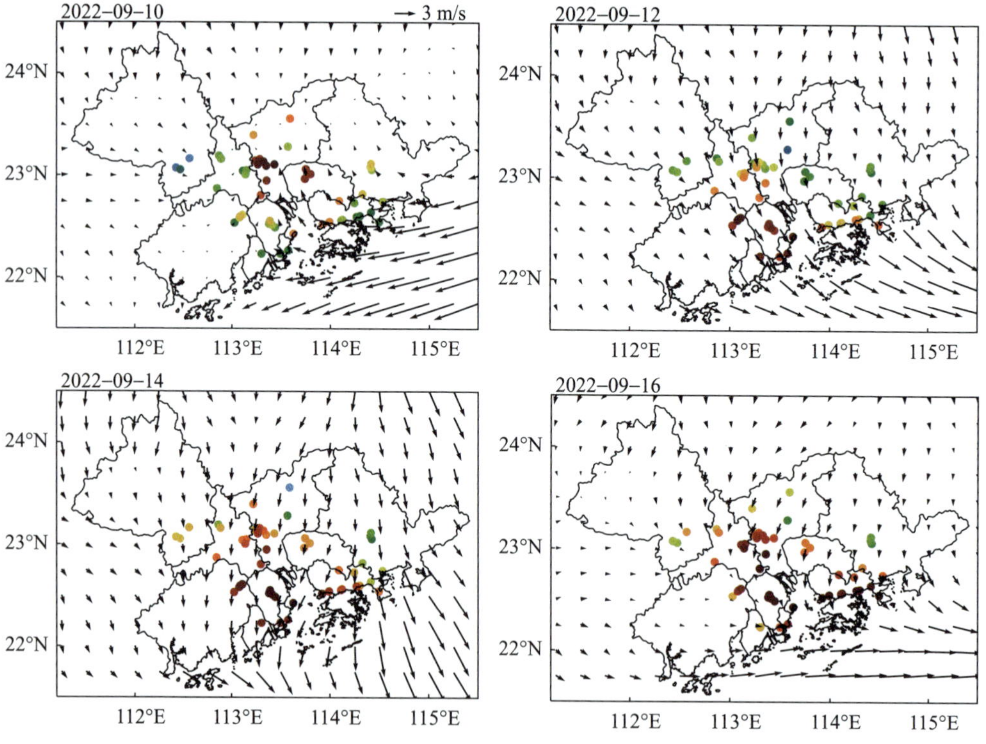

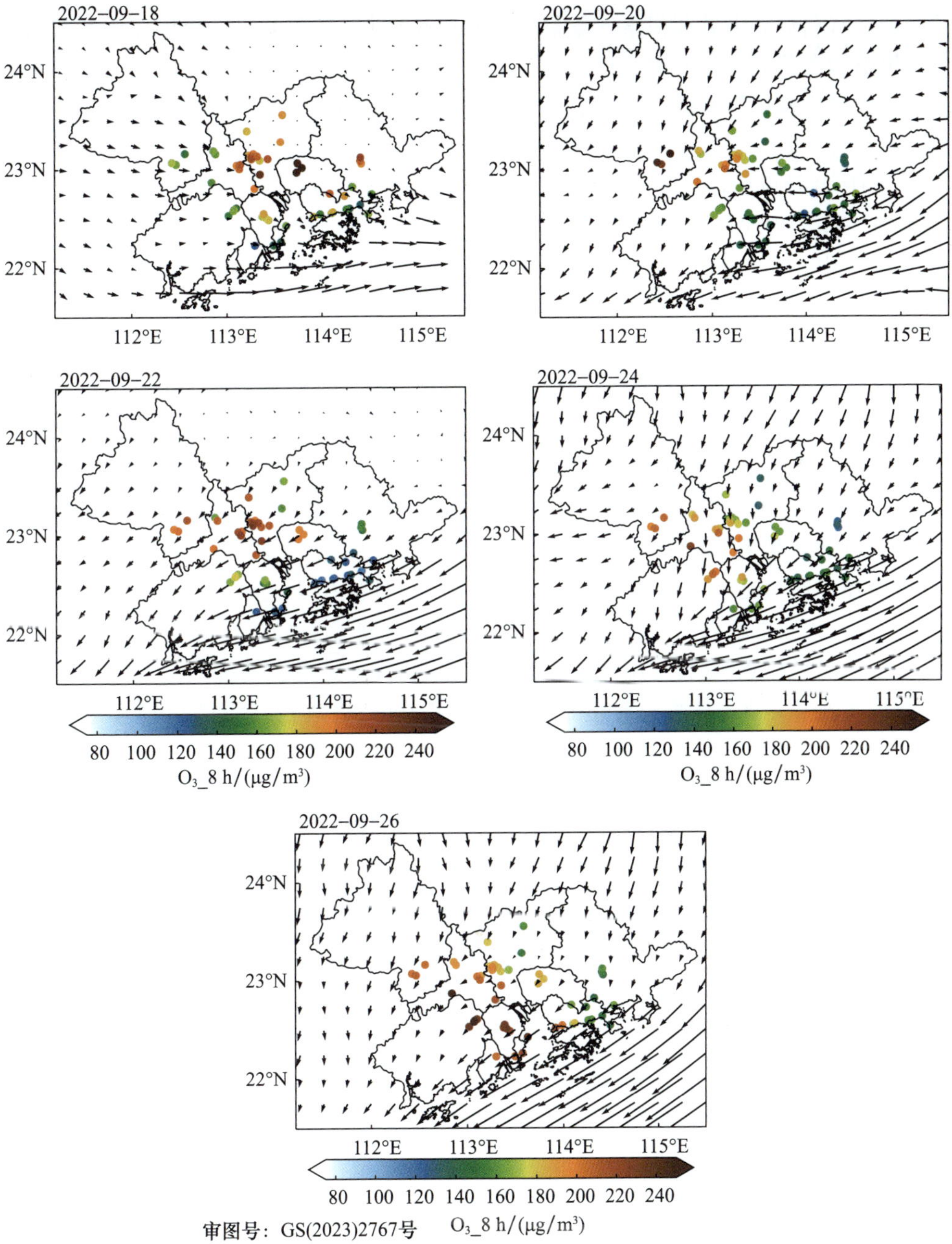

审图号：GS(2023)2767号

图 7.16　珠三角地区臭氧污染事件期间臭氧浓度和地面风场空间分布

9月16日起，由于台风的移动，珠三角地区风速明显减弱，风向逐渐转为东北风，加之有利臭氧生成和积累气象条件的共同作用，臭氧在本地持续生成和积累，广州、佛山和东莞等地臭氧浓度达到本月最高。18日，珠三角整体风速偏弱，偏西气流增加，区域输送作用减弱，臭氧高值中心移动到下游东莞地区，珠海、中山等地污染明显减弱。

9月20日以后，风速开始增加，风向转为东北风和偏西风，此时臭氧高值中心转移到珠三角的西北部城市肇庆。22日，副高范围扩大，风速减弱，偏西气流增多，高值中心集中在广州市西南部、佛山和肇庆等地。24日以后，风速再次增加，北风下游中山、江门等城市臭氧污染再次加重。

后向轨迹图可用于定性分析影响珠三角地区的气团来源和传输路径。为进一步了解风场和水平输送在本次臭氧污染过程中的作用，运用24 h后向轨迹分析方法，获取500 m、1000 m、1500 m高度的气团来源和路径，定性探讨水平区域输送对下游区域臭氧浓度的影响。

图7.17给出2022年9月10—26日臭氧污染过程期间（北京时08时）广州市24 h后向轨迹聚类分析图。由图7.17可见，9月10日，三个高度的气团主要来源和传输路径存在明显差异，而且传输路径相对较短，且都是从地面抬升后移动到本地，因此，可以大致推断珠三角的臭氧主要是由前体物排放后局地生成的。12日以后，气团传输路径相对一致，来源都是北部的内陆地区，传输路径较长。18日，广州的气团来源于西部地区，偏西气流增加，污染气团东行，造成东莞等地出现臭氧高值。20日，三个高度轨迹基本相同，气团传输方向再次变为东北—西南方向。22日起，广州市500 m、1000 m高度的气团来源于珠三角东南部城市，传输轨迹沿海岸线，且距离较长，可以有效地将沿海城市的污染物气团输送到本地。24日以后，气团来源和输送路径再次统一，在北风影响下，中山、江门等城市臭氧污染再次加重。

综上所述，在2022年9月的这次“超长时间、超大影响范围”的臭氧污染过程中，气象条件发挥了至关重要的作用。连续3次“东海转向型热带气旋”和强大的西太平洋副热带高压为珠三角地区臭氧的生成和积累提供了十分有利的气象条件。这种气象条件表现为长时间的晴好天气、高温酷热、日照时间长、干燥少雨、小风、下沉气流和高边界层高度等。区域输送对不同城市、不同时段的污染也造成了一定的影响。因此，在臭氧污染治理时，我们不仅需注重本地的减排，还要加强区域之间的联防联控。

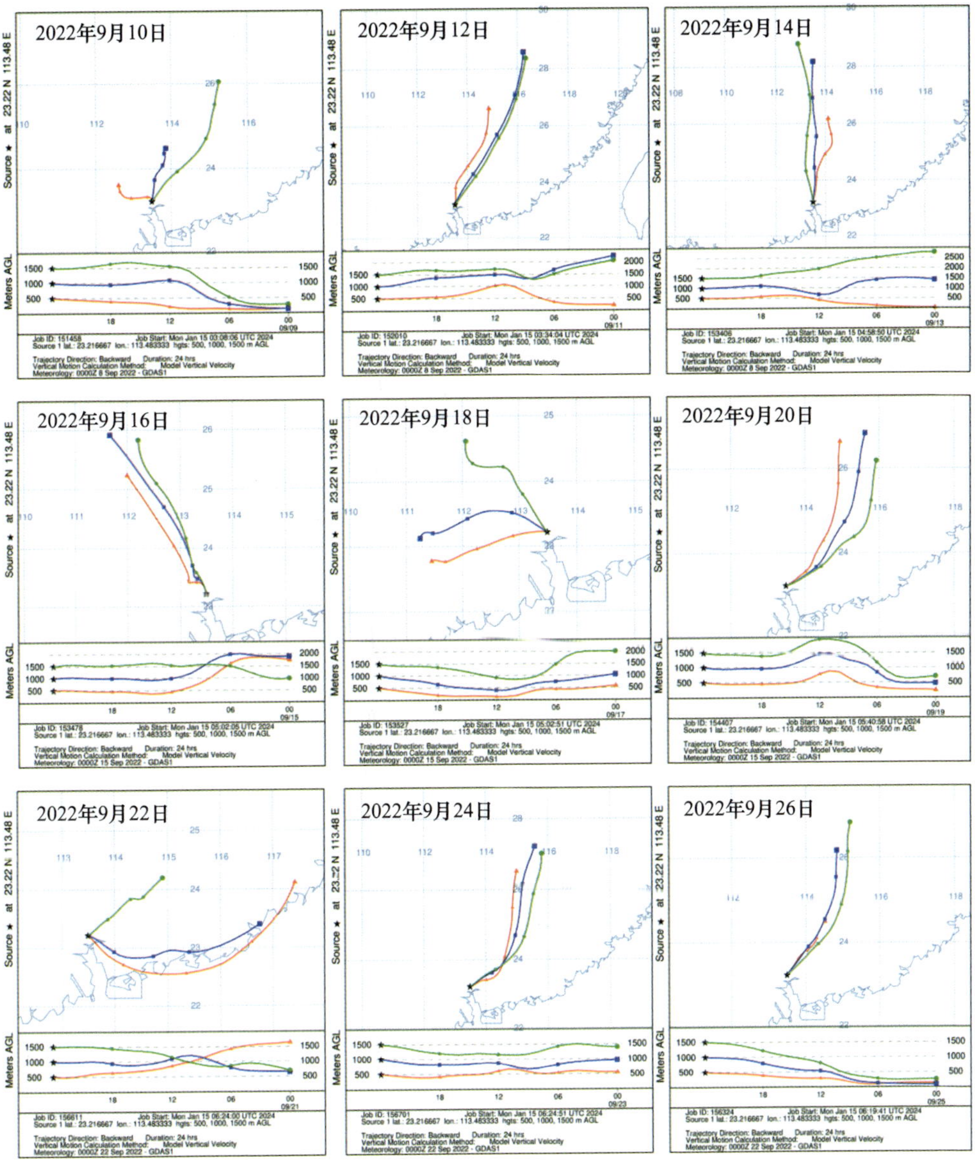

图 7.17　臭氧污染事件期间(北京时 08 时)广州市 24 h 后向轨迹聚类分析图

参考文献

毕于运,王亚静,高春雨,2010.中国主要秸秆资源数量及其区域分布[J].农机化研究,32(3):1-7.

柴发合,2020.我国大气污染治理历程回顾与展望[J].环境与可持续发展,45(3):5-15.

陈渭民,2017.卫星气象学 [M].3 版.北京:气象出版社.

德利克·埃尔森,1999.烟雾警报——城市空气质量管理[M].田学文,译.北京:科学出版社.

范绍佳,王安宇,樊琦,等,2005.珠江三角洲大气边界层概念模型的建立及其应用[J].热带气象学报,21(3):286-292.

范绍佳,王海潮,卢骁,等,2023.20 世纪 90 年代以来粤港澳大湾区臭氧污染研究进展[J].环境科学学报,43(1):1-18.

阚海东,姜宜萱,陈仁杰,2018.气象因素与人群健康研究的前沿进展[J].山东大学学报(医学版),56(8):7-13.

汉宝德,2003.风水与环境[M].天津:天津古籍出版社.

高登义,2005.中国山地环境气象学[M].郑州:河南科学技术出版社.

拱秀丽,王毅勇,聂晓,等,2011.沼泽湿地与周边旱田气温、相对湿度差异分析[J].东北林业大学学报,39(11),93-96,101.

郝吉明,马广大,2002.大气污染控制工程 [M].2 版.北京:高等教育出版社.

黄美元,徐华英,王庚辰,2005.大气环境学[M].北京:气象出版社.

贾佳,郭秀锐,程水源,2016.APEC 期间北京市 $PM_{2.5}$ 特征模拟分析及污染控制措施评估[J].中国环境科学,36(8):2337-2346.

蒋维楣,曹文俊,蒋瑞宾,1993.空气污染气象学教程[M].北京:气象出版社.

蒋维楣,孙鉴泞,曹文俊,2004.空气污染气象学教程[M].2 版.北京:气象出版社.

李颖若,汪君霞,韩婷婷,等,2019.利用多元线性回归方法评估气象条件和控制措施对 APEC 期间北京空气质量的影响[J].环境科学,40(3):1024-1034.

李宗恺,潘云仙,孙润桥,1985.空气污染气象学原理及应用[M].北京:气象出版社.

刘洪利,龚山陵,何建军,等,2018.环境气象评估指数 EMI 原理及应用[C]//中国气象学会第 35 届中国气象学会年会 S12 大气成分与天气、气候变化与环境影响暨环境气象预报及影响评估.合肥:中国气象学会.

刘南希,何成,刘晨曦,等,2023.2015—2021 年广州市臭氧和 $PM_{2.5}$ 复合污染特征及天气分型研究[J].环境科学学报,43(1):42-53.

刘树华,邓毅,胡非,等,2004.森林生态系统与大气边界层相互作用的数值模拟[J].应用生态学报,15(11):2005-2012.

陆书玉,2001.环境影响评价[M].北京:高等教育出版社.

马宁,刘民,梁万年,2010.2008 年北京奥运会对北京空气质量的影响[J].首都公共卫生,4(3):

103-110.

邱锡寅，2008. 从生态人居环境看袂花乡村环境规划[D]. 南宁：广西大学.

任国玉，郭军，徐铭志，等，2005. 近 50 年中国地面气候变化基本特征[J]. 气象学报，63(6)：942-956.

任阵海，苏福庆，高庆先，等，2005. 边界层内大气排放物形成重污染背景解析[J]. 大气科学，29(1)：57-63，169.

尚可政，达存莹，付有智，等，2001. 兰州城区稳定能量及其与空气污染的关系[J]. 高原气象，20(1)：76-81.

盛裴轩，毛节泰，李建国，等，2013. 大气物理学[M]. 2 版. 北京：北京大学出版社.

唐孝炎，张远航，邵敏，2006. 大气环境化学[M]. 北京：高等教育出版社.

唐永銮，曾星舟，1988. 大气环境学[M]. 广州：中山大学出版社.

汪伟峰，王迎红，王莉莉，等，2010. 北京奥运会期间奥运村站空气质量的观测与研究[J]. 环境科学研究，23(1)：48-54.

王丽娟，刘晓慧，卢文，等，2021. 初冬一次冷锋输送过程对中国东部霾天气的影响[J]. 中国环境科学，41(5)：2004-2013.

王伟民，刘华强，王桂玲，等，2011. 大气科学基础[M]. 北京：气象出版社.

吴兑，邓雪娇，2001. 环境气象学与特种气象预报[M]. 北京：气象出版社.

吴兑，吴晟，毕雪岩，等，2022. 环境气象学概论[M]. 北京：气象出版社.

吴良镛，2001. 人居环境科学导论[M]. 北京：中国建筑工业出版社.

吴蒙，吴兑，范绍佳，2015. 基于风廓线仪等资料的珠江三角洲污染气象条件研究[J]. 环境科学学报，35(3)：619-626.

谢静芳，秦元明，2004. 气象环境与舒适度及健康[M]. 北京：气象出版社.

徐祥德，汤绪，徐大海，2002. 城市化环境气象学引论[M]. 北京：气象出版社.

徐祥德，王寅钧，赵天良，等，2015. 中国大地形东侧霾空间分布“避风港”效应及其“气候调节”影响下的年代际变异[J]. 科学通报，60(12)：1132-1145.

徐新良，刘纪远，张树文，等，2018. 中国多时期土地利用遥感监测数据集(CNLUCC)[DB/OL]. 资源环境科学数据注册与出版系统. [2023-12-28]. http://www. resdc. cn/DOI.

严明良，沈树勤，2005. 环境气象指数的设计方法探讨[J]. 气象科技，33(6)：583-588.

杨元琴，王继志，侯青，等，2009. 北京夏季空气质量的气象指数预报[J]. 应用气象学报，20(6)：649-655.

尤莉，李彰俊，徐桂梅，等，2003. 呼和浩特市空气污染潜势预报方法研究[J]. 内蒙古环境保护，15(3)：12-14.

张冲，郎建垒，程水源，等，2019. 2016 年京津冀地区红色预警时段 $PM_{2.5}$ 污染特征与浓度控制效果[J]. 环境科学，40(8)：3397-3404.

张恒德，张碧辉，吕梦瑶，等，2017. 北京地区静稳天气综合指数的初步构建及其在环境气象中的应用[J]. 气象，43(8)：998-1004.

张坤，张颖，李永峰，2018. 基础生态学[M]. 哈尔滨：哈尔滨工业大学出版社.

张强，乔梁，岳平，等，2019. 干旱区夏季晴空期超厚对流边界层发展的能量机制[J]. 科学通报，

64(15):1637-1650.

张人禾,李强,张若楠,2014.2013 年 1 月中国东部持续性强雾霾天气产生的气象条件分析[J].中国科学:地球科学,44(1):27-36.

张书余,2002.城市环境气象预报技术[M].北京:气象出版社.

张小曳,周凌晞,丁国安,2009.大气成分与环境气象灾害[M].北京:气象出版社.

张晓旭,张宝臣,2012.论试森林与气象环境[J].科技创新与应用(8):62.

甄灿明,2007.白洋淀地区非均匀边界层结构的观测实验研究[D].北京:中国科学院研究生院(大气物理研究所).

CHOW E C H,LI R C Y,ZHOU W,2018. Influence of tropical cyclones on Hong Kong air quality [J]. Advances in Atmospheric Sciences,35(9):1177-1188.

FAN S J,FAN Q,YU W,et al,2011. Atmospheric boundary layer characteristics over the Pearl River Delta,China,during the summer of 2006:Measurement and model results[J]. Atmospheric Chemistry and Physics,11(13):6297-6310.

FARMAN J C,GARDINER B G,SHANKLIN J D,1985. Large losses of total ozone in Antarctica reveal seasonal ClO_x/NO_x interaction[J]. Nature,315(6016):207-210.

GREFEN K,Löbel J,1988. Environmental Meteorology:Proceedings of an International Symposium held in Würzburg[M]. Dordrecht:Springer.

HAAGEN-SMIT A J,1952. Chemistry and Physiology of Los Angeles Smog[J]. Industrial & Engineering Chemistry,44(6):1342-1346.

HAN H,LIU J,SHU L,et al,2020. Local and synoptic meteorological influences on daily variability in summer time surface ozone in eastern China[J]. Atmospheric Chemistry and Physics,20(1): 203-222.

HUANG J P,FUNG J C H,LAU A K H,2006. Integrated processes analysis and systematic meteorological classification of ozone episodes in Hong Kong[J]. Journal of Geophysical Research:Atmospheres,111(D20):D20309.

HUANG X,DING A J,GAO J,et al,2021. Enhanced secondary pollution offset reduction of primary emissions during COVID-19 lockdown in China[J]. National Science Review,8(2):nwaa137.

HUANG X,DING A J,WANG Z L,et al,2020. Amplified transboundary transport of haze by aerosol-boundary layer interaction in China[J]. Nature Geoscience,13(6):428.

JACOB D J,1999. Introduction to Atmospheric Chemistry[M]. Princeton:Princeton University Press.

JACOBSON M Z,2012. Air Pollution and Global Warming:History,Science,and Solutions[M]. Cambridge:Cambridge University Press.

KALKSTEIN L S,GUANRI TAN,SKINDLOV J A,1987. An evaluation of three clustering procedures for use in synoptic climatological classification[J]. Journal of Climate and Applied Meteorology,26(6):717-730.

LI K,JACOB D J,LIAO H,et al,2019. Anthropogenic drivers of 2013—2017 trends in summer surface ozone in China[J]. Proceedings of the National Academy of Sciences of the United States of America,116(2):422-427.

MIAO Y,GUO J,LIU S,et al,2018. Impacts of synoptic condition and planetary boundary layer structure on the trans-boundary aerosol transport from Beijing-Tianjin-Hebei region to northeast China[J]. Atmospheric Environment,181:1-11.

MURTY B P,2004. Environmental Meteorology[M]. New Dehli: I. K. International Publishing House Pvt. Limited.

PASQUILL F,1961. The Estimation of the Dispersion of Windborne Material[J]. Meteorology Magazine,90:33-49.

WANG N,HUANG X,XU J W,et al,2022. Typhoon-boosted biogenic emission aggravates cross-regional ozone pollution in China[J]. Science Advances,8(2):abl6166.

WANG P F,CHEN K Y,ZHU S Q,et al,2020. Severe air pollution events not avoided by reduced anthropogenic activities during COVID-19 outbreak[J]. Resources,Conservation & Recycling,158:104814.

WANG Y,HAO J,MCELROY M B,et al,2009. Ozone air quality during the 2008 Beijing Olympics:Effectiveness of emission restrictions[J]. Atmospheric Chemistry and Physics,9(14):5237-5251.

WANG Z,HUANG X,DING A,2018. Dome effect of black carbon and its key influencing factors: A one-dimensional modelling study[J],Atmospheric Chemistry and Physics,18:2821-2834.

WENG X,FORSTER G L,NOWACK P,2022. A machine learning approach to quantify meteorological drivers of ozone pollution in China from 2015 to 2019[J]. Atmospheric Chemistry and Physics,22(12):8385-8402.

WU M,WU D,FAN Q,et al,2013. Observational studies of the meteorological characteristics associated with poor air quality over the Pearl River Delta in China[J]. Atmospheric Chemistry and Physics,13:10755-10766.

YIN Z C,WAN Y,ZHANG Y J,et al,2022. Why super sandstorm 2021 in North China? [J]. National Science Review,9(3):nwab165.

ZHANG Q,ZHENG Y,TONG D,et al,2019. Drivers of improved $PM_{2.5}$ air quality in China from 2013 to 2017[J]. Proceedings of the National Academy of Sciences,116(49):24463-24469.

ZHENG B,TONG D,LI M,et al,2018. Trends in China's anthropogenic emissions since 2010 as the consequence of clean air actions[J]. Atmospheric Chemistry and Physics,18(19):14095-14111.

ZHENG B,ZHANG Q,GENG G N,et al,2021. Changes in China's anthropogenic emissions and air quality during the COVID-19 pandemic in 2020[J]. Earth System Science Data,13(6):2895-2907.

ZHONG J T,ZHANG X Y,DONG Y S,et al,2018. Feedback effects of boundary-layer meteorological factors on cumulative explosive growth of $PM_{2.5}$ during winter heavy pollution episodes in Beijing from 2013 to 2016[J]. Atmospheric Chemistry and Physics,18(1):247-258.